艺术设计类专业“十三五”实践创新系列规划教材

Illustrator CS5案例教程

谭明铭 郭再政 主编

西安交通大学出版社
XI'AN JIAOTONG UNIVERSITY PRESS

内容提要

全书系统、全面地介绍了Illustrator CS5的主要内容。Illustrator CS5设计的特点和优势，使读者对整个软件设计的效果及特点能有初步的认识；工具箱的综合运用，让初学者在短时间内认识软件特点，学会基本设计方式；菜单栏命令的综合运用，使初学者能够根据设计目的及特点，采用适当的设计方式进行设计。

本书适合普通高等院校、高职高专院校艺术设计和相关专业的学生使用，同时也可以作为Illustrator CS5爱好者和平面设计师的工具书。

前言

Foreword

近年来随着我国高教事业的蓬勃发展，艺术设计教育也呈一片欣欣向荣之势，且热度正在逐年上升。造成这种局面的因素是多方面的，但其中一个主要的原因还是社会的发展需要大量的艺术设计人才。艺术设计是科学、技术和艺术的有机结合，它具有物质和精神的双重属性。

Illustrator是一种应用于出版、多媒体和在线图像的工业标准矢量插画软件。作为一款非常好的图片处理工具，其广泛应用于印刷出版、海报书籍排版、专业插画、多媒体图像处理和互联网页面制作等，也可以为线稿提供较高的精度和控制，适合任何小型到大型的复杂项目的设计。Illustrator教学对培养高水平的艺术创作人员、对提高艺术设计专业学生的创作质量和水平，以及对提高设计师的设计水平等都有着重要的影响。因此，Illustrator课程是艺术设计类相关专业的一门必修课程。

本书共有4章，按照初学者接触的软件界面安排章节，由简入深地通过理论与实例讲解各章节内容，每章的最后一节通过设计综合实例进行讲解，巩固所学知识。同时，通过实例的演练，使读者可以融会贯通，举一反三。

全书系统、全面地介绍了Illustrator CS5的主要内容。Illustrator CS5设计的特点和优势，使读者对整个软件设计的效果及特点能有初步的认识；工具箱的综合运用，让初学者在短时间内认识软件特点，学会基本设计方式；菜单栏命令的综合运用，使初学者能够根据设计目的及特点，采用适当的设计方式进行设计。

本书适合普通高等院校、高职高专院校艺术设计和相关专业的学生使用，同时也可以作为Illustrator CS5爱好者和平面设计师的工具书。

编者

2015年10月

目录

Contents

第 1 章　Illustrator CS5 概述及基本操作

1.1　初识 Illustrator CS5

Adobe Illustrator，简称 AI，是一个矢量绘图软件，它可以用又快又精确的方式制作出彩色或黑白图形，也可以设计出任意形状的特殊文字并置入影像。用 Adobe Illustrator 制作的文件，无论以何种倍率输出，都能保持原来的高品质。一般而言，Adobe Illustrator 的用户大体包括平面设计师、网页设计师以及插画师等，他们用它来制作商标、包装设计、海报、手册、插画以及网页等。Illustrator CS5 的界面如图 1-1 所示。

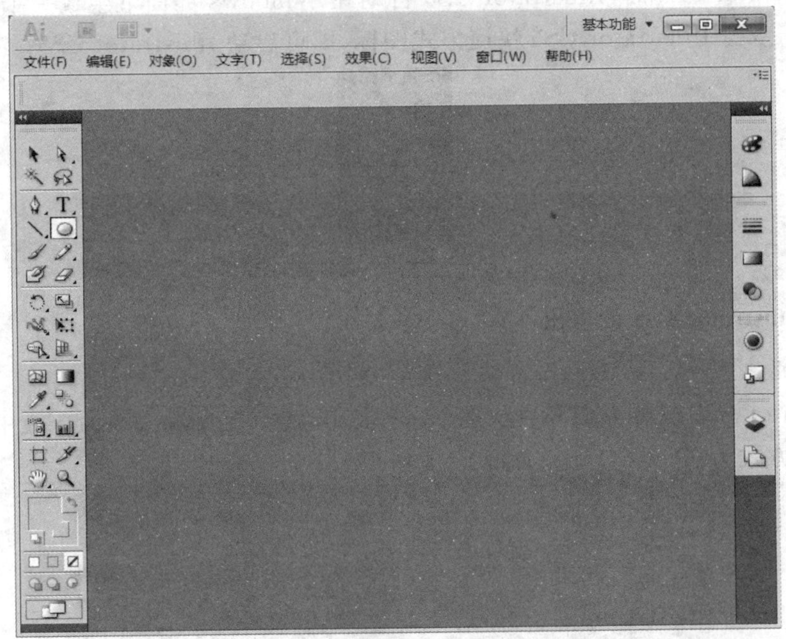

图 1-1

1.2　Illustrator CS5 的启动与退出

1.2.1　Illustrator CS5 的启动

1. 程序启动

安装 Illustrator CS5 后，Illustrator CS5 自动在 Windows 操作环境下生成一个启动程序命令，选择 Windows 软件界面左下角程序界面，在“程序”中点击“所有程序” →“Illustrator CS5”即可启动软件，如图 1-2 所示。

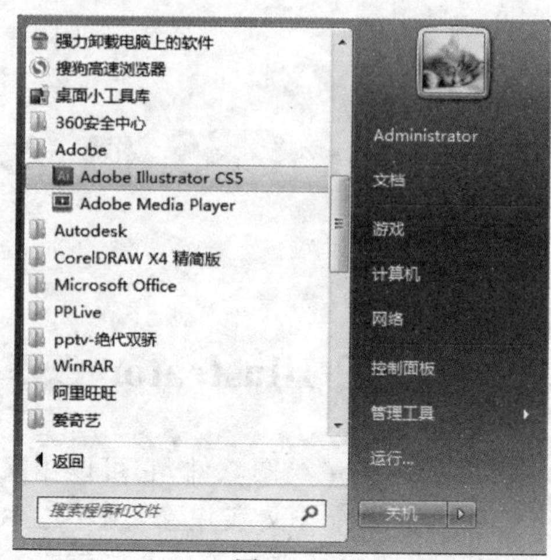

图 1-2

2. **快捷方式启动**

安装 Illustrator CS5 后，Illustrator CS5 自动在 Windows 界面下生成一个启动程序命令快捷方式图标，双击 Illustrator CS5 快捷方式图标，即可启动 Illustrator CS5，如图 1-3 所示。

图 1-3

1.2.2 Illustrator CS5 的退出

1. **命令退出**

在 Illustrator CS5 软件界面开启状态下，选择 Illustrator CS5 菜单命令栏中“文件”→“退出”即可，快捷方式为“Ctrl+Q”键，如图 1-4 所示。

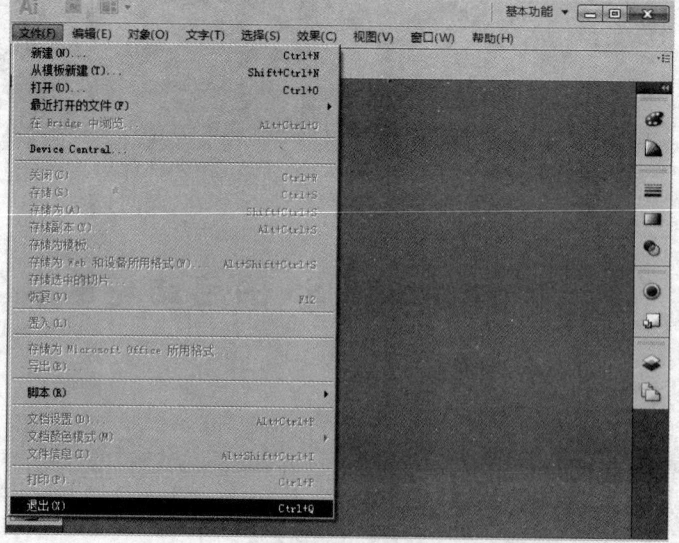

图 1-4

2. 快速退出

在 Illustrator CS5 软件界面开启状态下，单击软件界面右上角的“关闭”按钮，即可快速地退出 Illustrator CS5 软件的运行，如图 1-5 所示。

图 1-5

1.3 Illustrator CS5 的工作界面

1.3.1 用户界面

新的 Illustrator CS5 界面，可以自定义 Illustrator CS5 界面上的任何部分。首先注意到的是单列的工具箱，可以点击工具箱右侧来还原到老的双列的工具箱，单列的工具箱可以更贴近用户的屏幕区域。另外一个界面变化比较大的地方是控制面板整齐地列在屏幕右侧，当然也可以使用以往的浮动面板的方式。或许用户会更欣赏最新的全屏模式，当用户添加或者关闭控制面板时，视窗的尺寸会自动调整。

1.3.2 工作窗口

Illustrator 工作区域包含绘图页面（可以在此窗口绘制和设计图稿）、工具箱（包含用于绘制和编辑图稿的工具）、调板（可以监控和修改图稿）和菜单（包含用于执行任务的命令）。可以通过以下操作对工作区域进行重新排列：移动、隐藏和显示调板，放大或缩小图稿，滚动到插图窗口的不同区域，以及创建多个窗口和视图，从而以最佳方式适应图形设计的需求。还可以用工具箱底部的“模式”按钮来更改插图窗口和菜单栏的可视性。Adobe Illustrator CS5 的工作窗口如图 1-6 所示。

图 1-6

启动 Illustrator CS5 后，打开任意一幅 AI 文件图形，就会看到它的工作环境，包括绘图页面、一系列的下拉菜单、一个工具箱和几个浮动的调板。

1.3.3 工具的基本操作

1. 使用工具

Illustrator CS5 的使用工具如图 1-7 所示。

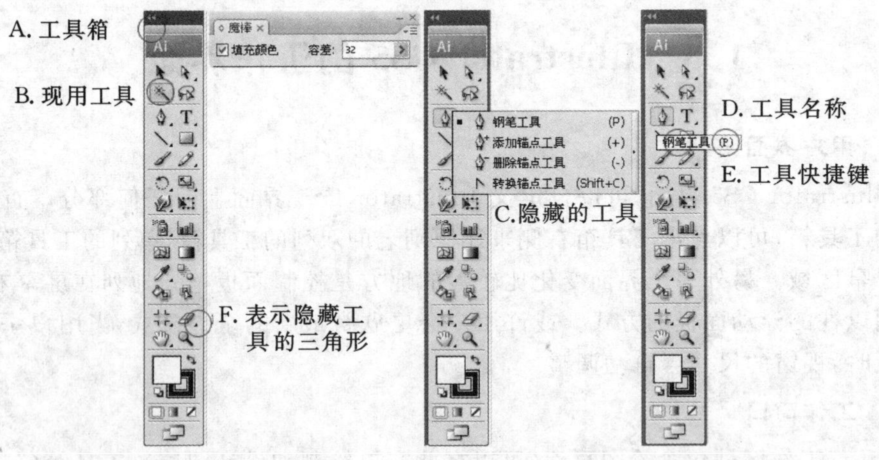

图 1-7

◆ 单击工具箱内的一个工具。如果工具的右下角有小三角形，可按住鼠标按钮来查看隐藏的工具，然后单击要选择的工具。

◆ 按工具的键盘快捷键。键盘快捷键显示在工具提示中。例如，通过按“V”键来选择工具。

◆ 看到在界面的左边是一个单排的工具栏，这个设计使用户的工作区域变的比以前更大，但用户有可能更习惯旧版的工具栏，只要点击工具栏上的双箭头按钮，就可以切换成以前的样子，只需要单击就可随意切换。

◆ 某些工具需要双击工具弹出工具属性菜单对工具进行设置。例如，直线工具、画笔工具、吸管工具等。

2. 显示或隐藏工具提示

选取“编辑”→“首选项”→“常规”命令。选择或取消选择“显示工具提示”(某些对话框中可能没有工具提示)选项，如图 1-8 所示。

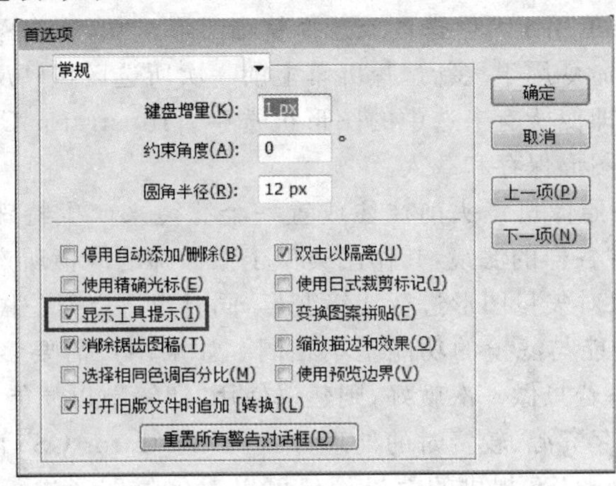

图 1-8

1.3.4 标题栏

标题栏位于主窗口顶端，最左边是 Illustrator CS5 标记，右边分别是最小化、最大化/还原和关闭按钮，如图 1-9 所示。

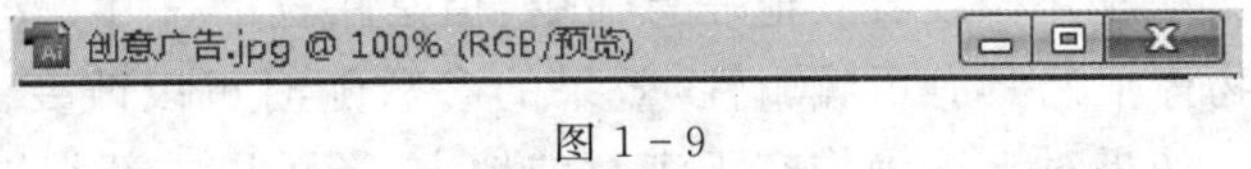

图 1-9

1.3.5 对象类型栏

选中某个工具后，对象类型栏显示属性设置选项，可更改相应的选项，如图 1-10 所示。

图 1-10

1.3.6 菜单栏

菜单栏为整个环境下所有窗口提供菜单控制，包括：文件、编辑、对象、文字、选择、滤镜、效果、视图、窗口和帮助 10 项，比 Photoshop 菜单栏多 1 项，如图 1-11 所示。

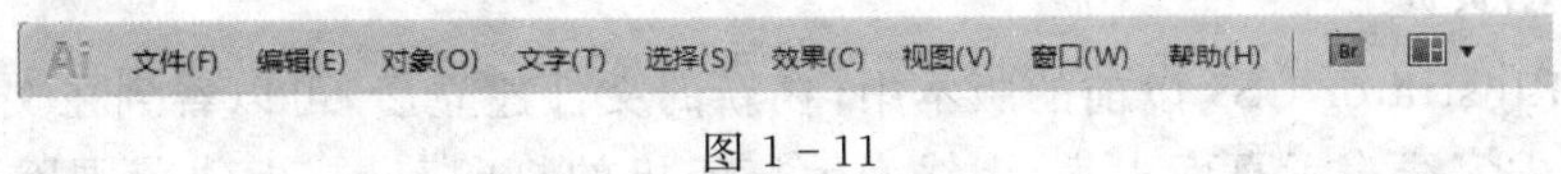

图 1-11

◆ “文件”：“文件”菜单中的大部分命令用于对文件的存储、加载和打印。这些命令，如“新建”“打开”“储存”“储存为”“文档设置”“退出”等在其他程序中的应用都是极其普遍的。

◆ “编辑”：“编辑”菜单通常用于设定软件的基本属性以及对图形文件的复制或移动变形

的基本命令。其中的“还原”命令可以使用户上一次的动作变成无效。菜单命令中有“还原”“剪切”“复制”“粘贴”“查找和替换”“定义图案”等。

◆“对象”:“对象”菜单中的命令用于控制软件操作中图形元素的变形及对多个图形组件进行编辑。

◆“文字”:“文字”菜单的主要功能是配合工具箱文字工具T对文字的属性、文字的形态及段落文字的组合进行编辑。

◆“选择”:“选择”菜单用于调整选区或选择整幅图形。“取消选择”命令可以取消屏幕上图形的选区;“重新选择”命令用于重新选择屏幕上前一次所选区域;“反选”命令用于反选一个图形对象外所有的图形,即使所有未选中的图形被选中。Illustrator CS5 还可以通过使用“保存所选对象”命令将选择图形保存和载入。

◆“滤镜”:摄影师在照像机镜头前往往放置一个滤镜来产生特殊效果。Illustrator CS5 的“滤镜”菜单提供了各种各样的滤镜,其作用类似于摄像师的滤镜所产生的特效。Illustrator CS5 提供的滤镜不仅可以对矢量图形进行滤镜变形,同时也可以对位图图像进行滤镜变形。

◆“效果”:效果的功能与滤镜的功能基本相同。如果用户需要多次编辑对象,建议使用“效果”,其处理速度较快;若只做一次就好,则建议使用“滤镜”,以便能一次就得到所需要的结果,滤镜是一种较消耗内存资源、较费时的处理方式。Illustrator CS5 的“效果”菜单提供了各种各样的效果。Illustrator CS5 提供的效果不仅可以对矢量图形进行效果变形,同时也可以对位图图像进行效果变形。效果是外观属性的一种形式,以清单的形式在效果菜单下列出。在 Illustrator CS5 中的其他地方或者是菜单,或者是调板,都可以发现和大部分效果具有相同功能和名称的命令,包括滤镜菜单、对象菜单命令和路径查找器调板等。但是,在效果菜单下列出这些命令并不改变物体的本身,而只改变外观属性。可以对一个路径执行效果菜单下的多个命令变形、光栅化、修改路径或者其他任意命令,但是路径的尺寸、节点和路径的形状却不会发生丝毫变化。原物体依然具有可编辑性,效果的参数随时可以改变。在所有的操作完成后,甚至是文件存储后,如果对上述操作有不满意的地方,还可以重新编辑。

◆“视图”:“视图”菜单用于改变文档的视图(放大、缩小或满画布显示)。可以通过选择不同的视图显示方式来观察视图。使用“视图”菜单,用户可以选择显示或隐藏标尺、参考线和网格。

◆“窗口”:“窗口”菜单用于改变活动文档以及打开和关闭 Illustrator CS5 的各个调板,同时也用于自定义绘图区域及恢复默认界面。

◆“帮助”:“帮助”菜单提供了对 Illustrator CS5 特性的快速访问。在许多方面,“帮助”内容都类似于不需鼠标点击 Illustrator CS5 的用户手册。用户只要选择“帮助”目录,便可看到有关帮助的选项。

1.3.7 绘图页面

在 Adobe Illustrator CS5 以前的版本中,在新的文件建立后,可以看到在文件中有两个矩形的外框线,其中实线表示页面大小,虚线表示打印机的打印范围,虚线范围因选择打印机的不同而不同。但是到了 CS 版本,缺省状态下,虚线不再显示,虚线范围内也不再是有效的打印区域,关于这一点,在后面有关打印的章节中将有详细的介绍。对于打印区域的设定,可在“打印”对话框中设定。

绘图页面,是 Illustrator CS5 的主要工作区,用于显示绘制编辑图形文件。绘图页面带有自己的标题栏，提供了打开文件的基本信息，如文件名、缩放比例、颜色模式等。用鼠标选中下部的百分比栏，可以任意输入页面的显示比值，输入完成后按键盘上的回车键确认，这时页面就会按所设比例相应地变大或者变小。右边一栏为状态栏，单击状态栏会有菜单弹出。选择“显示”选项，将会有子菜单弹出，如图 1-12 所示。

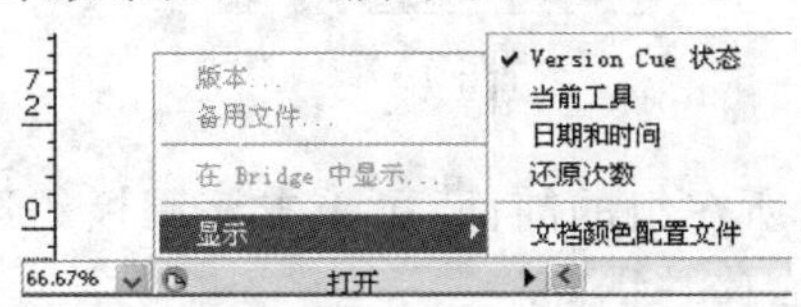

图 1-12

◆“版本”：当文件存储为版本（Version Cue）后显示使用软件版本信息。

◆“备用文件”：选择该命令，可以弹出“备用文件”对话框。

◆“在 Bridge 中显示”：使用该命令可以在 Bridge 中浏览该图像所在的文件夹。

◆“Version Cue 状态”：显示当前文件的版本状态。

◆“当前工具”：选择此选项时，状态栏中就会显示目前所选用的工具箱中工具的名字。

◆“日期和时间”：即当前系统所设定的日期和时间。

◆“还原次数”：记录在操作过程中使用了多少次 Undo（还原）操作。如果内存足够多，Adobe lllustrator CS5 可允许无限次的还原操作。

◆“文档颜色配置文件”：表示文件中使用的色彩描述文件。

在页面的下部和右边各有一个卷动栏，可以用鼠标拖动其中的方块对页面上、下、左、右各个部分进行显示。右边的卷动栏有上下两个箭头图，使用鼠标单击箭头可对页面进行上下移动；用鼠标单击下部滚动栏的左右两个箭头可对页面进行左右移动。（滑动鼠标中键可以上下移动、按住“Ctrl”键滑动鼠标中键可以左右移动、按住“Alt”键滑动鼠标中键可以对对象进行放大或缩小）

1.3.8 浮动面板

lllustrator CS5 共有 20 个面板，可通过“窗口/显示”来显示面板。浮动调板指的是打开 Illustrator CS5 软件后在桌面可以移动、可以随时关闭且具有不同功能的各种控制调板。当按键盘上的“Tab”键时，可将包括工具箱在内的所有调板关闭，再按“Tab”键，可恢复关闭前的状态。如果按住“Shift+Tab”键，就会关闭除工具箱以外的其他调板。在绘制矢量图形的过程中，灵活地运用浮动控制面板可以快速地组织建立编辑图形。Illustrator 的浮动控制面板种类繁多，以下详细地整理出了各个浮动控制面板的功能，并清楚地示范其使用方法，以使大家能轻松活用各个浮动控制面板的功能。

◆ 要显示调板菜单，可将指针放置在调板右上角的三角形上，并按鼠标键。

◆ 要更改调板的大小，可拖移调板的任一角。

◆ 要折叠一组调板以便只显示标题，可单击两次调板的选项卡，或单击最小化按钮（Windows）。即使调板处于折叠状态，也可以打开调板菜单。图 1-13 所示为色板浮动面板。

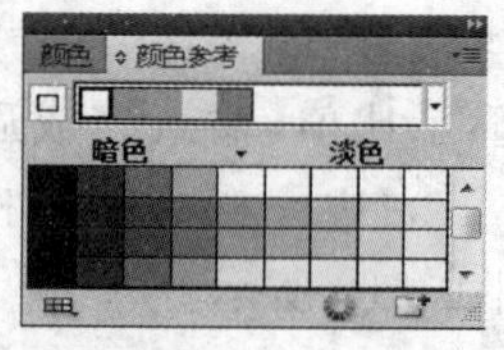

图 1－13

◆ 要使某个调板出现在它所在组的前面，可单击该调板的选项卡。

◆ 要移动整个调板组，可拖移其标题栏。

◆ 要重新排列或者分开调板组，可拖移调板的选项卡。如果将调板拖移到现有组的外面，则会创建一个新调板窗口。

◆ 要将调板移到另一个组，可将调板的选项卡拖移到该组内。

◆ 要停放调板以使它们一起移动，可将一个调板的选项卡拖移到另一个调板的底部。

◆ 要移动整个停放的调板组，可拖移其标题栏。

◆ 要将调板还原到其默认大小和位置，请选取“窗口”→“工作区”→“默认”命令(Illustrator)。

1.4 Illustrator CS5 基本操作

1.4.1 创建新文档

启动 Illustrator CS5，执行“文件”→“新建”命令，弹出对话框，单击“确定”按钮，创建完毕，如图 1－14 所示。

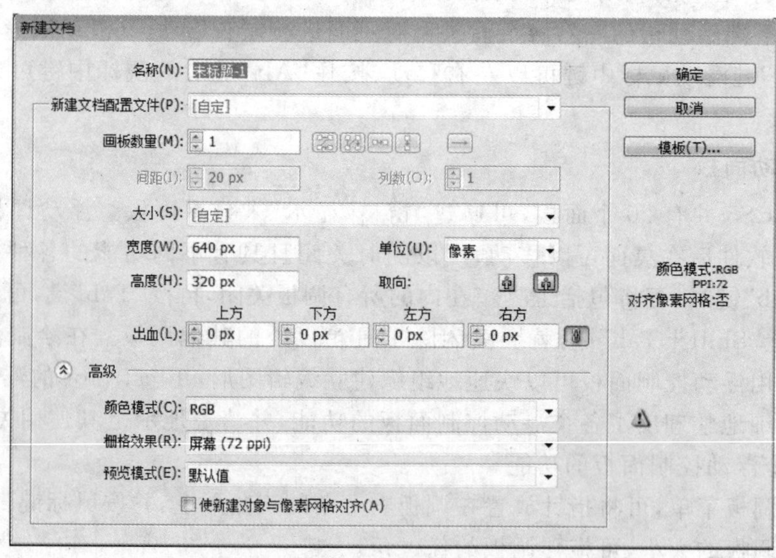

图 1－14

◆“名称”：后面可输入文件名，它是图像储存时候的文件名，可以在以后储存的时候再输入。

◆“大小”：从打开的下拉列表中选择一种尺寸类型，如选择“自定义”选项，则可在其后“宽度”和“高度”文本框中设置新文档的宽度和高度，并在“单位”下拉列表中选择一种度量单位。

◆“取向”:在该栏中设置新文档的方向,即竖向或者横向。

◆“颜色模式”:在该栏中设置文档的颜色模式。如果是印刷或打印用途选择 CMYK;其余用途选择 RGB 即可。

1.4.2　图片、文件的打开

在弹出的对话框中可以打开已有的适合 Illustrator CS5 编辑的图像文件。要打开曾经打开过的文件,可以选择“文件”→“最近打开文件”命令,在此命令的子菜单中保存了 5 个最近打开的文件的名称。同时直接双击软件界面的空白区域,也可以打开上次打开过的默认文件夹。“文件”→“打开为”命令与“打开”命令不同之处在于,此命令可以打开一些使用“打开”命令无法辨认的文件,如某些图像如果以错误的格式保存,使用“打开”命令则有可能无法打开,此时可以尝试使用“打开为”命令,如图 1-15 所示。

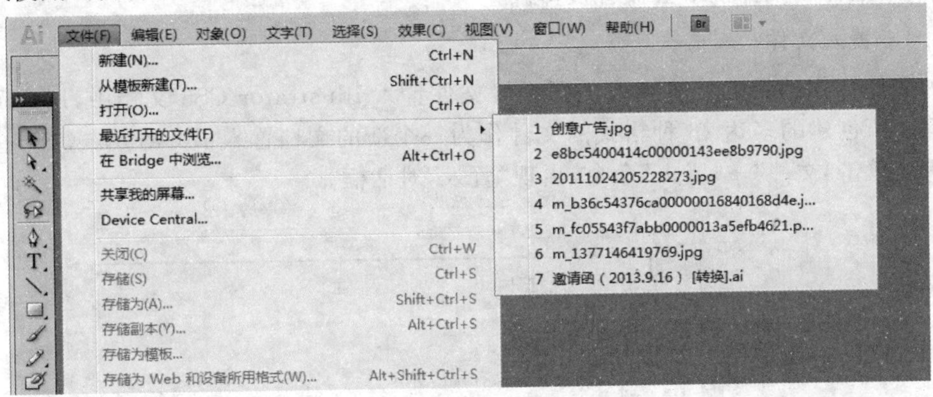

图 1-15

1.4.3　存储文件

Illustrator CS5 支持很多文件格式,用户可将文件存储为它们中的任何一种格式,或者按照不同的软件要求将其存储为相应的文件格式后置入到排版或图形图像软件中。

1. **“存储”命令**

“存储”命令是将文件存储为原来的文件格式,并将原文件替换掉,因此要使修改后的文件不替换掉原来的文件就要选择“存储为”命令,如图 1-16 所示。

关闭(C)　Ctrl+W
存储(S)　Ctrl+S
存储为(A)...　Shift+Ctrl+S
存储副本(Y)...　Alt+Ctrl+S
存储为模板...
签入...
存储为 Web 和设备所用格式(W)...　Alt+Shift+Ctrl+S
恢复(V)　F12

图 1-16

2. **“存储为”命令**

“存储为”以不同的位置或文件名存储图像。在 Illustrator CS5 中,“存储为”命令可以用不同的格式和不同的选项存储图像,如图 1-17 所示。

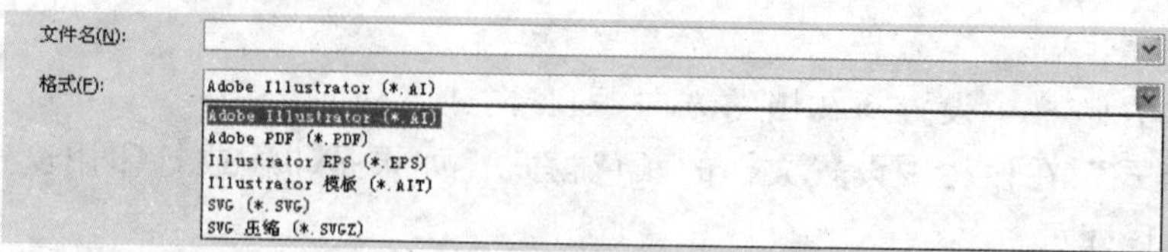

图 1-17

◆ 要建一个新的文件夹就用鼠标单击“创建新文件夹”按钮，会弹出“新文件夹”对话框，输入文件名字单击“建立”按钮就会在硬盘上出现一个新的文件夹，用户可将文件存储到新建的文件夹中。但有一点需要注意，就是新建文件夹在硬盘中的位置。

◆ “作为副本”复选框，此选项可存储原文件的一个副本，并保持原文件的打开状态，原文件不受任何影响。当选择此选项后会弹出对话框，在名称栏中，软件会自动在名称后面加上“副本”字样，这样原文件就不会被替换掉。

1.4.4 置入文件

置入文件操作的目的是将获取的图像等文件置入 Illustrator CS5 文档中，用户可以将其他应用程序所创建的多达 26 种格式的文件作为一个新的文档置入 Illustrator CS5 中，如图 1-18 所示。单击“文件”→“置入”命令，出现“置入”对话框。

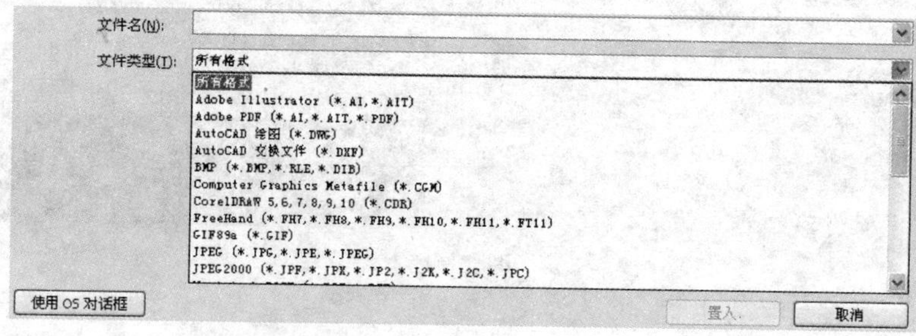

图 1-18

“文件类型”列表中选择要置入文件的格式。格式是 Illustrator CS5 所支持的，即会在文件列表中显示出文件图标，单击“置入”按钮完成置入。

1.4.5 导出文件

使用“导出”功能，可以将 Illustrator CS5 绘制出的图形以其他格式导出，以便在其他的绘图软件中使用 Illustrator CS5 所绘制的图像。

单击“文件”→“导出”命令，打开“导出”对话框，在其中可以输入文件名称并选择相应的文件类型。Illustrator CS5 支持多种导出文件格式，如图 1-19 所示。

图 1-19

在导出文件时，需要注意导出质量的调节，这直接影响导出文件的质量好坏。

1.4.6 实例——新建、保存并关闭设计作品图像文件

在 Illustrator CS5 中，新建一个宽 20 厘米、高 20 厘米的图形文件，然后将其以“设计作品”为名保存在 D 盘的“图片”文件夹中，最后将其关闭。该实例主要练习新建、保存和关闭图像文件的方法。

(1)启动 Illustrator CS5，执行“文件”→“新建”命令，弹出对话框，如图 1－20 所示。

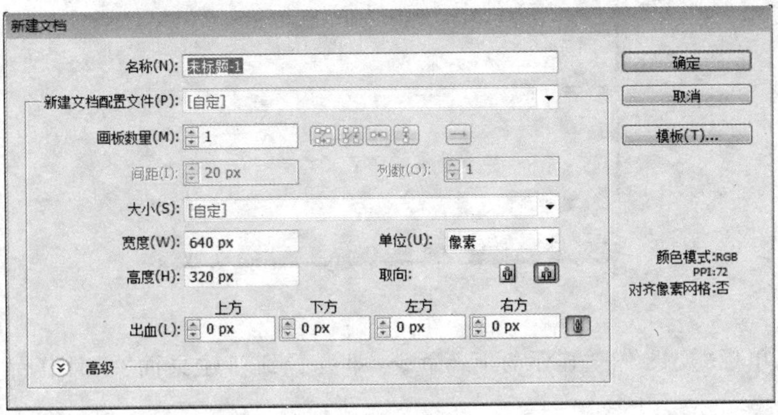

图 1－20

(2)将名称“未标题 1”改为“设计作品”；“宽度”输入 20，“宽度”后面的单位点击小三角，在弹出的菜单中选择“厘米”；“高度”输入 20，“高度”后面的单位同样选择“厘米”；“颜色模式”选择 RGB，点击对话框右上“确定”按钮，如图 1－21 所示。

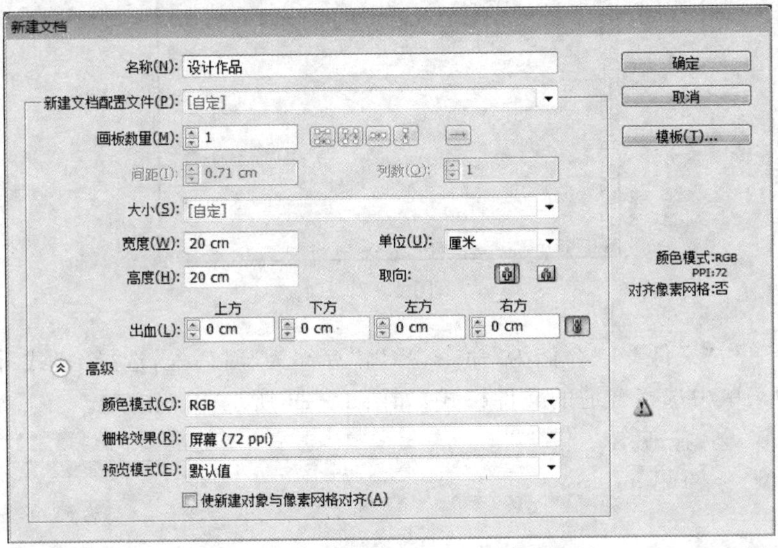

图 1－21

(3)现在可以看到,软件界面出现一个“设计作品”页面,如图 1-22 所示。

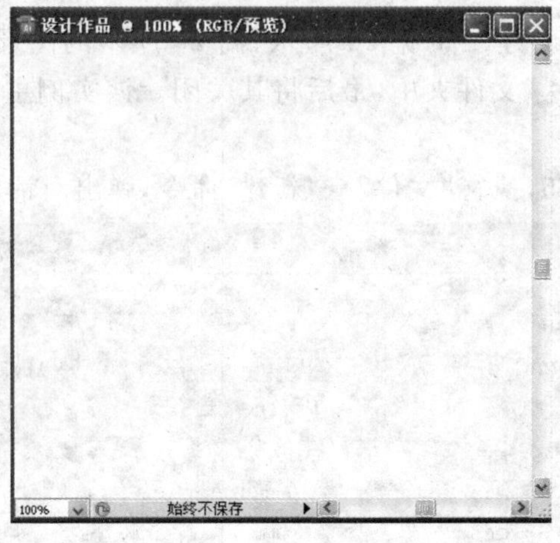

图 1-22

(4)选择菜单栏“视图”→“显示标尺”命令,即可看到新建页面“设计作品”的大小,如图 1-23所示。

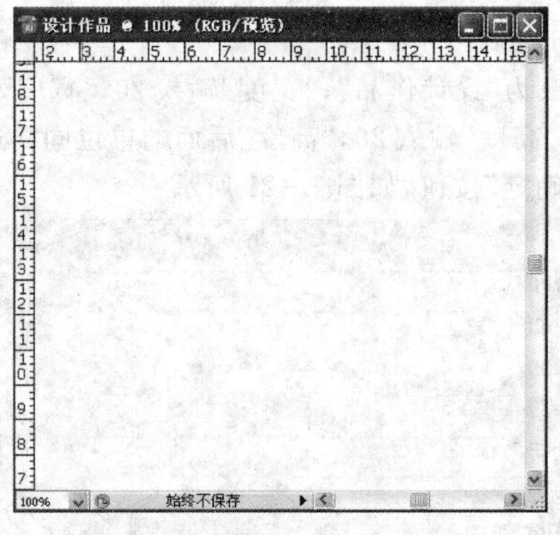

图 1-23

(5)选择菜单栏“文件”→“存储为”命令,弹出“存储为”对话框,选择“格式”命令,再点击小三角,在弹出的菜单中选择合适的文件格式,如图 1-24 所示。点击确定。

图 1-24

(6)选择菜单栏“文件”→“退出”命令,关闭软件。需要注意选择“文件”→ “存储”命令与选择“文件”→ “存储为”命令的区别。

1.5 Illustrator CS5 基本概念

1.5.1 像素

一个图像通常由许多像素组成，这些像素被排成横行或纵列，每个像素都是方形的。当用缩放工具将图像放到足够大时，就可以看到类似马赛克的效果，每个小方块就是一个像素。每个像素都有不同的颜色值。单位面积内的像素越多，分辨率(像素/英寸)越高，图像的效果就越好。

1.5.2 矢量图和点阵图

1. 矢量图

所谓矢量图，是指由诸如 Illustrator、PageMaker、FreeHand、CorelDRAW 等绘图软件创建的图形，它由一些用数学方式描述的曲线组成，其基本组成单元是锚点和路径。不论放大缩小多少倍，矢量图的边缘都是平滑的，尤其适用于制作企业标志，这些标志无论用于商业信纸，还是招贴广告，只用一个电子文件就能满足要求，可随时缩放，而效果一样清晰。

矢量图又称为向量图形，是由线条和节点组成的图像。无论放大多少倍，图形仍能保持原来的清晰度，无马赛克现象且色彩不失真。

矢量图的文件大小与图像大小无关，只与图像的复杂程度有关，因此简单图像所占的存储空间小；矢量图可无损缩放，不会产生锯齿或模糊。

2. 位图

位图(点阵图)则不同，它是由诸如 Adobe Photoshop、Painter 等软件产生的，如果将此类图放大到一定程度，就会发现它是由一个个像素组成的。像素图的质量由分辨率决定，单位面积内的像素越多，分辨率越高，图像的效果就越好。用于制作多媒体光盘的图像分辨率通常 72 像素/英寸(ppi)就可以了，而用于彩色印刷品的图像则需 300 像素/英寸(ppi)左右，印出的图像才不会缺少平滑的颜色过渡。位图图形细腻、颜色过渡缓和、颜色层次丰富，Photoshop 软件生成的图像一般都是位图。

位图也叫点阵图或像素图，它是由很多个像素(色块)组成的图像。位图的每个像素点都含有位置和颜色信息。一幅位图图像是由成千上万个像素点组成的。

位图的清晰度与像素点的多少有关，单位面积内像素点数目越多则图像越清晰；对于高分辨率的彩色图像用位图存储所需的储存空间较大；位图放大后会出现马赛克，整个图像会变得模糊。

1.5.3 颜色模型

颜色模型用来描述在数字图形中看到和用到的各种颜色。每种颜色模型(如 RGB、CMYK 或 HSB)分别表示用于描述颜色及对颜色进行分类的不同方法。颜色模型用数值来表示可见色谱。色彩空间是另一种形式的颜色模型，它有特定的色域(范围)。例如，RGB 颜色模型中存在多个色彩空间：Adobe RGB、sRGB 和 Apple RGB。虽然这些色彩空间使用相同的三个轴(R、G 和 B)定义颜色，但它们的色域却不相同。

处理图形颜色时，实际是在调整文件中的数值。很容易将一个数字视为一种颜色，但这些数值本身并不是绝对的颜色，而只是在生成颜色的设备的色彩空间内具备一定的颜色含义。

由于每台设备有着自己独有的色彩空间，因此它们只能重现自己色域内的颜色。如果将图像从某台设备移至另一台设备，由于每台设备会按照自己的色彩空间解释 RGB 或 CMYK

值，所以图像颜色可能会发生变化。例如，通过桌面打印机打印出的颜色不可能与显示器上看到的颜色完全一致。打印机在 CMYK 色彩空间内运行，而显示器则在 RGB 色彩空间内运行，它们的色域各不相同。油墨生成的某些颜色无法在显示器上显示，而在显示器上显示的某些颜色则同样无法用油墨在纸张上重现。

虽然不可能让不同设备上的所有颜色完全匹配，但可以使用色彩管理来确保大多数颜色相同或相似，从而达到一致的呈现效果。

颜色模型是表现颜色的一种数学算法，具体有以下几种模型：

(1)HSB 模型：所有颜色都用 hue(色相或色调)、satruation(饱和度)、brightness(亮度)这 3 个特性来描述，如图 1-25 所示。

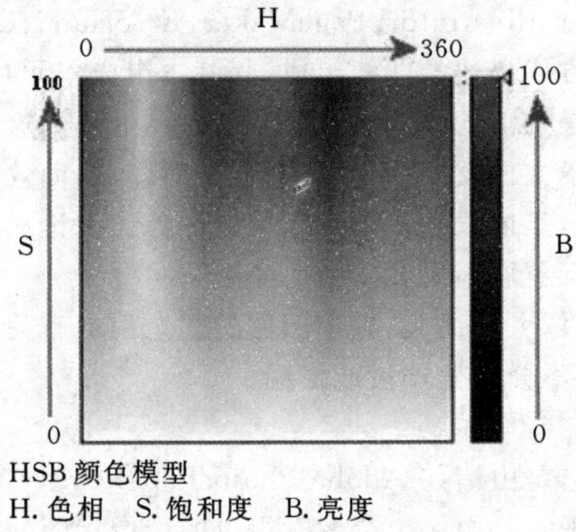

HSB 颜色模型
H. 色相　S. 饱和度　B. 亮度

图 1-25

①色相(H)：物体反射或透射的光的波长，也称色调(物体的颜色)。

②饱和度(S)：颜色的强度或纯度，表示色相中灰色成分所占的比例，用 0～100%(纯色)表示。

③亮度(B)：颜色的相对明暗程度，用 0(黑)～100%(白)表示。

(2)RGB 模型：用红(red)、绿(green)、蓝(blue)三色光的不同比例和强度的混合来表示，如图 1-26 所示。

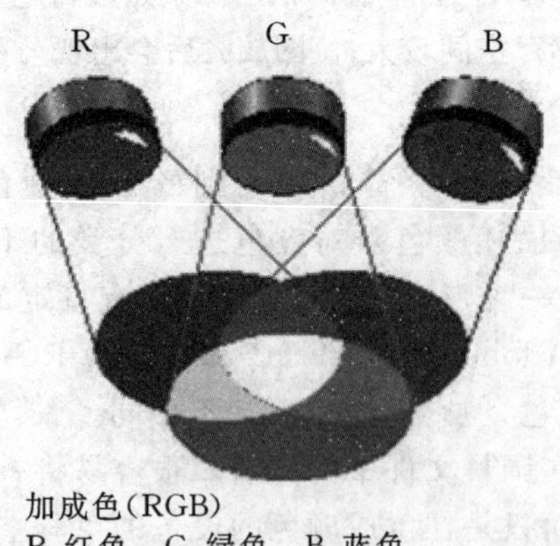

加成色(RGB)
R. 红色　G. 绿色　B. 蓝色

图 1-26

3 种原色中的任意两种颜色相互重叠，就会产生间色；3 种原色相互混合形成为白色，所以又称为“加色法三原色”，即：蓝＋绿＝青，蓝＋红＝洋红，红＋绿＝黄，蓝＋红＋绿＝白光。共有 256×256×256 种颜色，约为 1670 万种，又称色光加色法。

(3)CMYK 模型：该模型以打印在纸上的油墨的光线吸收特性为基础，如图 1-27 所示。

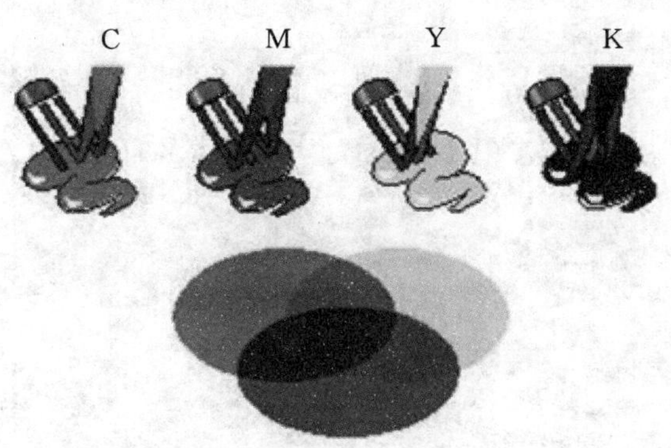

减色(CMYK)
C:青色；M:洋红色；Y:黄色；K:黑色。

图 1-27

印刷品上的颜色是通过油墨显现的，不同颜色的油墨混合产生不同的颜色效果。油墨本身并不发光，它是通过吸收(减去)一些色光，而把其他色光反射到人们的眼睛里产生的颜色效果，又称色光减色法。

印刷制版是通过 4 种颜色进行的，即洋红(magenta)、青色(cyan)、黄色(yellow)和黑色(black)。

1.5.4 Illustrator CS5 常用文件格式

1. EPS 格式(*.EPS)

EPS 格式是最广泛地被向量绘图软件和排版软件所接受的格式。可保存路径，并在各软件间进行相互转换。若用户要将图像置入 CorelDraw、Photoshop、PageMaker 等软件中，可将图像存储成 EPS 格式。

2. AI 格式

AI 格式是 Illustrator 的源文件格式，可以同时保存矢量信息和位图信息(由于矢量软件的特性，如果保存为较高版本，则较低版本打不开，如保存为 CS5 版本则 CS4 打不开该文件)，如图 1-28 所示。

3. PDF 格式

PDF 格式是 Adobe 公司推出的专为网上出版而制定的一种“可携带式的文件格式”，是 Acrobat 的源文件格式。该格式适用于各种不同的软件、工作平台、文字语言，能正确地显示文件内容及编排格式，适用于屏幕显示、网络网页、多媒体及纸张印刷等领域，与传统的印刷 PostScript 相比较，文件体积小，容易携带传输。

4. SVG 格式

SVG 格式只是 Illustrator CS5 支持的众多格式中的一种，因此在很大程度上，创作 SVG 图像的方式与在 Illustrator CS5 中创作任何作品的方式是相同的。尽管可以使用 Illustrator

CS5 的所有工具和特性来创建 SVG 图像，但是最好避免使用。与专门为创建 SVG 图像而设计的 JascWebDraw 不同，Illustrator CS5 是完全所见所得的，没有提供源代码视图，如果要编辑 SVG 图像的源代码，需先保存，然后在文本编辑器中打开编辑。

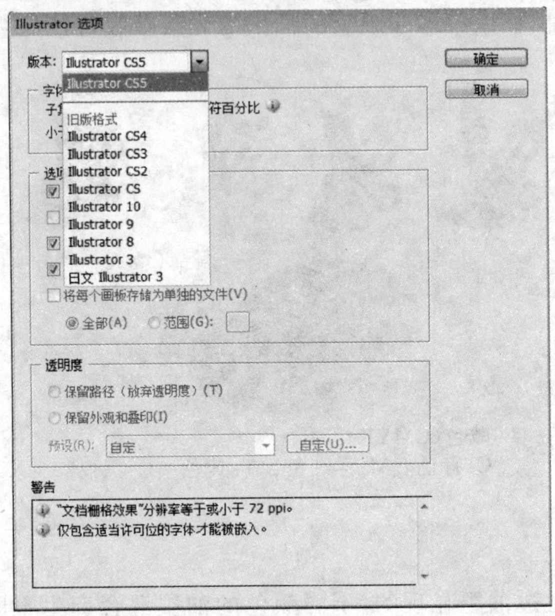

图 1－28

第 2 章　Illustrator CS5 工具箱工具操作与运用

2.1　关于工具和工具箱

第一次启动应用程序时，工具箱将出现在屏幕左侧；可通过拖移工具箱的标题栏来移动它。通过选取“窗口”→“工具”命令，可以显示或隐藏工具箱，如图 2－1 所示。

图 2－1

可以在处理详细图稿时使用精确指针以获得更好的精确度。选取“编辑”→“首选项”→“常规”并选择“使用精确光标”。

工具箱中的某些工具具有相关工具对象控制栏。通过这些工具，可以使用文字、选择、绘图、取样、编辑、移动、注释和查看图像等选项。也可以展开某些工具以查看它们后面的隐藏工具。工具图标右下角的小三角形表示存在隐藏工具。

通过将指针放在任何工具上，可以查看有关该工具的信息。工具的名称将出现在指针下面的工具提示中。某些工具提示包含指向有关该工具的附加信息的链接。

2.2　工具的基本操作

2.2.1　使用工具

使用工具箱中的工具可在 IllustratorCS5 中创建、选择和处理对象。可以通过单击它或者按住工具的键盘快捷键来选择工具。当指针按在工具上时，将出现工具名称和它的键盘快捷键，如图 2－2 所示。按住工具的键盘快捷键，键盘快捷键将显示在工具提示中。例如，可以通过按“H”键来选择抓手工具。

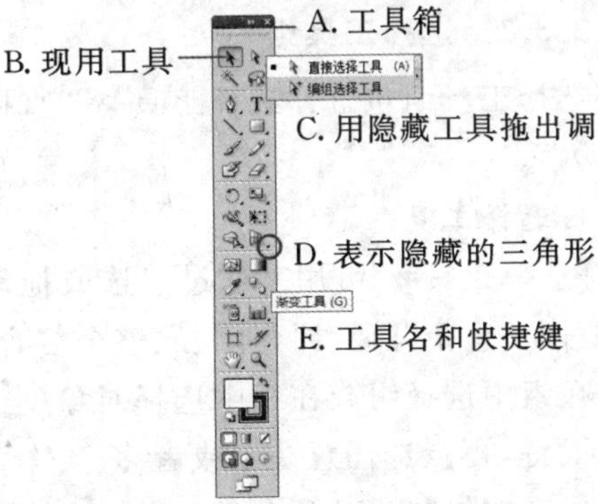

A. 工具箱

B. 现用工具

C. 用隐藏工具拖出调板

D. 表示隐藏的三角形

E. 工具名和快捷键

图 2－2

2.2.2　使用“显示或隐藏工具提示”

选取“编辑”→“首选项”→“常规”命令。选择或取消选择“显示工具提示”（某些对话框中可能没有工具提示）。

2.2.3　使用对象控制栏

对象控制栏出现在工作区域顶部菜单栏的下方，它是上下文相关的，会随选择不同的项目而调整其选择项目。

可以通过使用手柄栏在工作区域中移动对象控制栏，也可以将它停放在屏幕的顶部或底部。当将指针悬停在工具上时，将会出现工具提示。

对象控制栏是一种交互式的功能面板，当使用不同的绘图工具时，对象控制栏会自动切换为此工具的控制选项。未选择任何对象的时候，对象控制栏会显示与页面和工作环境相关的一些选项，如图 2－3 所示。

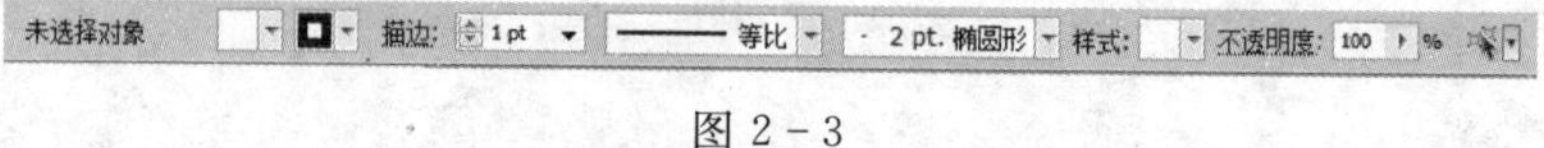

图 2－3

2.3 工具箱工具简介

工具箱各工具归纳如图 2－4 所示，下面按照归类对各工具的使用作一个简单介绍：

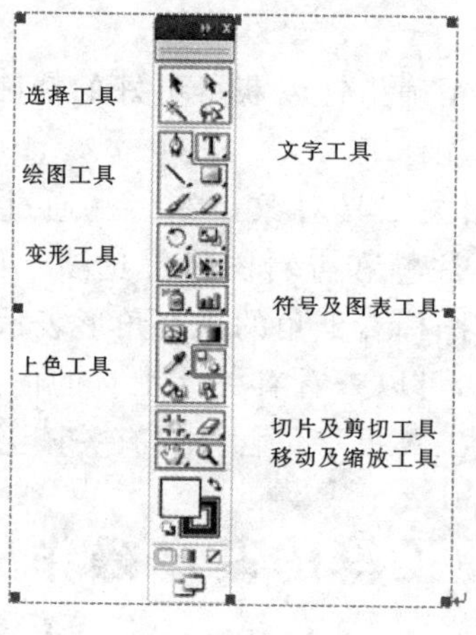

图 2－4

2.3.1 选择工具组

选择工具组包含："选择工具"“直接选择工具"“编组选择工具"“锁套工具"“魔棒工具"。

1. 选择工具

"选择工具"可用来通过点选或拖动对象和对象组来对其进行选择一个对象、已被群组化的对象、整个开放/封闭路径、整个复合路径、整个置入对象、整个图表对象等。通过双击还可以在组中选择组或在组中选择对象（若按住"Alt"键再拖动对象本身，可复制该对象；若按住"Shift"键，再点选任意一个或者多个对象，可加选多个对象；要取消选择，可以在页面空白处单击或者按住"Ctrl＋Shift＋A"键取消全部选择），如图 2－5 所示。

  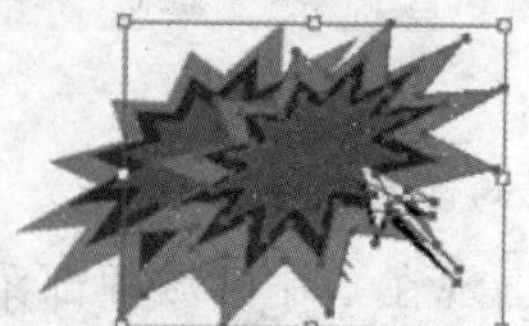

图 2－5

2. 直接选择工具

“直接选择工具”可用来通过点选或拖过对象以选择单个锚点或路径段，或通过选择项目上的任何其他点来选择完整的路径或组，也可以通过选择相应的锚点来调整贝塞尔曲线的把手。还可以在对象组中选择一个或多个对象。

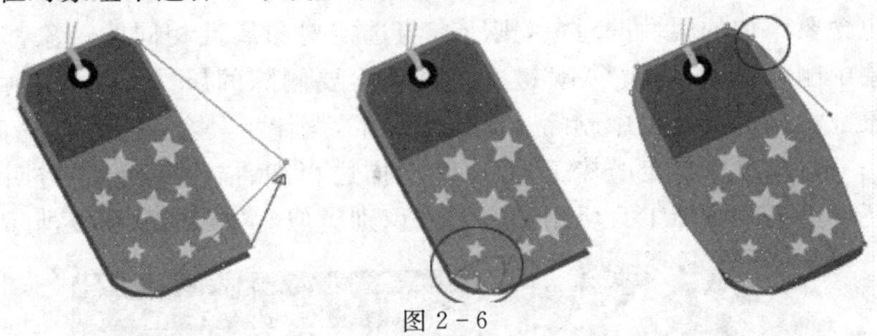

图 2-6

3. 编组选择工具

“编组选择工具”使用方法与“直接选择工具”相同，可用来在单个组中选择单个对象，在多个组中选择单组对象，或在图稿中选择一批组。多单击一次，就会添加层次内下一组中的所有对象。继续单击同一个对象，以选择包含所选组的其他组，依此类推，直到所选对象中包含了所有要选择的内容为止。

用“编组选择工具”工具进行第一次单击，选择的是组内的一个对象(图 2-7A 图)；第二次单击，选择的是对象所在的组(图 2-7B 图)；第三次单击，会向所选项目中添加下一个组(图 2-7C 图)；第四次单击则添加第三个组(图 2-7D 图)。

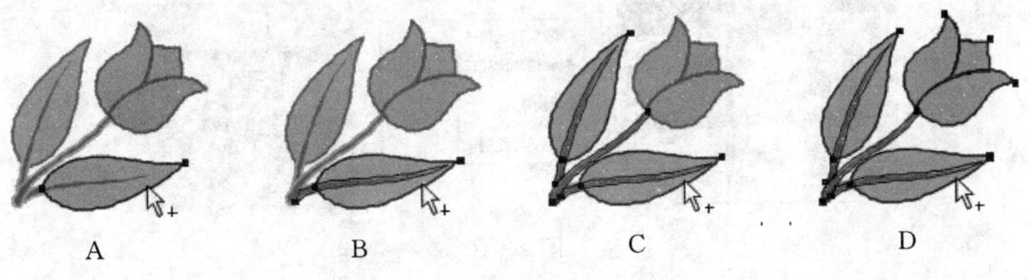

图 2-7

4. 锁套工具

“锁套工具”通过绕整个对象或对象的一部分拖动鼠标，在图形上拖动出一条不规则或曲线的范围来选择对象、锚点或路径段，如图 2-8 所示。若按住“Shift”键，可以加选多个不规则的选择范围。

图 2-8

5. 魔棒工具

"魔棒工具"可用来通过单击对象来选择相近属性的区域(具有相同的颜色、描边粗细、描边颜色、不透明度或混合模式的对象)。要创建新的选择对象,单击包含要选择的属性的对象,则所有与此对象属性相同的对象都将被选中。要将对象添加到当前选区中,按住"Shift"键并单击其他包含要添加的属性的对象,则所有与选定对象属性相同的对象都将被选中。要从当前所选对象中删除对象,按住"Alt"键并单击包含要删除的属性的对象,则所有与此对象属性相同的对象都将从所选对象中删除。默认情况下,魔棒工具会基于填充属性(如颜色或图案)来选择对象。不过,可以自定魔棒工具,以基于描边粗细、描边颜色、不透明度或混合模式来选择对象。还可以更改魔棒工具所用的容差来识别类似对象,如图 2-9 所示。

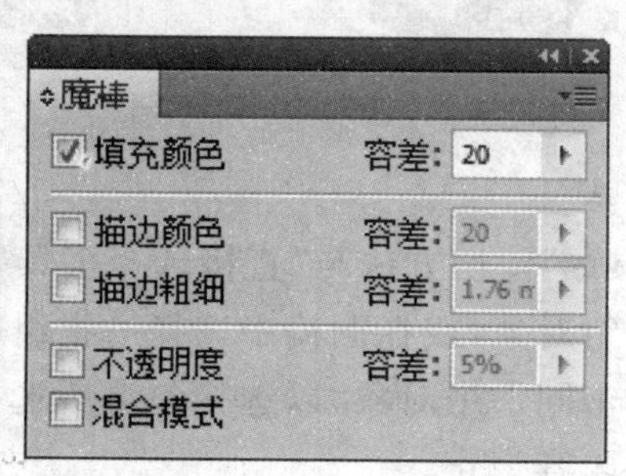

图 2-9

双击工具箱中的"魔棒工具"或者选择"窗口"→"魔棒"命令,弹出"魔棒工具"浮动调板,如图 2-10 所示。

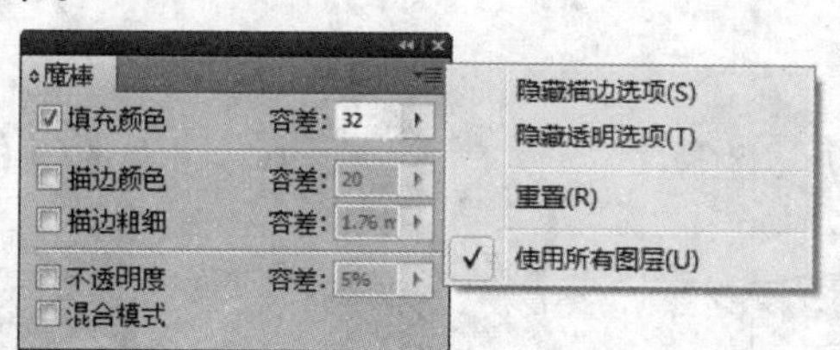

图 2-10

◆"容差":若要根据对象的填充颜色选择对象,请选择"填充颜色",然后输入容差值。对于 RGB 模式,该值应介于 0~255 像素;对于 CMYK 模式,该值应介于 0~100 像素。容差值越低,所选的对象与单击的对象就越相似;容差值越高,所选的对象所具有的属性范围就越广。

◆"显示描边选项":若要根据对象的描边颜色选择对象,请选择"描边颜色",然后输入容差值。对于 RGB 模式,该值应介于 0~255 像素;对于 CMYK 模式,该值应介于 0~100 像素。若要根据对象的描边粗细选择对象,请选择"描边粗细",然后输入容差值,该值应介于0~1000。

◆"显示透明度选项":若要根据对象的透明度或混合模式选择对象,请选择"透明度",然后输入容差值,该值应介于 0~100%。若要根据对象的混合模式选择对象,请选择"混合模式"。

2.3.2 绘图工具组

绘图工具组包含:"钢笔工具""添加锚点工具""删除锚点工具""转换点工具""直

线工具”“弧线工具”“螺旋线工具”“矩形网格工具”“极坐标网格工具”“矩形工具”“圆角矩形工具”“椭圆工具”“多边形工具”“星形工具”“光晕工具”“画笔工具”“铅笔工具”“平滑工具”“橡皮檫工具”。

1. 钢笔工具

使用“钢笔工具”可以绘制直线路径、平滑曲线路径或者是对象形状等。

(1)绘制直线。选择“钢笔工具”，将“钢笔工具”定位在直线的起点并单击，以定义第一个锚点。(如果出现方向线，那是因为意外拖动了“钢笔工具”；可选择“编辑”→“还原”(Ctrl＋Z)，然后重新单击。在希望直线结束的地方再次单击，即创建一条直线，如图 2－11 所示。继续单击“钢笔工具”可以创建更多直线。

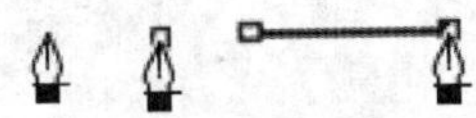

图 2－11

(2)绘制平滑曲线。选择“钢笔工具”，将“钢笔工具”定位在曲线的起点，并按住鼠标按钮。此时会出现第一个锚点，同时“钢笔工具”指针变为箭头。拖动设置要创建曲线的斜率，然后松开鼠标按钮。将“钢笔工具”定位到希望曲线结束的位置，请向原方向线相反方向拖动，然后松开鼠标按钮，如图 2－12 所示。

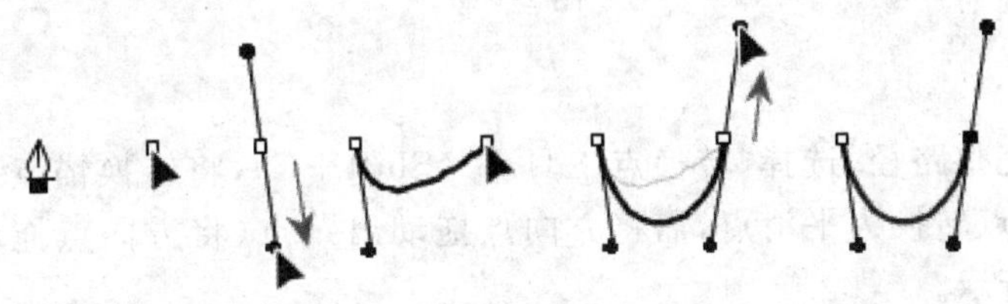

图 2－12

(3)绘制对象形状。选择“钢笔工具”，将“钢笔工具”定位在曲线的起点，并按住鼠标按钮。此时会出现第一个锚点，同时“钢笔工具”指针变为箭头。拖动设置要创建曲线的斜率，然后松开鼠标按钮。将“钢笔工具”定位到结束的位置，工具指针旁将出现一个小圈，单击或拖动可闭合路径，如图 2－13 所示。

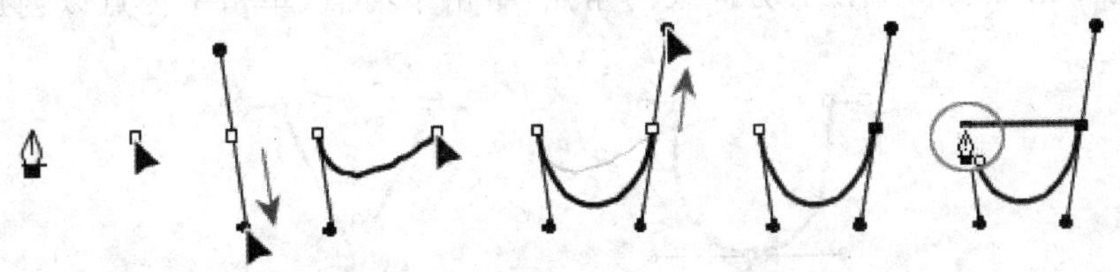

图 2－13

要保持路径开放，请在所有对象以外位置按住“Ctrl”键并单击，然后选择“选择”/“取消选择”，或选择工具箱中的其他工具。(用尽可能少的锚点拖动曲线，可更容易编辑曲线，系统也可更快速地显示和打印它们。使用过多点还会在曲线中造成不必要的凸起。请通过调整方向线长度和角度绘制间隔宽的锚点，练习设计曲线形状。)

(4)使用钢笔工具添加和删除锚点。默认情况下，当将钢笔工具放置在所选路径上方时，钢笔工具自动更改为添加锚点工具或删除锚点工具。此时可以添加和删除锚点而无需切换工具。要自动切换为添加锚点工具或删除锚点工具,在将钢笔工具放置在所选路径或锚点上方时需按住"Shift"键。当希望在现有路径顶部开始新路径时这样很有用。要停用自动切换到添加锚点工具或删除锚点工具,可选择"编辑"→"首选项"→"常规"命令,然后选择"停用自动添加/删除"。

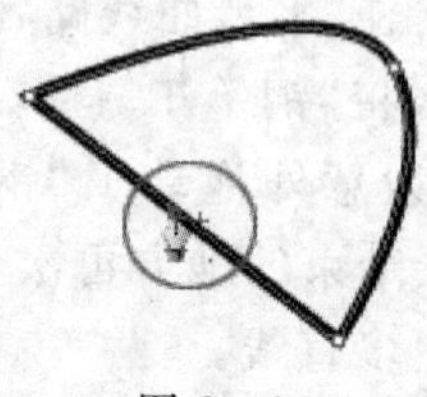

图 2-14

2. 添加锚点工具/删除锚点工具

添加锚点,将"添加锚点工具"放置在所选路径上方,再单击即可(路径在添加锚点后,可做弧度调整);删除锚点,将"删除锚点工具"放置在需要删除的锚点,再单击即可,如图2-15所示。

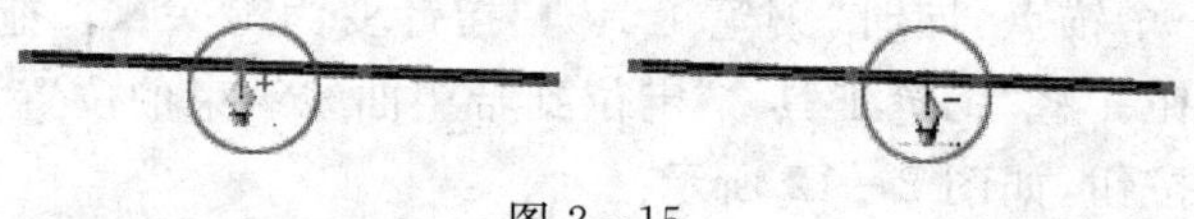

图 2-15

3. 转换点工具

选择要修改的完整路径,选择"转换点工具"(Shift+C),将转换锚点工具定位在要转换的锚点上方,要将角点转换为平滑点,需将方向点拖动出角点(将方向点拖动出角点以创建平滑点),如图 2-16 所示。

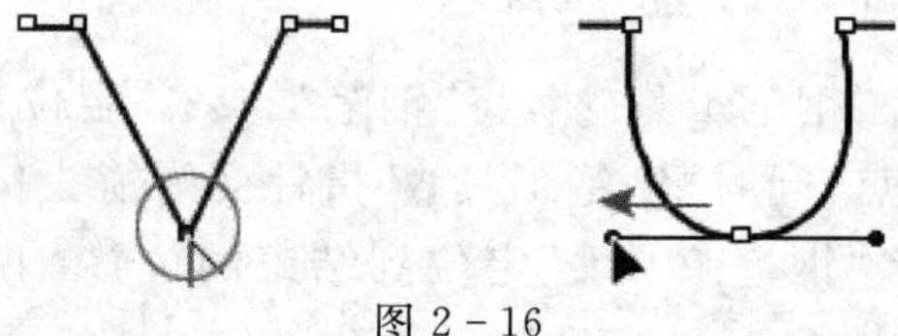

图 2-16

如果要将平滑点转换成没有方向线的角点,单击平滑点(单击平滑点以创建角点),如图2-17所示。

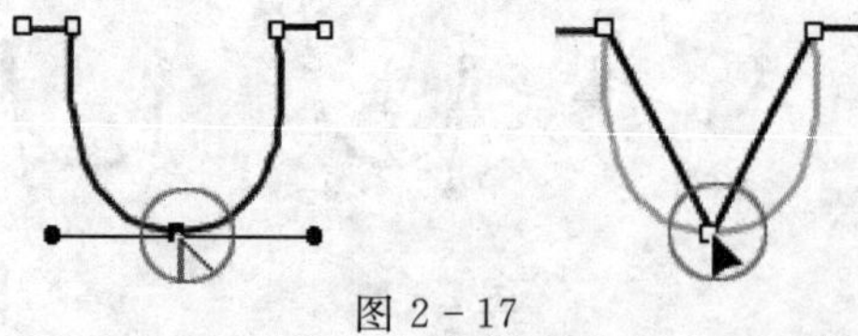

图 2-17

要将没有方向线的角点转换为具有独立方向线的角点,首先要将方向点拖动出角点(成为具有方向线的平滑点)。仅松开鼠标按钮(不要松开激活转换锚点工具时按下的任何键),然后拖向任何一方向点。如果要将平滑点转换成具有独立方向线的角点,单击任何一方向点(将平滑点转换为角点),如图 2-18 所示。

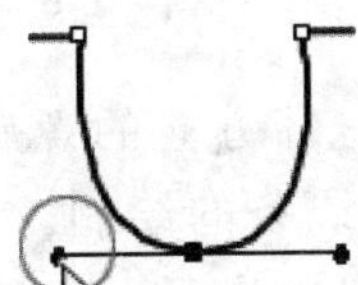
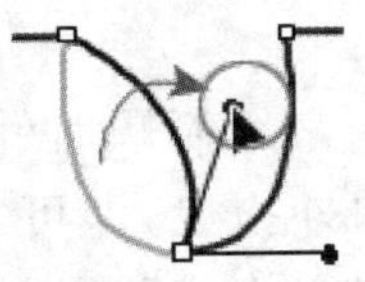

图 2－18

4. 直线工具

使用“直线工具”可以用来绘制自由方向的直线，选择“直线工具 ”在页面上任意拖动出一线段，即完成线条的绘制。双击“直线工具 ”图标，可以快速地调出“直线工具选项”对话框(见图 2－19)，进行线条长度、角度及填色的控制。

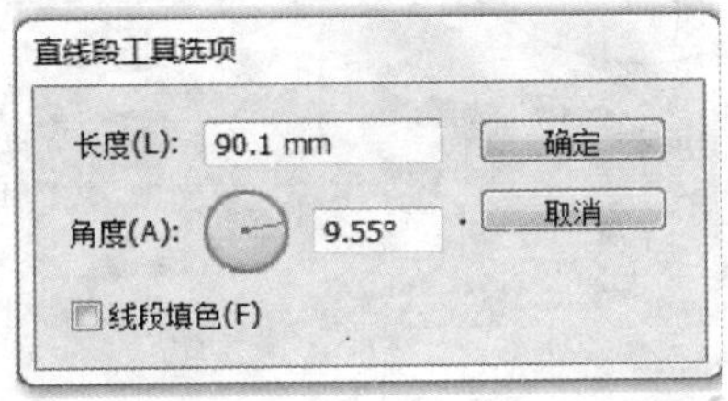

图 2－19

同时可以搭配“窗口”→“画笔”浮动调板命令，以编辑所选线条的粗细、端点及样式，如图 2－20 所示。

图 2－20

5. 弧线工具

弧线工具用于绘制各种开放式的圆弧或封闭式圆弧图形。单击“弧线工具”图标，在页面上任意拖动，即可完成弧形线段或圆弧的绘制。双击“弧线工具”图标，可以快速地调出“弧线段工具选项”对话框，进行水平与垂直长度、类型及凹凸斜率的控制，如图 2－21 所示。(在绘制圆弧或封闭式圆弧图形的过程中，可以同时按“Alt”键或键盘上下键以改变圆弧弧度)

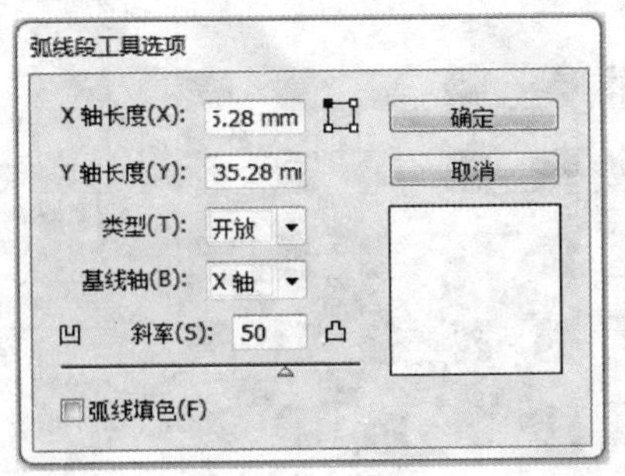

图 2－21

6. 螺旋线工具

“螺旋线工具”可以用来绘制顺时针或者逆时针方向的螺旋线条。单击“螺旋线工具”图标，并以光标为中心向外拖曳，即可完成螺旋线条的绘制。若选择“螺旋线工具”图标，在页面上单击即可调出“螺旋线”对话框，进行螺旋半径、衰减、段数及样式的控制，如图2-22所示。若配合其他图样样式浮动调板，可以创建丰富多彩的效果。

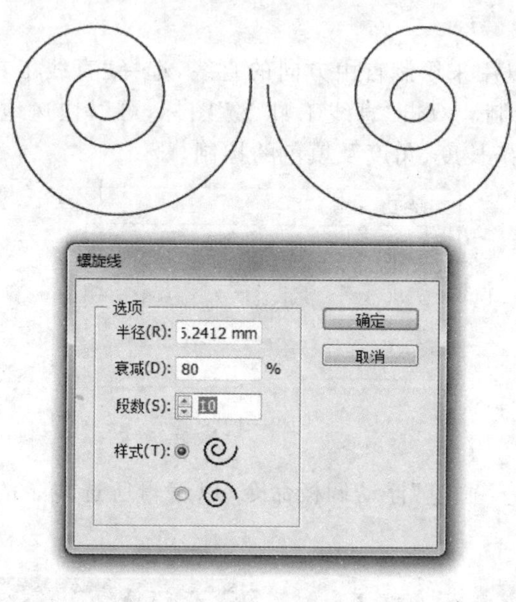

图 2-22

7. 矩形网络工具

“矩形网格工具”用来绘制各式各样的矩形表格。单击“矩形网格工具”图标，再于页面上任意拖动一区域，即可完成矩形网格的绘制。双击“矩形网格工具”图标，可以快速地调出“矩形网格工具选项”对话框，可以设置划分水平与垂直的网格线数量、网格的长宽大小及倾斜方向等选项，如图 2-23 所示。(由于网格的特性，可以执行“对象”→“时实上色”→“建立”命令将网格划分成小的路径方块，再选择“时实上色工具”以便填颜色。)

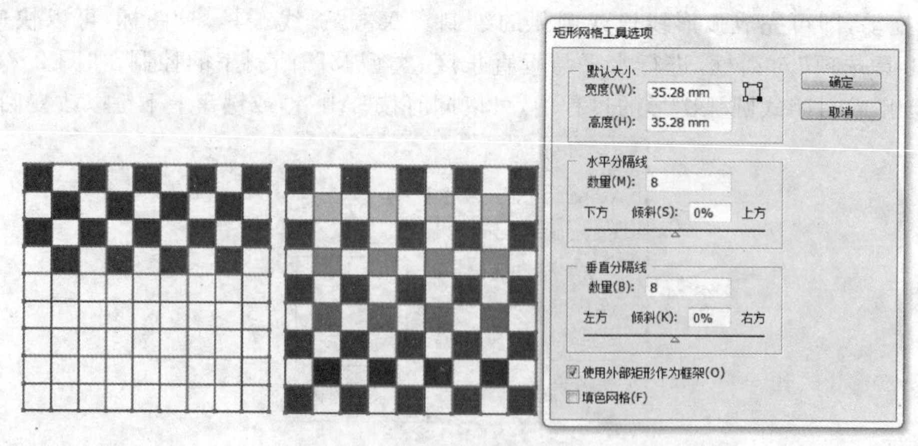

图 2-23

8. 极坐标网格工具

“极坐标网格工具”用于绘制放射状的圆形。单击“极坐标网格工具”图标，再于页面上任意拖动一区域，即可完成极坐标网格的绘制。双击“极坐标网格工具”图标，可以快速地调出“极坐标网格工具选项”对话框，可以设置划分同心圆与极坐标的网格数量、默认网格的长宽大小或其他选项，如图 2 - 24 所示。(由于网格的特性，可以执行“对象”→“时实上色”→“建立”将网格划分成小的路径块，再选择“时实上色工具”以便填颜色。)

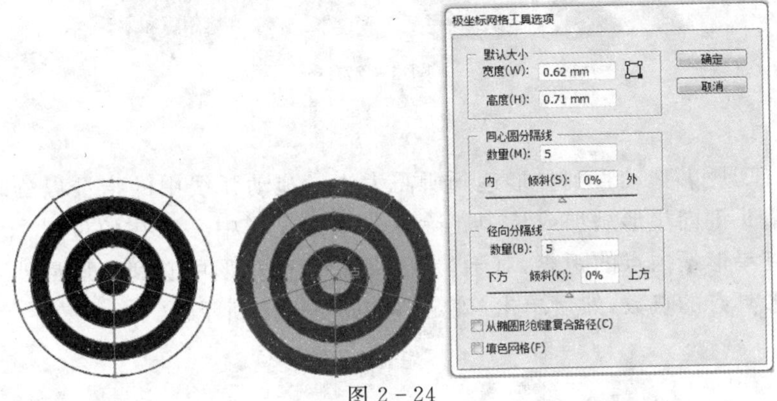

图 2 - 24

9. 矩形工具/圆角矩形工具

选择“矩形工具”或“圆角矩形工具”，沿对角线方向拖动直到矩形达到所需大小。单击矩形左上角所在的位置，指定矩形的宽度和高度（对于圆角矩形还有圆角半径)，然后单击“确定”，如图 2 - 25 所示。(要创建方形，可在拖动时按住“Shift”键，或在“宽度”文本框中输入值，然后在“高度”字样上单击，将该值复制到“高度”框中。)

图 2 - 25

10. 椭圆工具

选择“椭圆工具”，向对角线方向拖动直到椭圆达到所需大小。单击椭圆定界框左上角所在的位置，指定椭圆的宽度和高度，然后单击“确定”，如图 2 - 26 所示。(要创建圆，可在拖动时按住“Shift”键，或者如果指定尺寸，则在输入宽度值后，可以在“高度”字样上单击，以将该值复制到“高度”框中。)

图 2 - 26

11. 多边形工具

选择"多边形工具"拖动直到多边形达到所需大小。拖动弧线中的指针以旋转多边形,按向上箭头键或向下箭头键以向多边形中添加或从中删除边。单击多边形中心所在的位置,指定多边形的半径和其边的数量,然后单击"确定",可以绘制所需的任何多边形,如图 2-27 所示。

图 2-27

12. 星形工具

选择"星形工具"拖动直到星形达到所需大小。拖动弧线中的指针以旋转星形,按向上箭头键或向下箭头键向星形添加或从中删除点。单击星形中心所在的位置,对于"半径 1"指定从星形中心到星形最内点的距离,对于"半径 2"指定从星形中心到星形最外点的距离,对于点指定希望星形具有的点数,然后单击"确定",如图 2-28 所示。

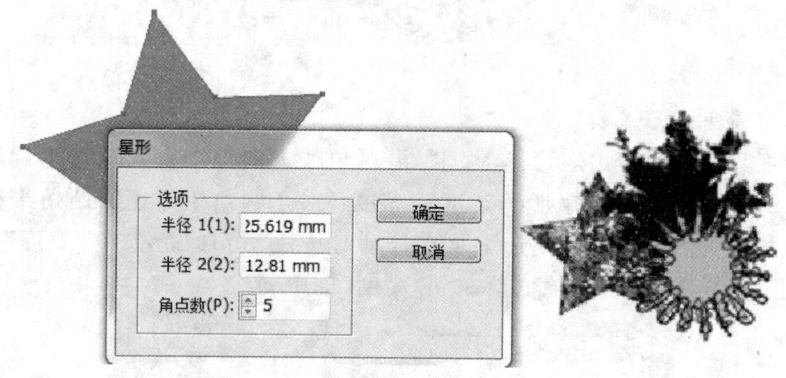

图 2-28

13. 光晕工具

光晕工具"是用于绘制光晕效果的工具,由于光晕图形由两点光源构成,选择"光晕工具",先确定第一点光源的位置,再拖动鼠标光标以决定第二点光源的位置,即完成光晕的绘制。双击"光晕工具"图标,即可显示"光晕工具选项",如图 2-29 所示。

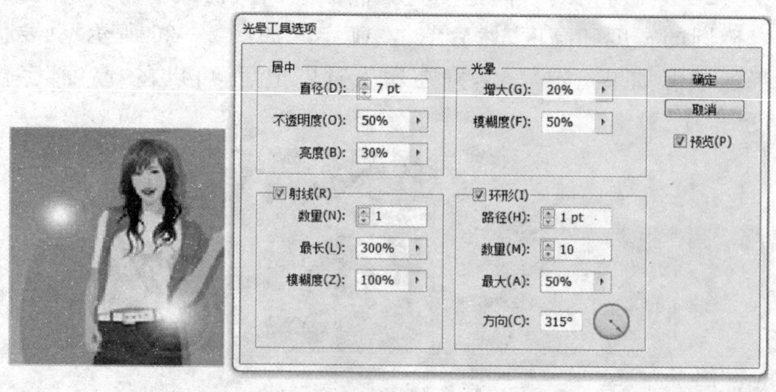

图 2-29

◆“居中”:设置光晕的中心光环的细节。

◆“光晕”:设置光晕的外环的细节。

◆“增大”:设置光晕的放大比例。

◆“模糊度”:设置光晕的模糊程度。

◆“最大”:设置光晕最大范围值。

◆“射线”:设置加入光晕的放射线的细节。

◆“环型”:设置光晕光圈的细节。

◆“路径”:设置光晕的路径偏移数值。

◆“方向”:设置光晕照射的方向角度。

14. **画笔工具**

“画笔工具”可以通过搭配使用“画笔浮动调板”中的样式,模拟丰富的画笔线条效果。选择“画笔工具”,直接在页面上拖动鼠标,即可以使用画笔绘制图形。

双击“画笔工具”图标,则会显示“画笔工具”设置对话框,可以设置画笔的容差、平滑度与其他选项,如图 2-30 所示。(画笔工具所绘制的线条在一般状态下呈开放状态,要绘制封闭路径,则需要同时按住“Alt”键。)

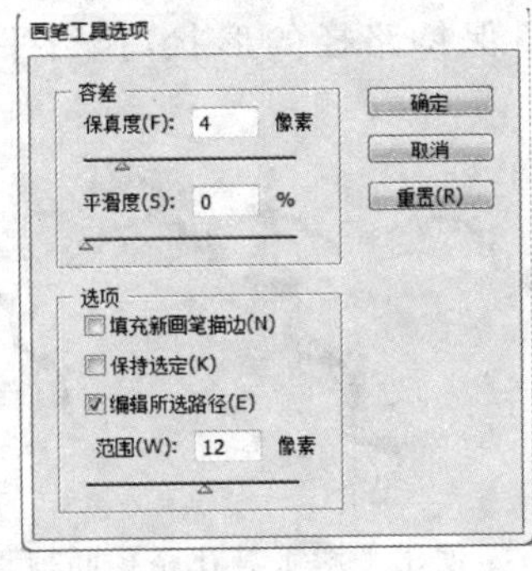

图 2-30

◆“保真度”:设置绘制路径时的偏离程度,输入数值在 0.5～20。

◆“平滑度”:设置路径的平滑程度,数值越高越平滑,可输入 0～100 数值。

◆“填充新画笔描边”:绘制新路径时,自动填色。

◆“保持选定”:路径绘制完之后,保持选择状态。

15. **铅笔工具**

“铅笔工具”可以模拟手绘的铅笔线条效果。其绘制线条可以是任意形状的开放或者封闭路径。

图 2-31

双击“铅笔工具”图标,则会显示“铅笔工具”设置对话框,可以设置画笔的容差、平滑度与其他选项,如图 2-32 所示。(铅笔工具所绘制的线条在一般状态下呈开放状态,若要绘制封闭路径,则需要同时按住“Alt”键。)

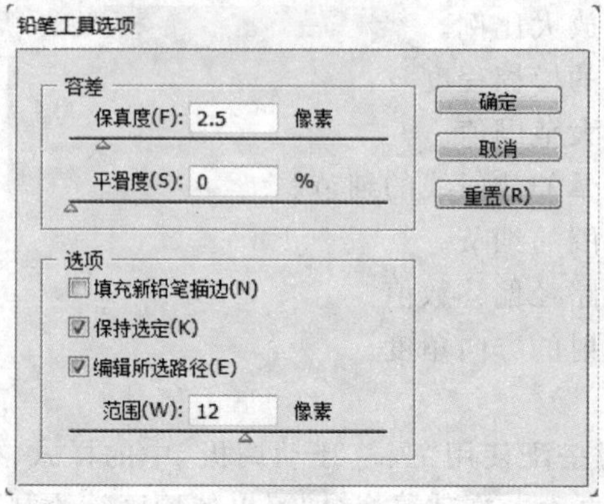

图 2-32

16. 平滑工具

选择“平滑工具”拖动光标到所选择的路径边缘,即可平滑所选路径的局部。在使用“平滑工具”时,Illustrator 会尽量保持路径的形状,执行平滑后,减少该区域的路径锚点数量,如图 2-33 所示。

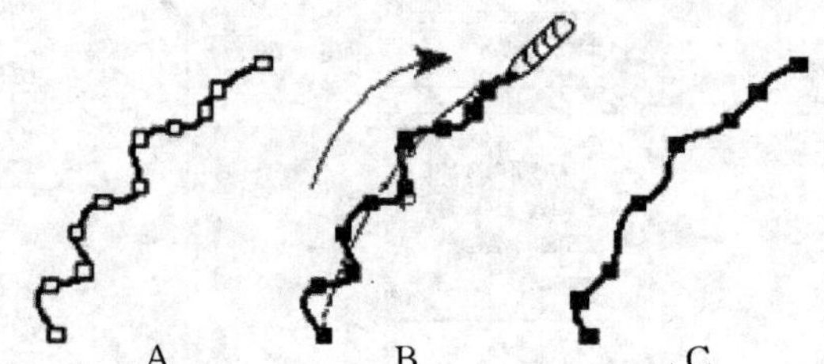

A:原始路径;B:使用平滑工具在路径间拖动;C:结果。

图 2-33

若双击“平滑工具”图标,则会显示“平滑工具”设置对话框,可以设置“平滑工具”的保真度与平滑度选项,如图 2-34 所示。

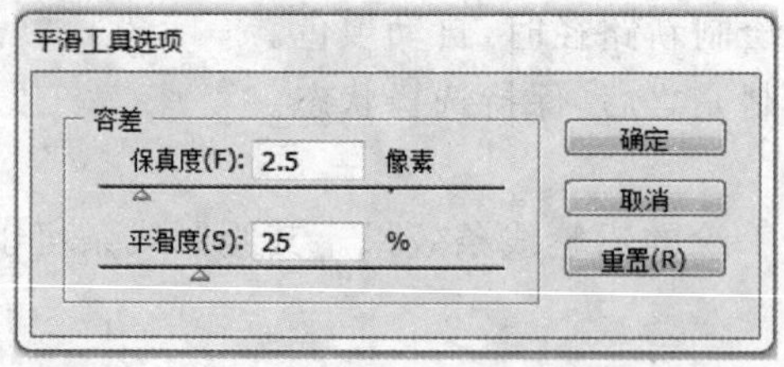

图 2-34

◆ “保真度”:保真度控制 Illustrator CS5 向路径添加新锚点前移动鼠标或光笔的最远距离。例如,保真度值 2.5 表示工具移动小于 2.5 像素将不注册。保真度范围在 0.5～20 像素,值越大,路径越平滑,复杂程度越小。

◆ “平滑度”:平滑度控制使用工具时 Illustrator CS5 应用的平滑量。平滑度范围在 0～100%,值越大,路径越平滑。

17. 橡皮擦工具

选择需要编辑的路径,使用"橡皮擦工具"将光标拖移到所需要删除的路径上即可删除所选择路径的局部(橡皮擦工具只能针对路径删除,渐变和网格不能执行此命令),如图 2－35 所示。

图 2－35

2.3.3 文字工具组

文字工具组包含"文字工具""区域文字工具""路径文字工具""直排文字工具""直排区域文字工具""直排路径文字工具"。

Illustrator CS5 中创建文字的方法有三种:①点文字:是指从画板上单击的位置开始,并随着字符的输入而扩展的一行或一列横排或直排文本。这种方式非常适用于在图稿中输入少量文本的情形。②区域文字:是指利用对象的边界来控制字符排列(既可横排,也可直排)。当文本触及边界时,会自动换行,以落在所定义区域的外框内。当用户想创建包含一个或多个段落的文本(比如用于宣传册之类的印刷品)时,这种输入文本的方式相当有用。③路径文字:是指沿着开放或封闭的路径排列的文字。当用户水平输入文本时,字符的排列会与基线平行。当用户垂直输入文本时,字符的排列会与基线垂直。无论是哪种情况,文本都会沿路径点添加到路径上的方向来排列。

(1)区域文字:调整文本区域的大小。使用"选择"工具或"图层"调板选择文字对象,并拖动边框手柄(使用"选择"工具调整文本区域的大小),如图 2－36 所示。

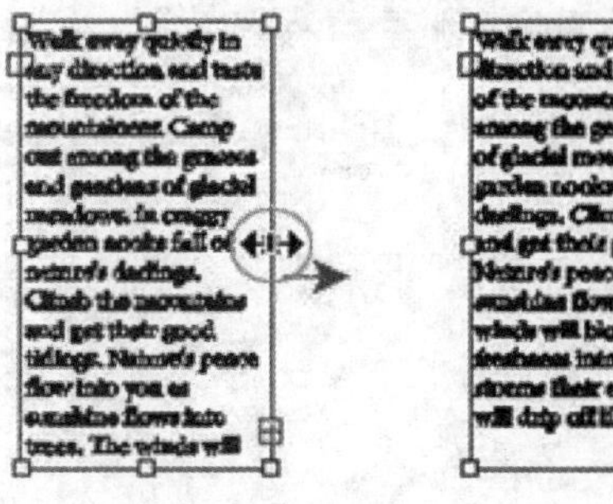

图 2－36

使用"直接选择"工具，选择文字路径的边和角，然后拖动以调整路径的形状，如图 2-37 所示。

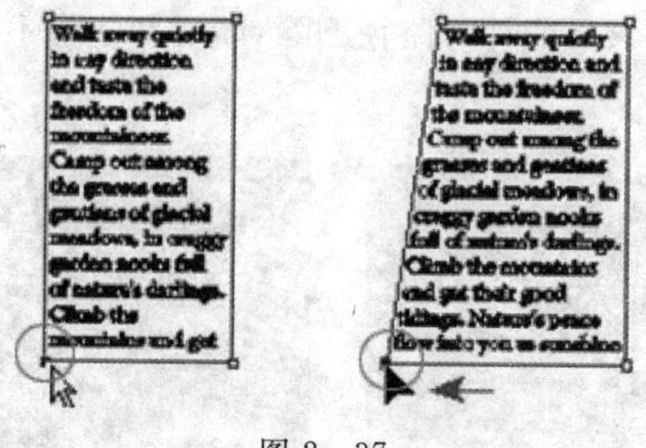

图 2-37

(2)创建文本行和文本列：选择区域文字对象，选择"文字"→"区域文字"选项，如图 2-38 所示。

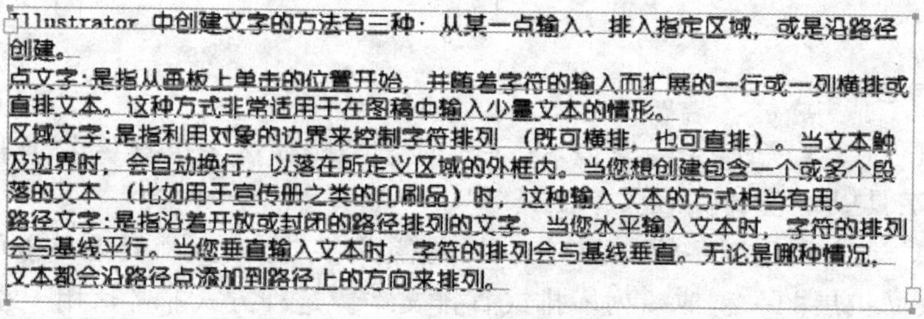

Illustrator 中创建文字的方法有三种：从某一点输入、排入指定区域，或是沿路径创建。
点文字：是指从画板上单击的位置开始，并随着字符的输入而扩展的一行或一列横排或直排文本。这种方式非常适用于在图稿中输入少量文本的情形。
区域文字：是指利用对象的边界来控制字符排列（既可横排，也可直排）。当文本触及边界时，会自动换行，以落在所定义区域的外框内。当您想创建包含一个或多个段落的文本（比如用于宣传册之类的印刷品）时，这种输入文本的方式相当有用。
路径文字：是指沿着开放或封闭的路径排列的文字。当您水平输入文本时，字符的排列会与基线平行。当您垂直输入文本时，字符的排列会与基线垂直。无论是哪种情况，文本都会沿路径点添加到路径上的方向来排列。

图 2-38

在对话框的"行"和"列"部分，设置下列选项，如图 2-39 所示。

区域文字选项
宽度: 198.5 mm
高度: 86.31 mm
确定
取消
行
数量: 1
跨距: 86.31 mm
固定
间距: 6.35 mm
列
数量: 1
跨距: 198.5 mm
固定
间距: 6.35 mm
预览(P)
位移
内边距: 0 mm
首行基线: 全角字框高度
最小值: 0 mm
选项
文本排列:

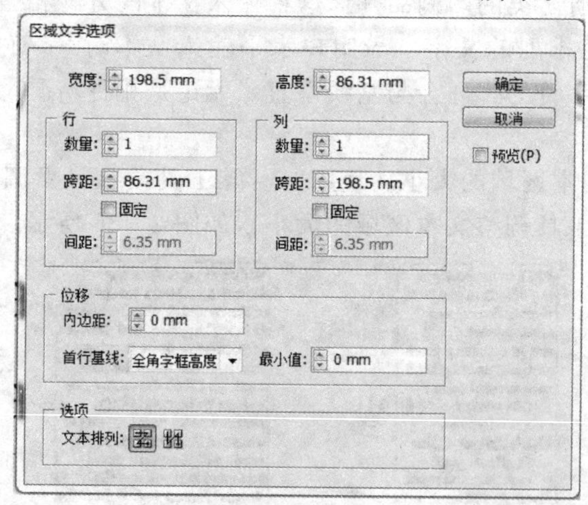

图 2-39

◆"数量"：指定对象要包含的行数、列数(亦即通常所说的"栏数")。

◆"跨距"：指定单行高度和单栏宽度。

◆"固定"：确定调整文字区域大小时行高和栏宽的变化情况。选中此选项后，若调整区域大小，则行高和栏宽会发生变化，如图 2-40 所示。

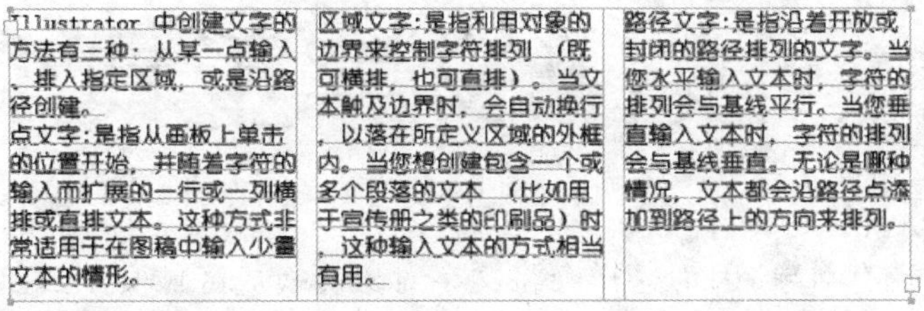

Illustrator 中创建文字的方法有三种：从某一点输入、排入指定区域，或是沿路径创建。
点文字：是指从画板上单击的位置开始，并随着字符的输入而扩展的一行或一列横排或直排文本。这种方式非常适用于在图稿中输入少量文本的情形。

区域文字：是指利用对象的边界来控制字符排列（既可横排，也可直排）。当文本触及边界时，会自动换行，以落在所定义区域的外框内。当您想创建包含一个或多个段落的文本（比如用于宣传册之类的印刷品）时，这种输入文本的方式相当有用。

路径文字：是指沿着开放或封闭的路径排列的文字。当您水平输入文本时，字符的排列会与基线平行。当您垂直输入文本时，字符的排列会与基线垂直。无论是哪种情况，文本都会沿路径点添加到路径上的方向来排列。

图 2-40

(3)串接文本对象：在对象间串接文本，使用“选择工具”选择区域文字对象，然后选择“文字”→“串接文本”→“创建”命令，如图 2-41 所示。

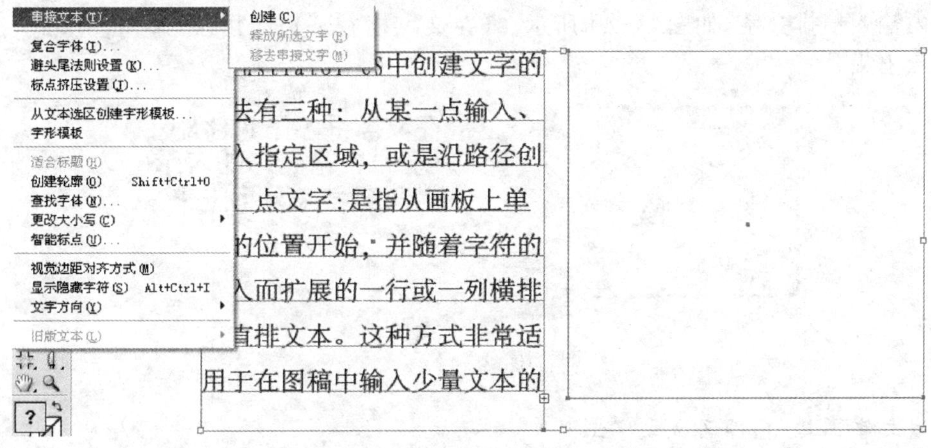

图 2-41

点击“确定”，文字即可以按照绘制的图形进行排列，如图 2-42 所示。

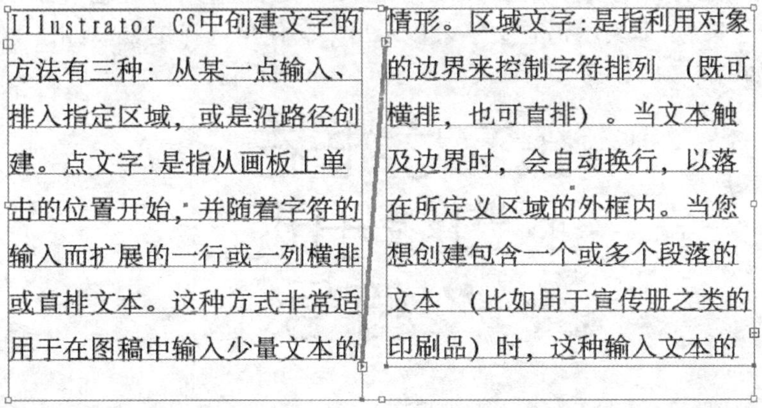

Illustrator CS中创建文字的方法有三种：从某一点输入、排入指定区域，或是沿路径创建。点文字：是指从画板上单击的位置开始，并随着字符的输入而扩展的一行或一列横排或直排文本。这种方式非常适用于在图稿中输入少量文本的情形。区域文字：是指利用对象的边界来控制字符排列（既可横排，也可直排）。当文本触及边界时，会自动换行，以落在所定义区域的外框内。当您想创建包含一个或多个段落的文本（比如用于宣传册之类的印刷品）时，这种输入文本的

图 2-42

1. **文字工具/直排文字工具**

选择“文字工具T”，可以创建横排文本行；若要创建直排文本行，选择“直排文字工具T”。点击页面，确定文本行所需的起始位置，鼠标指针会变成一个四周围绕着虚线框的文字，插入指针。靠近这个文字插入指针底部的短水平线，标出了该行文字的基线位置，文本都将位于基

线上，如图 2-43 所示。（在“控制”调板、“字符”调板或“段落”调板中设置文本格式选项。）

|“文| “文字工具”|

图 2-43

注意：不要单击现有对象，因为这样会将文字对象转换成区域文字或路径文字。如果现有对象恰好位于要输入文本的地方，需先锁定或隐藏对象，输入文本，按“Enter”键可在同一文字对象中开始新一行文本。输入完成后，请单击“选择”工具来选择文字对象，或者按住“Ctrl”键并单击文本。

使用“文字工具T”/“直排文字工具T”拖动一个矩形区域，形成一矩形文字框，则可以在限定的框内输入横排文字，如图 2-44 所示。（在文字框右下边缘出现“+”符号，即表示仍有文字未显示出来）。

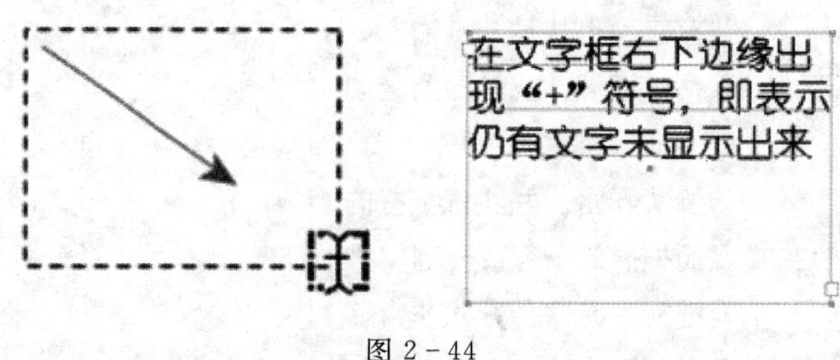

图 2-44

2. 区域文字工具/直排区域文字工具

选择“区域文字工具T”/“直排区域文字工具T”，可以在对象形状内输入横排/竖排文字内容，但不可是复合路径。先绘制图形形状，然后选择“区域文字工具T”/“直排区域文字工具T”，则对象的填色与画笔设置都会取消，若输入的文字过多，且无法显示的时候在图形框右下边缘出现“+”符号，即表示仍有文字未显示出来。使用选择工具，双击“+”号即可将其余文字显示出来，如图 2-45 所示。

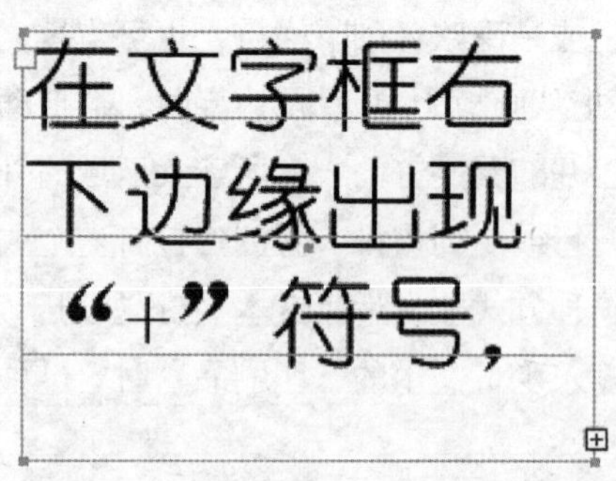

图 2-45

3. 路径文字工具/直排路径文字工具

选择“路径文字工具”/“直排路径文字工具”，可以在对象路径上键入横排/竖排文字内容，输入的文字基线会与路径线呈垂直状态。先制作一开放、封闭或者是不规则的路径，然后选择“路径文字工具”/“直排路径文字工具”，该路径的填色及画笔设置将被取消，如果输入的文字过多则会在路径的末尾出现“+”符号，提醒文字未完全显示，如图 4－46 所示(可以使用任何文字工具来作文字编辑)。

图 2－46

2.3.4 上色工具组

上色工具组包含“网格工具”“渐变工具”“吸管工具”“度量工具”“时实上色工具”“时实上色选择工具”。

1. 网格工具

“网格工具”的出现使图形中颜色细微之处的变化的制作简单化，而且易于控制颜色的变化。网格是指在作用图形或者图像上利用命令或工具形成网格，利用这些网格，可以对图形进行多个方向和多种颜色的渐变填充。

网格的工作原理和渐变相同，它们的不同之处在于：使用渐变工具可以在一个或者多个图形内填充，渐变方向是单一方向；网格工具可以在一个图形内创建多个渐变点，能产生多个渐变方向，如图 2－47 所示。

图 2－47

网格工具将一个路径对象变形为单个多色填充的对象。当一个对象被变形为网格对象时，就创建了平滑的颜色变化，可以对这种变化进行精确的调整和操作，即颜色被一个网格控制，而用户可以移动和调整此网格，从而改变一部分颜色，使其变化到另外一部分颜色。制作网格时，多条直线在图形上交叉形成网格，这些直线被称为网格线，直线的交叉点被称为网格点，4 个网格点组成一个网格片。网格点具有和节点相同的属性。通过调整网格点，可以调整渐变的颜色及方向。

(1)创建网格的方法：选择一封闭路径，使用“网格工具”直接在对象上点击，建立网格如图 2－48 所示。

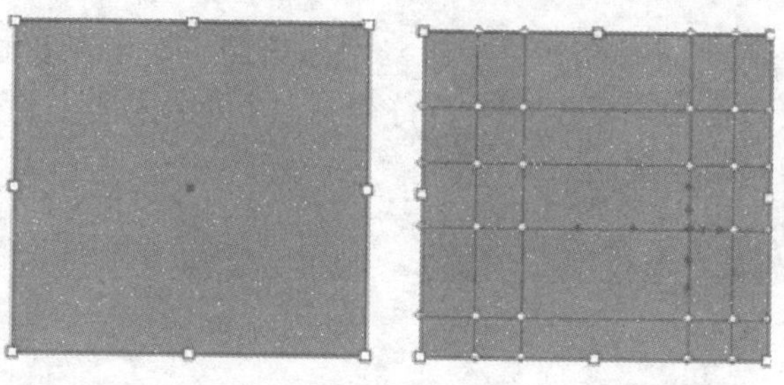

图 2-48

选择“菜单”→“对象”→“创建渐变网格”命令建立网格，此方法建立的网格比较简单，如图 2-49 所示。

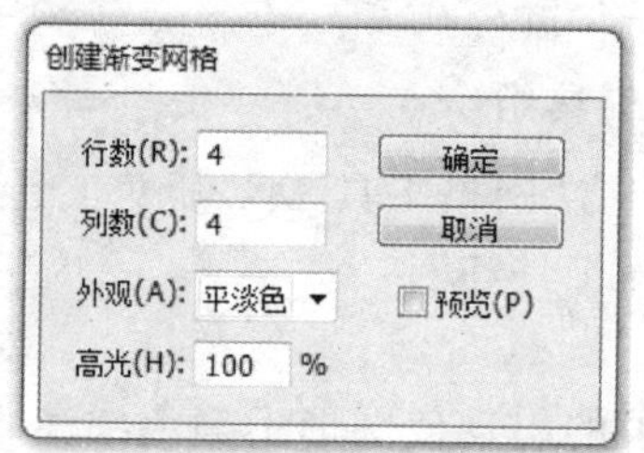

图 2-49

通过渐变扩展得到网格，选择已渐变对象，然后选择“对象”→“扩展”命令，在弹出的对话框中选择“渐变网格”选项，便可将渐变扩展成网格，如图 2-50 所示。

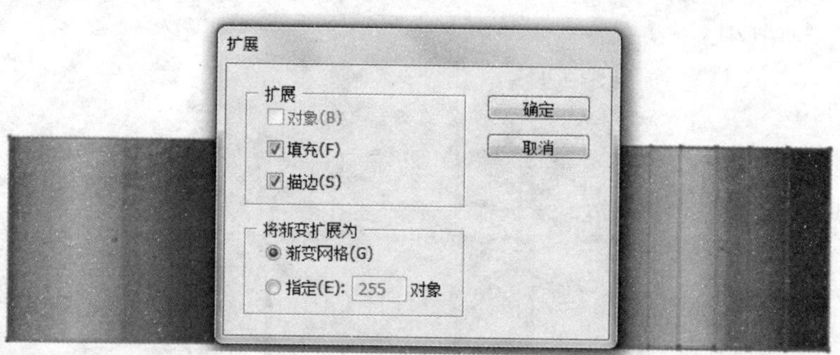

图 2-50

(2)编辑网格的方法：在介绍网格的编辑前，需要了解一下影响网格线的因素。网格线的形成受两点因素影响：变形边框的方向和是物件的节点，如图 2-51 所示。

图 2-51

网格的编辑分为两种，一种是对一般图形的网格编辑，另一种是对复杂图形的网格编辑。一般图形的网格编辑很简单，可以通过网格工具直接点击建立，也可以通过菜单命令直接形成网格。对复杂图形的网格编辑有以下 3 种方法：选取节点建立网格；重设边框建立网格；分解图形建立网格。

①选取节点建立网格。通过选取合适的节点，使网格线符合图形的结构，这样有助于图形细节的刻画，所以合理地选取节点是关键。如图 2－52 左图所示是通过菜单直接建立的，右图是通过选取节点建立的网格。

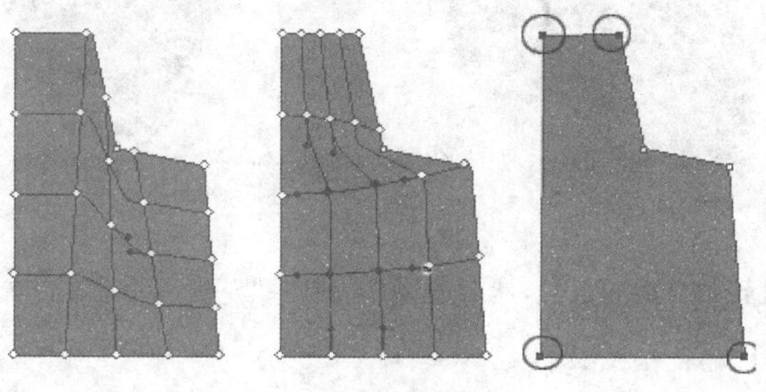

图 2－52

使用直接选取工具点选红框内的节点，如图 2－53 左图所示；然后通过“对象”→“创建渐变网格”菜单命令或用网格工具直接建立网格，如图 2－53 右图所示。

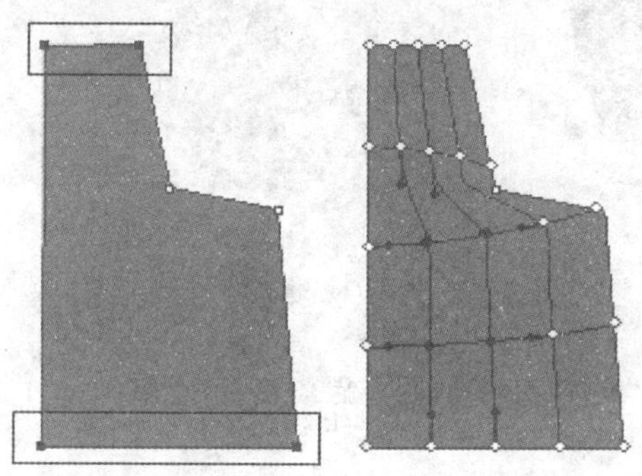

图 2－53

②重设边框建立网格。通过改变图形的位置，重新设置图形的边框，来建立达到理想效果的网格线，如图 2－54 所示。左图是通过菜单直接建立的，可以很明显看出网格线的分布和走向不便于对图形的细节进行刻画。右图是通过重设边框建立的网格，其网格的分布更符合图形的结构，便于对图形的细节进行刻画。

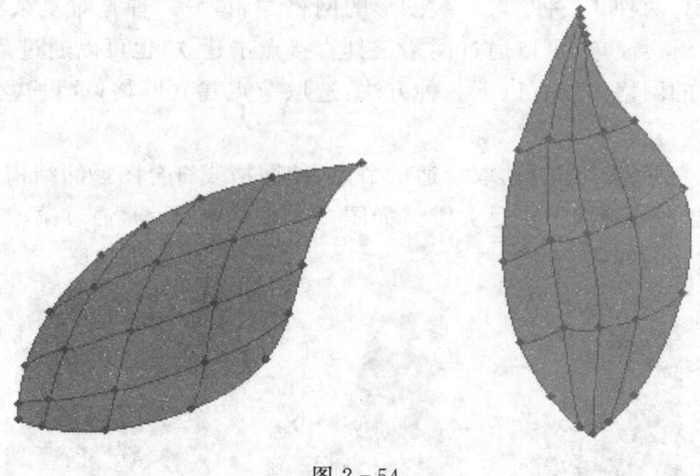

图 2-54

首先将图形旋转到合适的位置，然后选择"对象"→"变化"→"重新设置范围框"菜单命令，如图 2-55 所示。

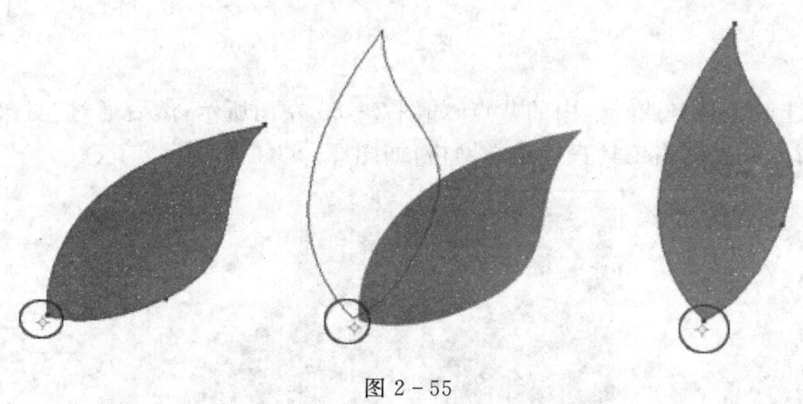

图 2-55

最后通过选择"对象"→"创建渐变网格"菜单命令或用网格工具直接建立网格，如图2-56所示。

图 2-56

③分解图形建立网格。以 S 形的制作为例，对环形进行网格编辑时需要用到分解图形建立网格的方法，因为 Illustrator CS5 是不能对复合路径使用网格的，如图 2-57A 所示。选择"美工刀工具"，按住"Alt"键将圆环由中间对切，如图 2-57B 所示。用直接选取工具选中红框内的节点，如图 2-57B 所示。通过选择"对象"→"创建渐变网格"菜单命令或用网格工具直

接建立网格，如图 2－57D 图所示。

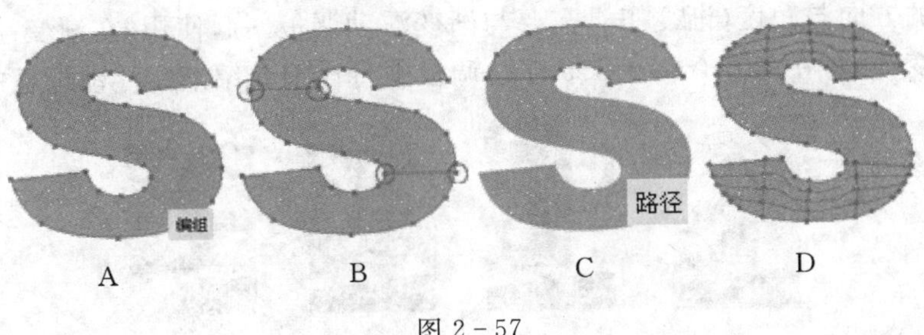

图 2－57

网格建立后，需要对其填充颜色，才能显现出网格模拟颜色过渡的特性，对网格填色，一般使用直接选择工具选择相应的锚点或者是块面填色，如图 2－58 所示。

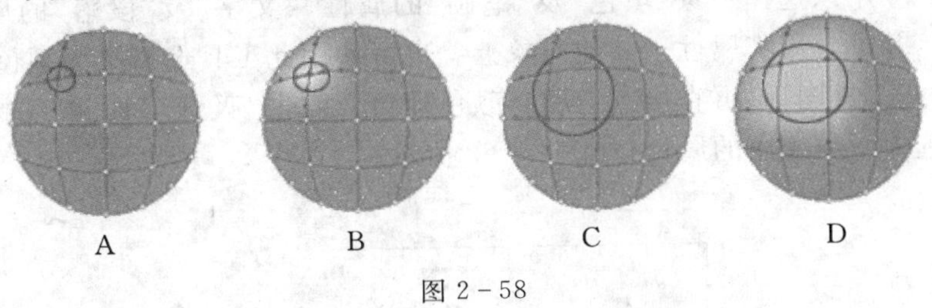

图 2－58

使用吸管工具吸取需要的色彩，按“Alt”键将吸管工具移动到网格任意位置，点击鼠标即完成填色过程，如图 2－59 所示。

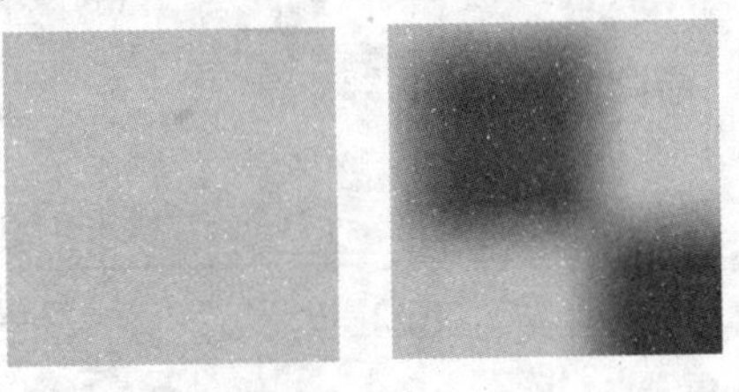

图 2－59

编辑网格，综合使用转换点工具、直接选择工具，对锚点进行调整，使用方法与使用绘图工具调整路径形态一样，如图 2－60 所示。

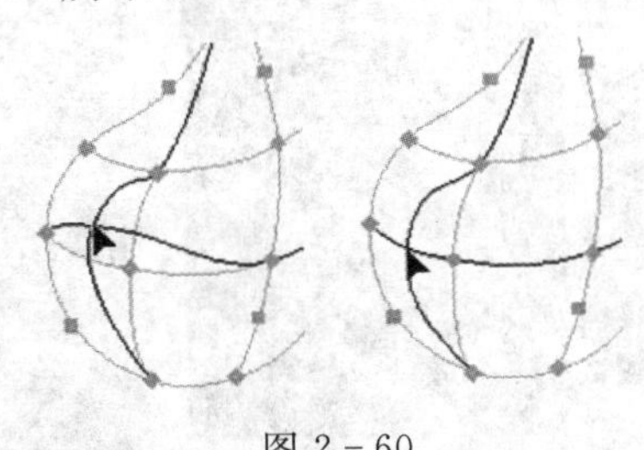

图 2－60

2. 渐变工具

“渐变工具■”用来调整对象内渐变填色的方向（角度）、线性或放射状渐变的起点和终点。先按住鼠标。在拖动鼠标到所需的方向及位置上，则会出现一条虚拟的直线，用来设置渐变的角度、起点、终点，最后再放开鼠标即可，如图 2-61 所示。也可同时选择多个渐变对象，一次改变渐变的方向与角度(渐变工具需要与渐变浮动调板一起使用，在渐变浮动调板中设定过渡颜色及渐变类型，在 Illustrator CS5 浮动调板中将详细介绍渐变浮动调板的使用)。

图 2-61

3. 吸管工具

“吸管工具”用以选择对象“填色”及“笔画”的属性、“文字”及“段落”的属性、“颜色”数值等，作为样本，并可套用其属性于其他对象上。也可使用此工具选择桌面颜色或其他软件文件的颜色，选择此工具图标，再直接点选所需颜色即可。双击“吸管工具”图标以显示“吸管选项”对话框，选择所需套用的属性，如图 2-62 所示。

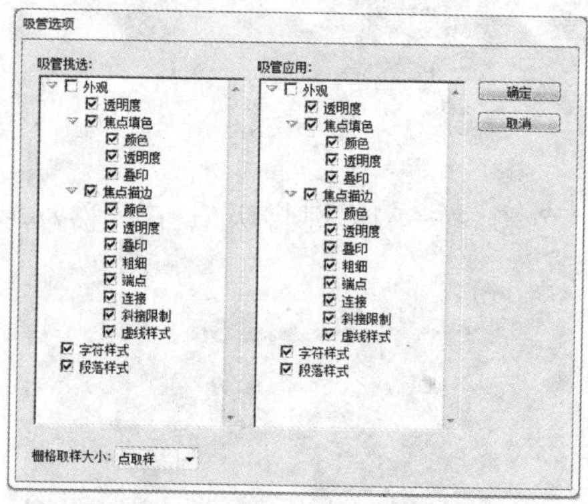

图 2-62

调整“吸管选项” 对话框，选择需要吸取的选项，点击“确定”，效果如图 2-63 所示。

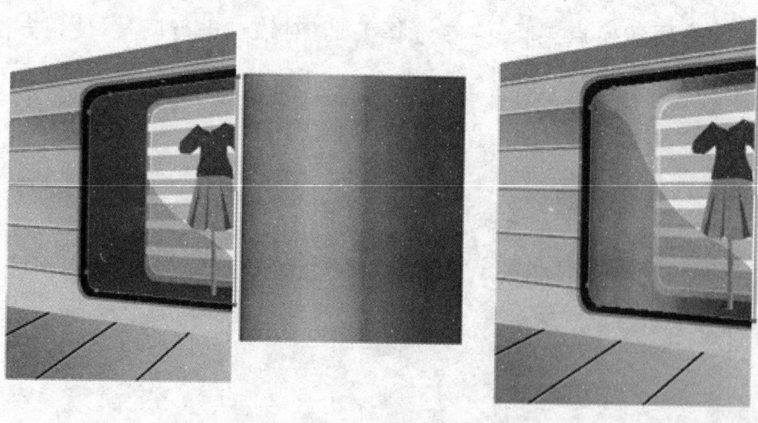

图 2-63

4. 度量工具

“度量工具”用于测量任意两点之间的距离并在“信息”调板中显示结果。首先选择“度量工具”，单击第一点，按住鼠标不放并拖移到第二点(按住“Shift”键拖移以将工具限制为45°的倍数)。则“信息”调板显示到 x 和 y 轴的水平和垂直距离、绝对水平和垂直距离、总距离和度量的角度，如图 2－64 所示。

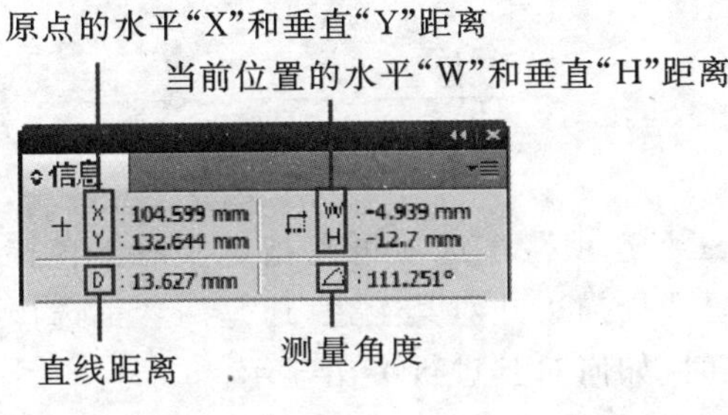

图 2－64

5. 时实上色工具

首先创建实时上色组，选择需要进行时实上色的对象，选择“对象”→“时实上色”→“建立”菜单命令即可创建实时上色组，如图 2－65 所示(在菜单命令部分将详细讲解“实时上色”)。

图 2－65

选择需要进行时实上色的“实时上色组”，使用“时实上色工具”，选择颜色，然后单击所选对象即可为实时上色组填充颜色，如图 2－66 所示。(某些属性可能会在转换为实时上色组时丢失(如透明度和效果)，而有些对象则不能转换，如文字、位图图像和画笔。)

图 2－66

双击“时实上色工具”图标，弹出“时实上色工具选项”对话框，如图 2－67 所示。

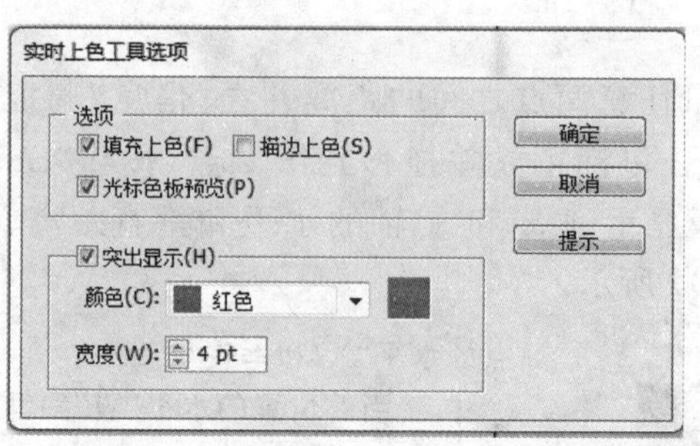

图 2 - 67

◆“时实上色工具选项”:该选项可以指定实时上色工具的工作方式,决定是只选择填色并对其上色,还是只选择描边并对其上色,还是两者都选择并上色。用户还可以指定当工具移动到表面和边缘上时,如何对其进行突出显示。

◆“上色填色”:对实时上色组的各表面上色。

◆“上色描边”:对实时上色组的各边缘上色。

◆“突出显示”:勾画出光标当前所在表面或边缘的轮廓。用粗线突出显示表面,细线突出显示边缘。

◆“颜色”:设置突出显示线的颜色。可以从菜单中选择颜色,也可以单击上色色板以指定自定颜色。

◆“宽度”:指定所选项目的突出显示线的粗细。

2.3.5 变形工具组

变形工具组包含“旋转工具”“镜像工具”“比例缩放工具”“倾斜工具”“改变形状工具”“变形工具”“扭曲旋转工具”“收缩工具”“膨胀工具”“扇贝工具”“晶格化工具”“皱摺工具”“自由变换工具”“混合工具”。

变换包括就对象进行移动、旋转、镜像、比例缩放和倾斜。可以使用“变换”调板、“对象”→“变换”命令以及专用工具来变换对象。还可通过拖动选区的定界框来完成多种变换类型。某些情况下,用户可能要对同一变换操作重复数次,在复制对象时尤其如此。利用“对象”菜单中的“再次变换”命令,可以根据需要,重复执行移动、比例缩放、旋转、镜像或倾斜操作,直至执行下一变换操作。使用“信息”面板可在对所选对象进行变换时查看所选对象的当前尺寸和位置。

1. 旋转工具

“旋转工具”可使对象围绕指定的固定点旋转。默认的参考点是对象的中心点。如果选区中包含多个对象,则这些对象将围绕同一个参考点旋转,默认情况下,这个参考点为选区的中心点或定界框的中心点。

选择一个或多个对象,选择“旋转工具”,若要使对象围绕其中心点旋转,需在文档窗口的任意位置拖动鼠标指针作圆周运动。若要使对象围绕其他参考点旋转,需单击文档窗口中的任意一点,以重新定位参考点,然后将指针从参考点移开,并拖动指针作圆周运动。若要旋转对象的副本,而非对象本身,需在开始拖动之后按住“Alt”键,拖动鼠标的位置离对象参考点越远,控制就越精确,如图 2 - 68 所示。

图 2-68

双击"旋转工具"图标，弹出"旋转选项"对话框，如图 2-69 所示。

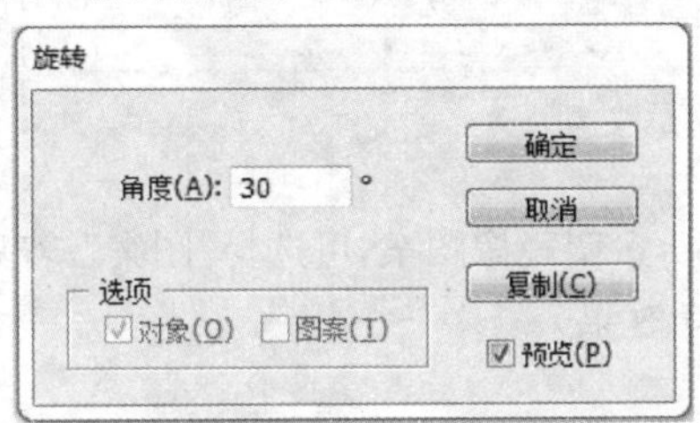

图 2-69

◆"角度"：文本框中输入旋转角度。输入负角度可顺时针旋转对象，输入正角度可逆时针旋转对象。

◆"选项"：如果对象包含图案填充，选择"图案"以旋转图案。如果只想旋转图案，而不想旋转对象，请取消选择"对象"。

◆"复制"：若想以圆形图案的形式围绕一个参考点置入对象的多个副本，需将参考点从对象的中心移开，并单击"复制"，然后重复。再选择"对象"→"变换"→"再次变换"命令。

2. 镜像工具

"镜像工具"是指以指定的不可见轴为轴将对象进行翻转，产生镜子般的效果。使用"自由变换"工具、"镜像"工具或"镜像"命令，都可以就对象进行镜像。要创建对象的镜像，可以在镜像时复制对象。选择"镜像工具"，在文档窗口的任何位置单击，以确定轴上的一点。指针形状将变为箭头。将指针定位到轴上的另一点以确定不可见轴，单击以确定不可见轴的第二个点。单击时，所选对象会以所定义的轴为轴进行翻转。单击以设定轴的一点，如图 2-70左图所示，然后再次单击以设定轴的另一点，接下来绕由此确定的轴来镜像对象，如图 2-70右图所示。

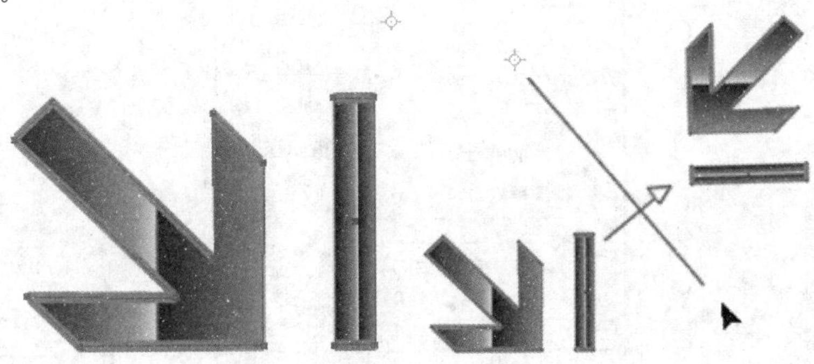

图 2-70

双击“镜像工具”，弹出“镜像工具”对话框，如图 2-71 所示。选择镜像对象时要基于的轴，可以基于水平轴、垂直轴或具有一定角度的轴镜像对象。

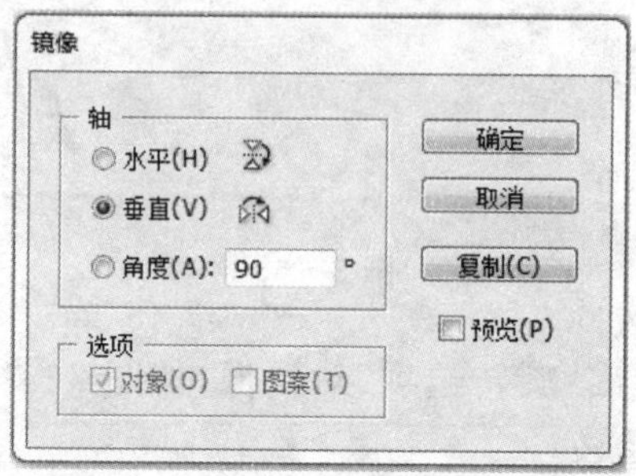

图 2-71

◆“选项”：如果对象包含图案，希望镜像图案，可选择“图案”；若只是镜像图案，取消选择“对象”。

◆“预览”：应用效果前预览效果。

◆“复制”：镜像对象副本。

3. 比例缩放工具

选择需要缩小或放大的对象，再选择“比例缩放工具”可以缩小或放大的对象的大小与长宽比例，点取所需的对象或路径，再选择“比例缩放工具”，并拖动鼠标以执行缩放操作，如图 2-72 所示。

图 2-72

双击“比例缩放工具”，弹出“比例缩放工具”对话框，如图 2-73 所示。

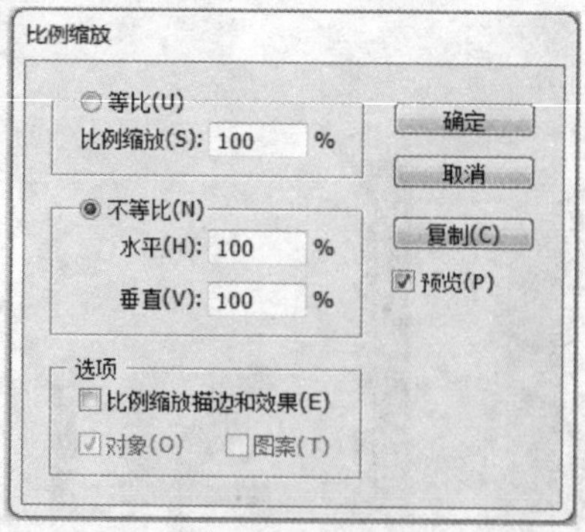

图 2-73

◆“等比”:设置依原对象的等比宽高比例作缩放操作。

◆“比例缩放”:输入数值以设置缩放比例。

◆“不等比”:设置不依据原对象的等比宽高比例作缩放操作。

◆“水平”:输入数值以设置水平方向的缩放比例。

◆“垂直”:输入数值以设置垂直方向的缩放比例。

◆“比例缩放描边与效果”:设置笔画与效果会随着缩放工具而改变。

◆“对象”:设置“对象”会依照比列缩放。

◆“图案”:设置对象内的“图案”会依照比列缩放。

◆“复制”:先复制一相同的对象,并再依照输入的数值缩放。如果选择的是“图案”,则缩放后的图案会叠在原有图案上。

◆“预览”:预先浏览对象或图样被缩放后的情况,并在不满意时可按下“取消”按钮,以执行取消动作。

4.倾斜工具

倾斜操作可沿水平或垂直轴,或相对于特定轴的特定角度来倾斜或偏移对象。对象相对于参考点倾斜,而参考点又会因所选的倾斜方法而不同,而且大多数倾斜方法中都可以改变参考点。用户可以在倾斜对象时,锁定对象的一个维度,还可以同时倾斜一个或多个对象(倾斜对于创建投影十分有用)。

选择一个或多个对象,选择“倾斜工具”,若要相对于对象中心倾斜,可拖动文档窗口中的任意位置。若要相对其他参考点倾斜,可在文档窗口中单击任意位置以移动参考点,将指针从参考点移开,再拖动对象,直到对象达到所需的倾斜度为止。若要沿对象的垂直轴倾斜对象,可在文档窗口中的任意位置向上或向下拖动。若要限制对象保持其原始宽度,可按住“Shift”键。若要沿对象的水平轴倾斜对象,可在文档窗口中的任意位置向左或向右拖动。若要限制对象保持其原始高度,可按住“Shift”键。

相对于中心倾斜和相对于用户定义参考点倾斜的对比图分别如图 2-74 左图和右图所示。

图 2-74

双击“比例缩放工具”,弹出“比例缩放工具”对话框,如图 2-75 所示。

◆“倾斜角度”:输入一个介于 -359～359 的倾斜角度值。倾斜角是沿顺时针方向应用于对象的相对于倾斜轴一条垂线的倾斜量。

◆“轴”:沿哪条轴倾斜对象。如果选择某个有角度的轴,需以水平轴为准,输入一个介于

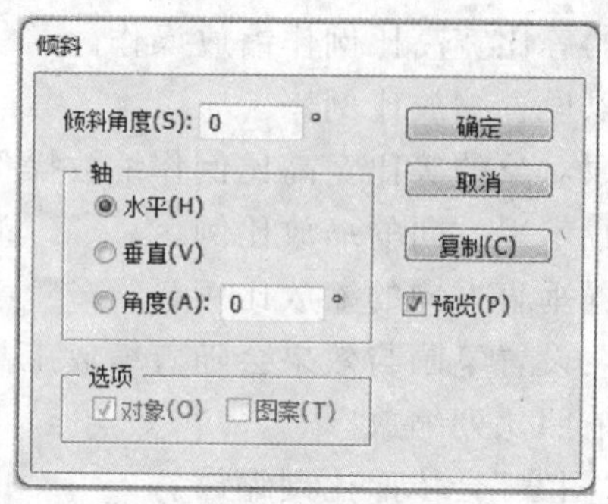

图 2－75

－359～359 的角度值。

◆“选项”：如果对象包含图案填充，需选择“图案”以移动图案。如果只想移动图案，而不想移动对象的话，需取消选择“对象”。

◆“复制”：可以复制倾斜对象副本。

5. **变形工具**

“变形工具”类似 Photoshop 中的液化工具，用来将图形的局部挤压，作出液体延展般的效果。选择“变形工具”，在图形上任意拖曳即可以产生局部挤压效果，如图 2－76 所示。

图 2－76

双击“变形工具”，弹出“变形工具”对话框，如图 2－77 所示，可进行长宽度、角度、强度、简化程度及其他细节的控制(按住“Alt”键在画面拖动可以直接调整画笔大小)。

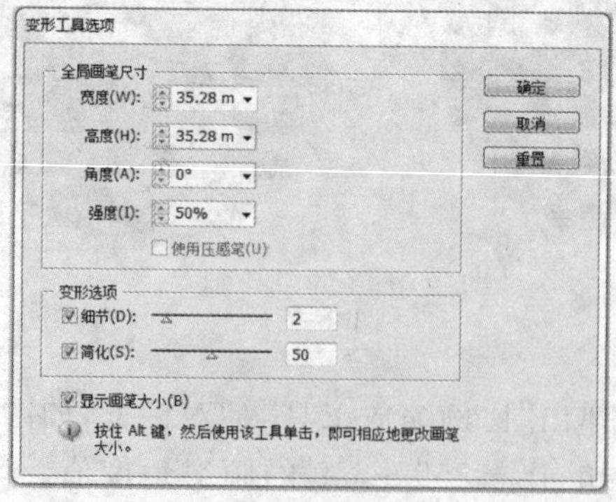

图 2－77

6.扭曲旋转工具

选择"扭曲旋转工具"可以将图形的局部做出液体般的扭曲效果，类似 Photoshop 中的液化扭曲工具。单击"扭曲旋转工具"图标，在页面图形上直接按鼠标键即可将对象扭曲，双击"扭曲旋转工具"，弹出"扭曲旋转工具"对话框，可进行长宽度、角度、强度、简化程度及其他细节的控制(按住"Alt"键在画面拖动可以直接调整画笔大小)，效果如图 2-78 所示。

图 2-78

7.收缩工具

选择"收缩工具"可以将图形的局部做出向内压缩的效果。单击"扭曲旋转工具"图标，在页面图形上直接按鼠标键即可将对象扭曲，双击"收缩工具"，弹出"收缩工具"对话框，可进行长宽度、角度、强度、简化程度及其他细节的控制(按住"Alt"键在画面拖动可以直接调整画笔大小)，效果如图 2-79 所示。

图 2-79

8.膨胀工具

选择"膨胀工具"可以将图形的局部做出向外扩展的效果。单击"膨胀工具"图标，在页面图形上直接按鼠标键即可将对象扭曲(按住"Alt"键在画面拖动可以直接调整画笔大小)，效果如图 2-80 所示。不能对链接文件或包含文本、图形或符号的对象使用液化工具。

图 2-80

9.扇贝工具/晶格化工具/皱摺工具

"扇贝工具"可以向对象的轮廓添加随机弯曲的细节；"晶格化工具"可以向对象的轮

廓添加随机锥化的细节；“皱摺工具”可以向对象的轮廓添加类似于皱褶的细节。效果如图2-81所示。

 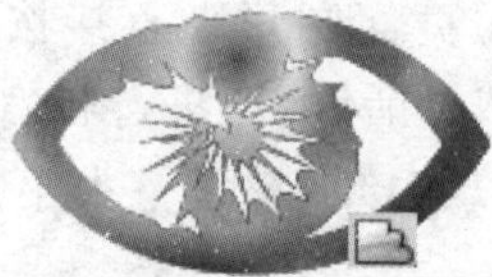  

图2-81

◆“宽度”和“高度”：控制工具光标大小。

◆“角度”：控制工具光标的方向。

◆“强度”：指定扭曲的改变速度。值越高，改变速度越快。

◆“使用压感笔”：不使用“强度”值，而是使用来自写字板或书写笔的输入值。如果没有附带的压感写字板，此选项将为灰色。

◆“复杂性”：(扇贝、晶格化和皱褶工具)指定对象轮廓上特殊画笔结果之间的间距。该值与“细节”值有密切的关系。

◆“细节”：指定引入对象轮廓的各点间的间距(值越高，间距越小)。

◆“简化”：(变形、旋转扭曲、收缩和膨胀工具)指定减少多余点的数量，而不致影响形状的整体外观。

◆“旋转扭曲速率”：(仅适用于旋转扭曲工具)指定应用于旋转扭曲的速率。请输入一个介于 −180°～180°的值。负值会顺时针旋转扭曲对象，而正值则逆时针旋转扭曲对象。输入的值越接近 −180°～180°时，对象旋转扭曲的速度越快。若要慢慢旋转扭曲，请将速率指定为接近于0的值。

◆“水平和垂直”：(仅适用于皱褶工具)指定到所放置控制点之间的距离。

◆“画笔影响锚点”“画笔影响内切线手柄”或“画笔影响外切线手柄”：(扇贝、晶格化、皱褶工具)启用工具画笔可以更改这些属性。

10. 自由变换工具

使用“自由变换工具”可以用来扭曲或倾斜对象。

(1)使用“自由变换工具”倾斜对象。要沿对象的垂直轴倾斜，拖动左中部或右中部的定界框手柄，然后按住“Ctrl+Alt”键上下拖动；也可以按住“Shift”键，以限制对象，保持其原始宽度。要沿对象的水平轴倾斜，拖动中上或中下定界框手柄，然后按住“Ctrl+Alt”键左右拖动；也可以按住“Shift”键，以限制对象，保持其原始高度。效果如图2-82所示。

图2-82

(2)使用“自由变换工具”扭曲对象。选择一个或多个对象,选择“自由变换工具”,开始拖动定界框上的角手柄(不是侧手柄),按住“Ctrl”键直至选区达到所需的扭曲程度为止(见图 2 - 83B),按住“Shift + Alt + Ctrl”键,以按透视扭曲(见图 2 - 83C);按住“Alt + Ctrl”键,以按切变扭曲(见图 2 - 83D)。

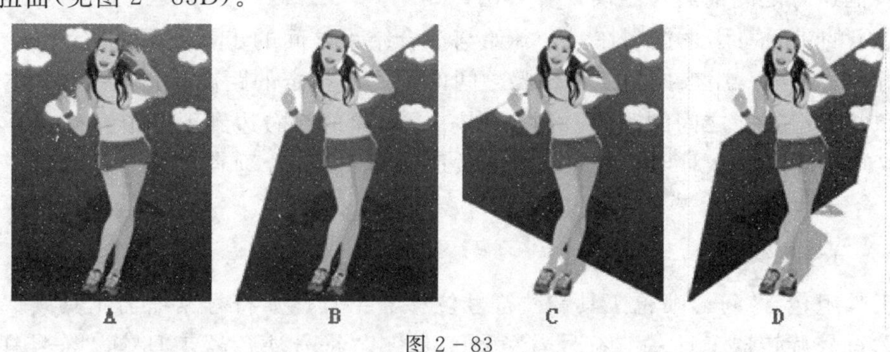

图 2 - 83

11. 混合工具

“混合工具”与“建立混合”命令可以在两个或多个选定对象之间创建一系列中间对象。混合的最简单用途之一就是在两个对象之间平均创建和分布形状。也可以在两个开放路径之间进行混合,以在对象之间创建平滑过渡;或结合颜色和对象的混合,在特定对象形状中创建颜色过渡。在对象之间创建了混合之后,就会将混合对象作为一个对象看待。如果移动了其中一个原始对象,或编辑了原始对象的锚点,则混合将会随之变化。此外,原始对象之间混合的新对象不会具有其自身的锚点。可以扩展混合,以将混合分割为不同的对象。混合工具(W) 可以创建混合了多个对象的颜色和形状的一系列对象。

选择“混合工具”,若要不带旋转地按顺序混合,可单击对象的任意位置,但要避开锚点;若要混合对象上的特定锚点,需使用“混合工具”单击锚点。当指针移近锚点时,指针形状会从白色的方块变为透明,且中心处有一个黑点。若要混合开放路径,需在每条路径上选择一个端点(默认情况下,Illustrator 会计算创建一个平滑颜色过渡所需的最适宜的步骤数。若要控制步骤数或步骤之间的距离,需设置混合选项)。效果如图 2 - 84 所示。

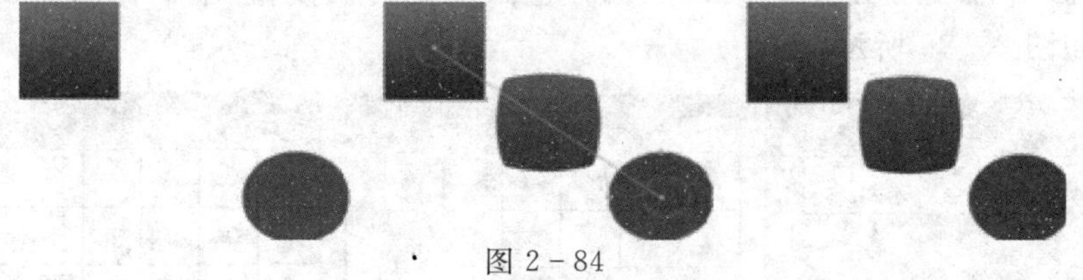
图 2 - 84

双击“混合”工具或选择“对象”→“混合”→“混合选项”命令来设置混合选项。要更改现有混合的选项,先选择混合对象。混合选项对话框如图 2 - 8 所示。

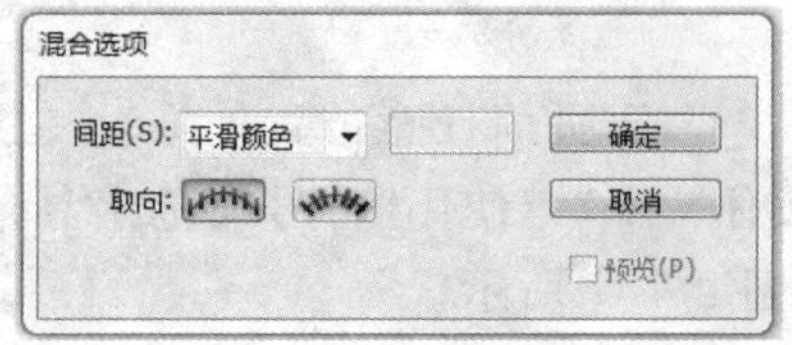

图 2 - 85

◆“间距”：确定要添加到混合的步骤数。“平滑颜色”让 Illustrator CS5 自动计算混合的步骤数。如果对象是使用不同的颜色进行的填色或描边，则计算出的步骤数将是为实现平滑颜色过渡而取的最佳步骤数。如果对象包含相同的颜色，或包含渐变或图案，则步骤数将根据两对象定界框边缘之间的最长距离计算得出。

◆“指定的步骤”：用来控制在混合开始与混合结束之间的步骤数。

◆“指定的距离”：用来控制混合步骤之间的距离。指定的距离是指从一个对象边缘起到下一个对象相对应边缘之间的距离。例如，从一个对象的最右边到下一个对象的最右边。

◆“取向”：确定混合对象的方向。对齐页面：使混合垂直于页面的 *X* 轴。对齐路径：使混合垂直于路径。

2.3.6 符号工具组

符号工具组包含“符号喷枪工具”“符号位移器工具”“符号紧缩器工具”“符号缩放器工具”“符号旋转器工具”“符号着色器工具”“符号滤色器工具”“符号样式器工具”。符号是在文档中可重复使用的图稿对象。例如，根据鲜花创建符号，可将该符号的实例多次添加到图稿，而无需实际多次添加复杂图稿。每个符号实例都与“符号”调板或符号库中的符号链接。使用符号可节省时间并显著减小文件大小。符号还极好地支持 SWF 和 SVG 导出。置入符号后，可在画板上编辑符号的实例，如果需要，利用编辑重新定义原始符号。“符号”工具可一次添加和操作多个符号实例。

可以使用“符号”调板管理文档的符号。默认情况下，“符号”调板包含各种预设符号。可以从创建的符号库添加符号。可以通过选择“窗口”→“符号”命令显示“符号”调板。可以使用“符号”调板重新排列、复制、重命名和管理符号。从调板菜单选择“复制符号”或“符号”选项分别复制或重命名符号。(双击符号来重命名，或拖动符号到调板的“新建符号”按钮上来创建副本。通过拖动，或通过使用“符号库”调板菜单中的“添加到符号”命令，将符号库中选择的符号移动到“符号”调板。此外，在文档中使用符号时，符号自动添加到“符号”调板。)

1. 符号喷枪工具

“符号喷枪工具”(Shift+S) 用于将多个符号实例作为集置入到画板上，先选择“窗口”→“符号”命令激活符号浮动调板，可以点击红色圆圈处的按钮，根据作品需要，调用软件自带的符号库，如图 2-86 所示。

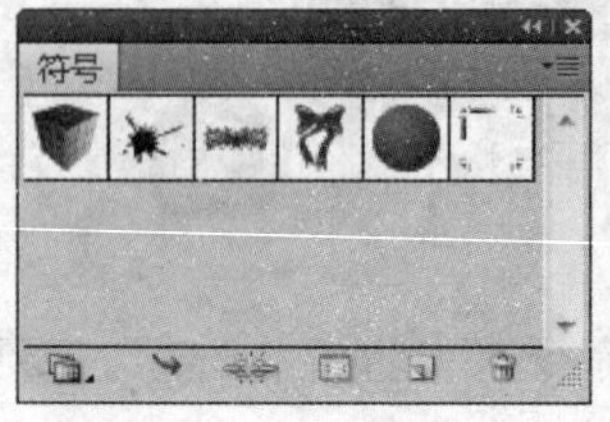

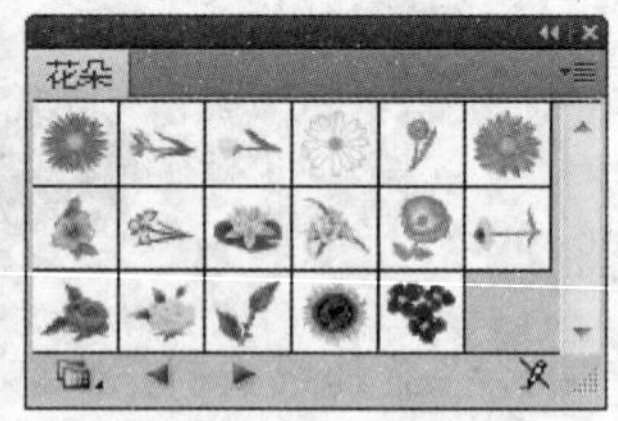

图 2-86

选择工具箱“符号喷枪工具”，于页面任意位置处拖动一区域，即可绘制一连串的符号图形。若想删除部分符号，可以按住“Alt”键使用“符号喷枪工具”，单击已绘制的符号图形，即可将该处的符号删除。效果如图 2-87 所示。

图 2－87

双击"符号喷枪工具"，弹出符号工具设定对话框，如图 2－88 所示。

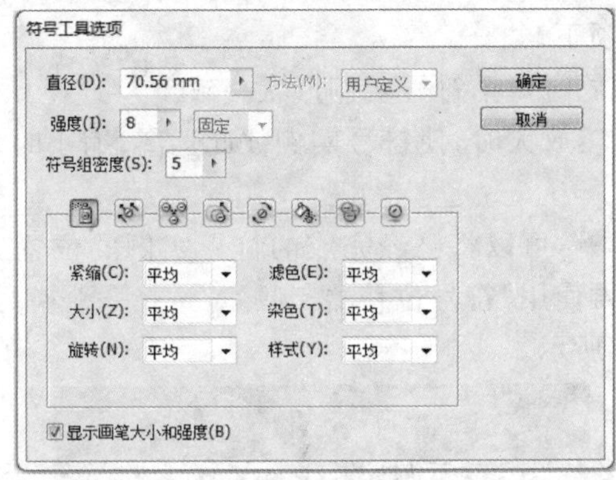

图 2－88

直径、强度和密度出现在对话框顶部，特定于工具的选项则出现在对话框底部。要切换到另外一个工具的选项，需单击对话框中的工具图标。

◆"直径"：指定工具的画笔大小。使用符号工具时，可随时按"["以减小直径，或按"]"以增加直径。按住"Shift ＋["以减小强度，或按住"Shift ＋]"以增加强度。

◆"强度"：指定更改的速度（值越高，更改越快），或选择"使用压感笔"使用光笔或钢笔的输入，而不是"强度"值。

◆"符号组密度"：指定符号组的吸引值（值越高，符号实例堆积密度越大）。此设置应用于整个符号集。如果选择了符号集，将更改集中所有符号实例的密度，不仅仅是新创建的实例。

◆"方法"：指定"符号紧缩器""符号缩放器""符号旋转器""符号着色器""符号滤色器""符号样式器"工具调整符号实例的方式。

◆"用户定义"：根据光标位置逐步调整符号。选择"随机"在光标下的区域随机修改符号。选择"平均"逐步平滑符号值。

◆"显示画笔大小和强度"：使用工具时显示大小。

◆"符号喷枪选项"：仅当选择"符号喷枪"工具时，符号喷枪选项（"紧缩""大小""旋转""滤色""染色""样式"）才会显示在"符号工具选项"对话框中的常规选项下，并控制新符号实例添加到符号集的方式。每个选项提供两个选择。

◆"平均"：添加一个新符号，具有画笔半径内现有符号实例的平均值。例如，添加到平均现有符号实例为 50% 透明度区域的实例将为 50% 透明度；添加到没有实例区域的实例将为不透明。（"平均"设置仅考虑"符号喷枪"工具的画笔半径内的实例，可使用"直径"选项进行设置。要在工作时看到半径,需选择“显示画笔大小和强度”。)

◆“用户定义”:为每个参数应用特定的预设值。“紧缩”(密度)预设为基于原始符号大小;“大小”预设为使用原始符号大小。

◆“旋转”:预设为使用鼠标方向(如果鼠标不移动则没有方向)。

◆“滤色”:预设为使用 100% 不透明度。

◆“染色”:预设为使用当前填充颜色和完整色调量。

◆“样式”:预设为使用当前样式。

◆“符号缩放器选项”:仅在选择“符号缩放器”工具时,“符号缩放器”选项显示在“符号工具选项”对话框中“常规”选项下。

◆“等比缩放”:保持缩放时每个符号实例形状一致。

◆“调整大小影响密度”:放大时,使符号实例彼此远离;缩小时,使符号实例彼此靠拢。

2. 符号位移器工具

选择“符号位移器工具”,可以将已经完成的符号实例的位置进行偏移或者是调整其前后的顺序。先选择符号集,再使用“符号位移器工具”选择一个符号,即可将该符号实例进行位置移动。效果如图 2-89 所示。

图 2-89

3. 符号紧缩器工具

选择“符号紧缩器工具”,可以将已经完成的符号实例进行紧缩或者扩散。先选择符号集,再使用“符号紧缩器工具”放在符号集上,即可使其位置出现紧缩或者扩散的效果,如图 2-90 所示(按住“Alt”键可以使符号集出现扩散的效果)。

图 2-90

4. 符号缩放器工具

选择“符号缩放器工具”,可以将已经完成的符号实例进行放大或缩小。先选择符号集,再使用“符号缩放器工具”放在符号集上,即可使其位置出现放大或缩小的效果,如图

2-91所示(按住“Alt”键点击可以使符号集恢复到原设置的大小)。

图 2-91

5. 符号旋转器工具

选择“符号旋转器工具”,可以使选择的符号实例的位置随着鼠标的移动而出现旋转的效果。选择一个符号文件,再选择“符号旋转器工具”点击符号集,拖动则符号实例出现旋转,效果如图 2-92 所示。

图 2-92

6. 符号着色器工具

选择“符号着色器工具”,可以对选择的符号实例的颜色进行调整。先选择一个颜色,再选择相应的符号,然后使用“符号着色器工具”对选择的符号进行点击,即可换成自己喜欢的颜色。效果如图 2-93 所示。

图 2-93

7.符号滤色器工具

选择"符号滤色器工具"，可以对选择的符号实例的透明度进行调整。选择相应的符号，然后使用"符号滤色器工具"对选择的符号进行点击，即可对该符号集合的符号进行透明度的调整，效果如图 2-94 所示(调整时首先注意把"符号滤色器工具"相应的选项栏的强度调低些)。

图 2-94

8.符号样式器工具

选择"符号样式器工具"，可以将"图层样式"属性附加到"符号实例"上，形成一种双效果的样式效果。首先选择"窗口"→"图层样式"命令调出样式浮动调板，如图 2-95 所示。

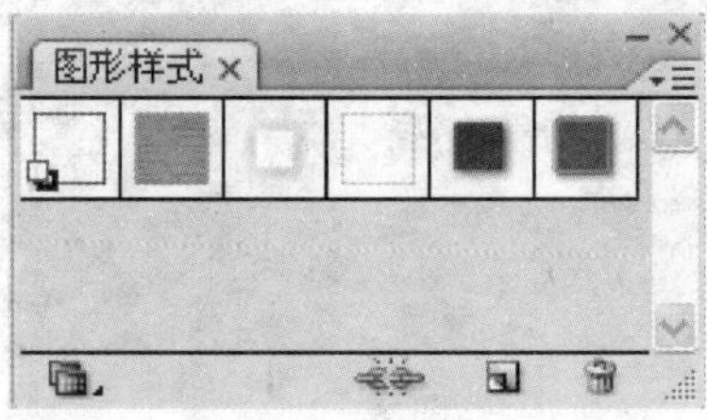

图 2-95

选择"符号实例"，再使用"符号样式器工具"在"图层样式"浮动调板任意选择一种样式，再点击"符号实例"即可将样式附加上去(此命令非常消耗内存)。

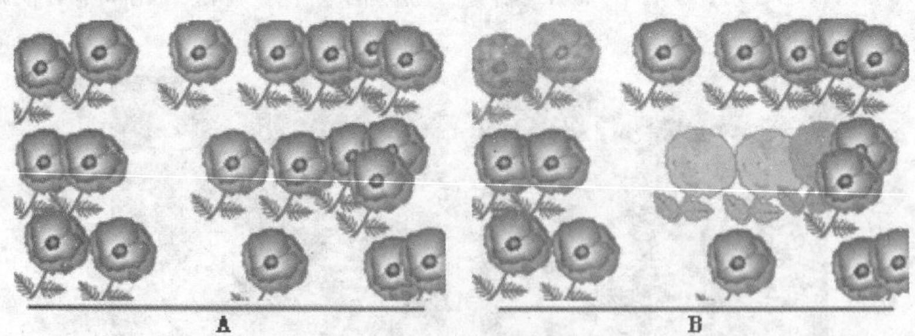

图 2-96

2.3.7 图表工具组

图表工具组包括"柱形图工具""堆积柱形图工具""条形图工具""堆积条形图工具""折线图工具""面积图工具""散点图工具""饼图工具""雷达图工具"。

Illustrator 提供了九种图表工具，每种可创建一种不同的图表类型。选取的图表类型，取决于要表达的信息。图表工具组的使用方法相同，用于绘制柱形图、条形图、饼状图、折线图、面积图、散布图、雷达图等各种不同形状的图表。

创建图表，选择一个图表工具。从希望图表开始的角沿对角线向另一个角拖动。按住"Alt"键拖移可从中心绘制。按住"Shift"键可将图表限制为一个正方形。单击要创建图表的位置，输入图表的宽度和高度，然后单击"确定"(定义的尺寸是图表的主要部分，并不包括图表的标签和图例)。在"图表数据"窗口中输入图表的数据(图表数据必须按特定的顺序排列，该顺序根据图表类型的不同而变化。开始输入数据之前，一定要阅读如何在工作表中组织标签和数据组)。单击"应用"按钮，或者按数字键盘上的"Enter"键，以创建图表。(选择 Illustrator CS5 菜单命令"对象"→"图表"命令，输入图表数据。)

选择工作表中的单元格，在窗口顶部的文本框中输入数据。按"Tab"键以输入数据并选择同一行中的下一单元格；按"Enter"键以输入数据并选择同一列中的下一单元格；使用箭头键从单元格移动到单元格；或者只需单击另一单元格即可将其选定。

从电子表格应用程序(如 Lotus® 1-2-3 或 Microsoft Excel)中复制数据。在"图表数据"窗口中，单击将成为粘贴数据的左上单元格的单元格，并选择"编辑"→"粘贴"命令。

使用字处理应用程序创建文本文件，在这个文本文件中每个单元格的数据由制表符隔开，每行的数据由段落回车符隔开。数据只能包含小数点或小数点分隔符；否则，无法绘制此数据对应的图表。在"图表数据"窗口中，单击导入数据的左上单元格的单元格，然后单击"导入数据"按钮，并选择文本文件。

不小心输反图表数据(即在行中输入了列的数据，或者相反)，则单击"换位"按钮，以切换数据行和数据列。要切换散点图的 X 轴和 Y 轴，单击"切换 X/Y"按钮。要调整列的宽度，请单击"单元格样式"按钮，并在"列宽度"文本框中输入一个 0～20 的值。另外，在要调整的列的边缘放置指针，指针会变为双箭头，然后将手柄拖动到所需的位置。调整列宽不会影响图表中列的宽度，利用它只是可以在列中查看更多或更少的数字。要调整单元格中的小数精确性，请单击"单元格样式"按钮，并在"小数位数"文本框中输入 0～10 之间的一个值。

1. 柱形图工具

"柱形图工具"创建的图表，可用垂直柱形来比较数值。使用不同高低的垂直矩形，用来显示项目或数值的变化。通常会在水平方向(X 轴)键入项目名称，而在垂直方向(Y 轴)键入数值，数值也可是负值，如果是正值，则矩形会出现在 X 轴上方，反之，负值会出现在 X 轴下方。首先确定图表的宽度和高度，在工具箱中选择"柱形图工具"在需要绘制图表处，单击鼠标右键，弹出"图表"对话框，在此对话框中设置图表的宽度和高度，如图 2-97 所示。

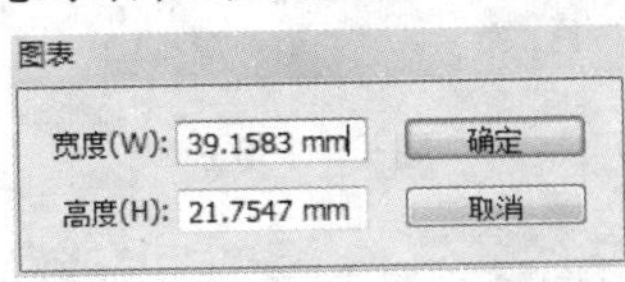

图 2-97

弹出符合设计大小的图表和图表输入框,如图 2-98 所示。

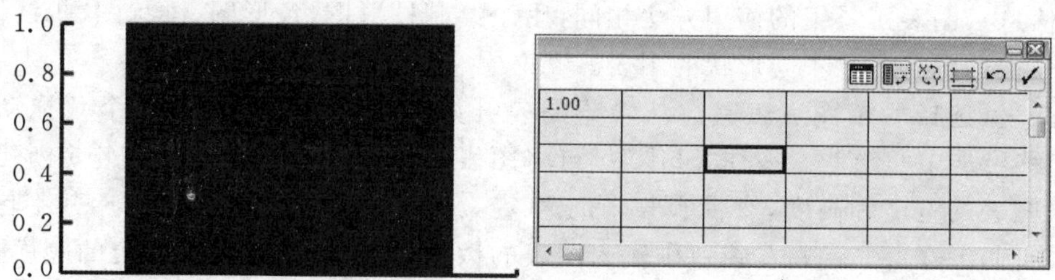

图 2-98

然后双击“柱形图工具”,弹出“柱形图工具”数据设定框。对柱形图的 X、Y 轴,图表的表现形式进行设定,如图 2-99 所示。

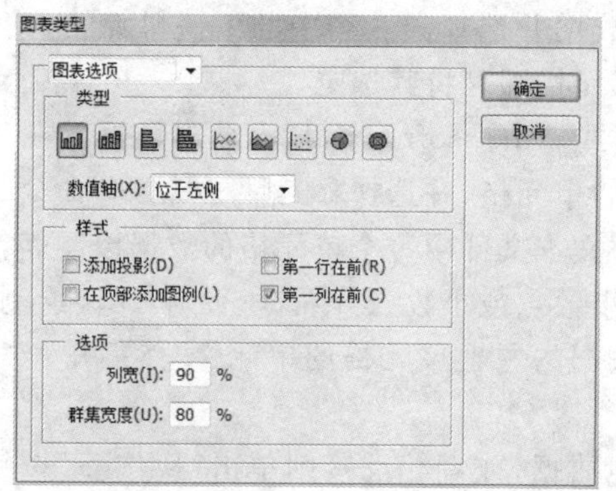

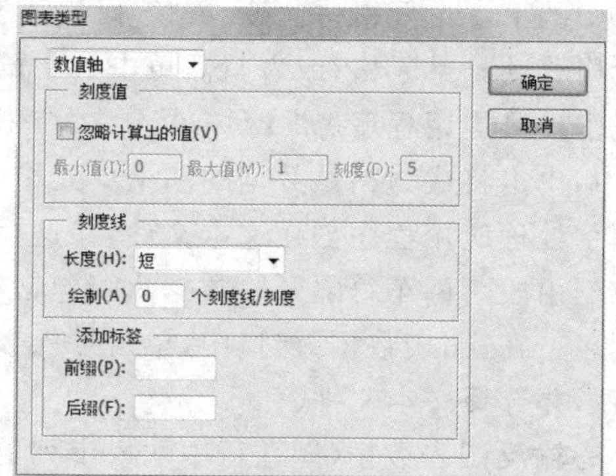

图 2-99

例如:某校 2005 年男生 80 人,女生 60 人;2006 年男生 80 人,女生 50 人;2007 年男生 60 人,女生 70 人,绘制出柱形图如图 2-100 所示。

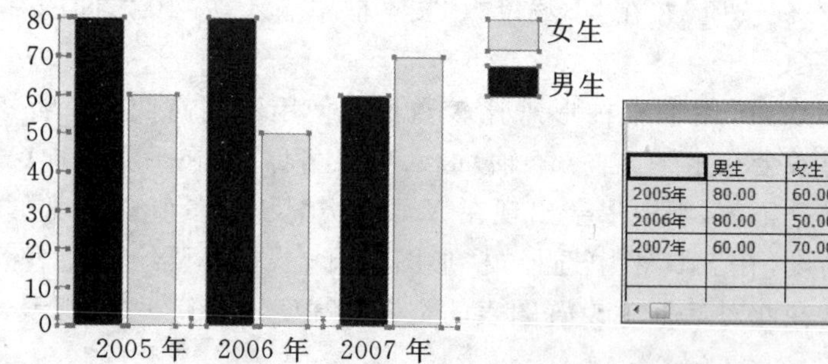

	男生	女生
2005年	80.00	60.00
2006年	80.00	50.00
2007年	60.00	70.00

图 2-100

若需要对数据进行修改,可使用选择工具选择该柱形图,执行“对象”→“图表”命令。最后可以使用“直接选择工具”选择相应的路径,填充需要的颜色,如图 2-101 所示。

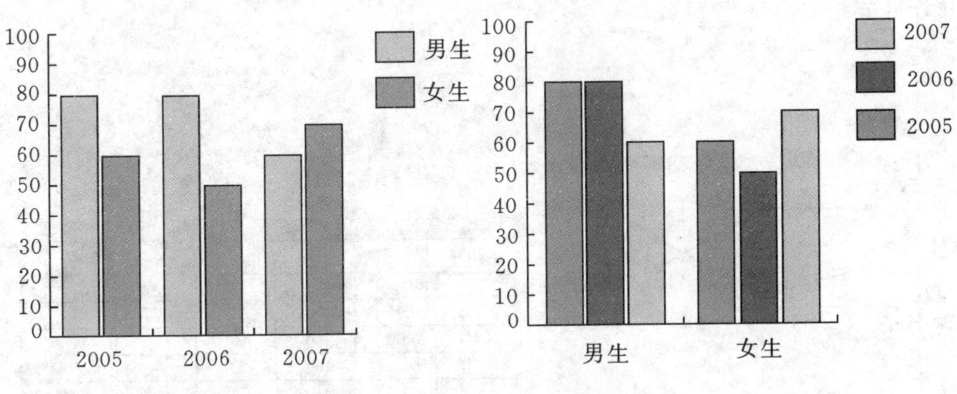

图 2-101

2. 堆积柱形图工具

“堆积柱形图工具”创建的图表与柱形图类似，但是它将柱形堆积起来，而不是互相并列。这种图表类型可用于表示部分和总体的关系。通常在水平方向（X 轴）键入项目名称，而在垂直方向（Y 轴）键入数值，如图 2-102 所示。数值可以是正值或负值。

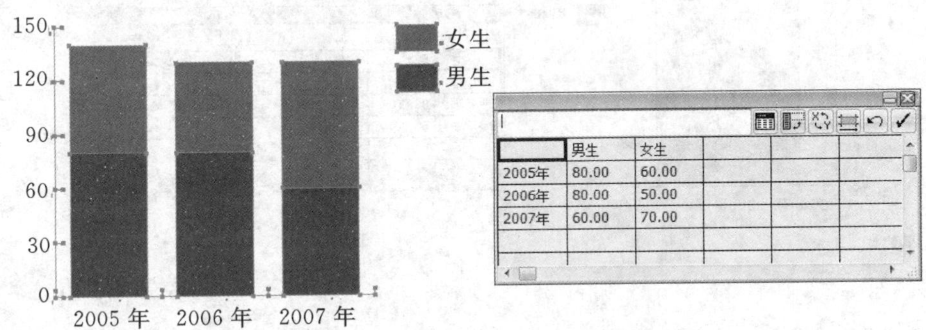

	男生	女生
2005年	80.00	60.00
2006年	80.00	50.00
2007年	60.00	70.00

图 2-102

3. 折线图工具

“折线图工具”用以呈现某一时间的变化趋势，通常利用不同高低的点来代表不同的项目，相同项目的点再利用线条连接已显示明显表现。设置时通常在水平方向（X 轴）键入时间，而在垂直方向（Y 轴）键入数值，如图 2-103 所示。数值可以是正值或负值。

4. 面积图工具

“面积图工具” 创建的图表与折线图类似，但是它强调数值的整体和变化情况。可以呈现某一时间的变化程度，除了可以强调总数量的变化外，也可显示个别项目与总数量的关系。输入时至少要有两个以上的项目并通常在水平方向（X 轴）键入项目名称，在垂直方向（Y 轴）键入数值，如图 2-104 所示。数值可以是正值或负值。

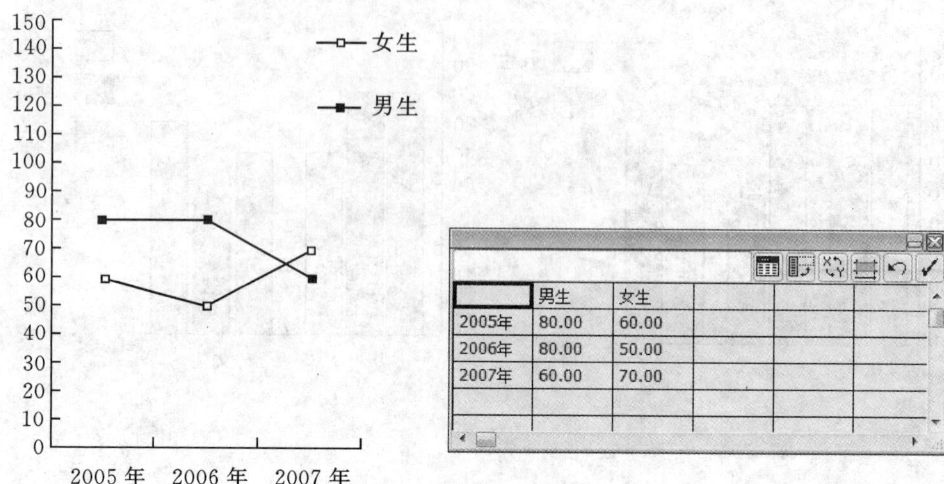

图 2-103

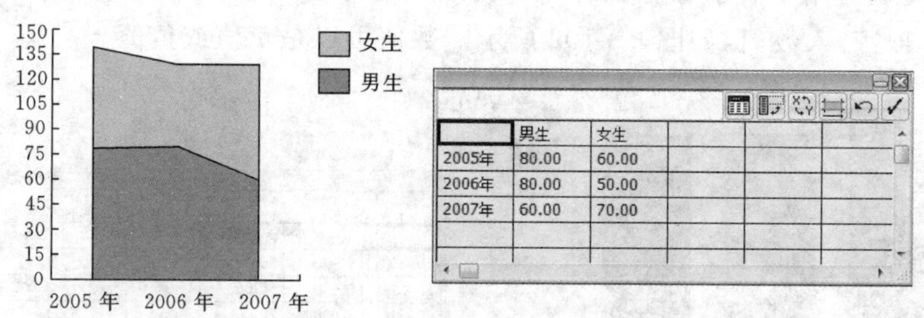

图 2-104

5. **散点图工具**

“散点图工具”创建的图表沿 X 轴和 Y 轴将数据点作为成对的坐标组进行绘制。散点图可用于识别数据中的图案或趋势。它们还可表示变量是否相互影响。常用于科学数据的显示。由于散点图在输入时皆是数值，因此第一行代表 X 轴，而第二行则代表 Y 轴，这与其他图表不同，不过散布图工具的 X、Y 轴数值是可以互换的，如图 2-105 所示。

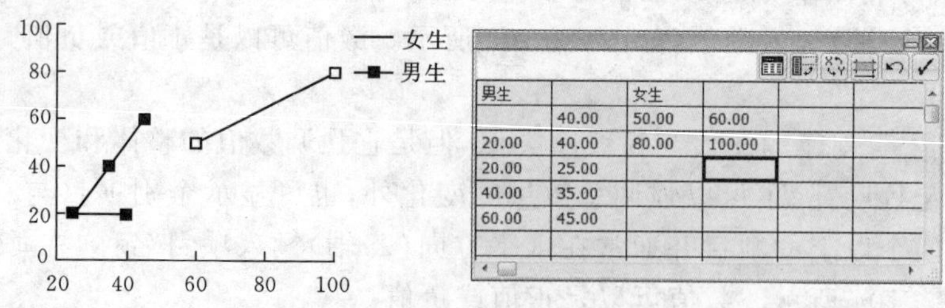

图 2-105

6. **饼图工具**

“饼图工具”可创建圆形图表，它的楔形表示所比较的数值的相对比例，用以呈现个别项目间(或整体)的百分比。图形会依照比例分成数个部分,可用来强调某一项目数据。输入时只能同时是正数或负数,一列数据以一个饼的图形表示,而以不同图形面积显示不同数值的项目,如图 2－106 所示。

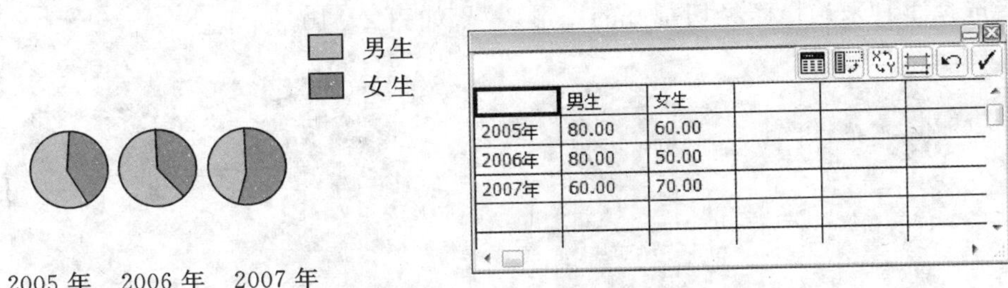

	男生	女生			
2005年	80.00	60.00			
2006年	80.00	50.00			
2007年	60.00	70.00			

图 2－106

7. 雷达工具

“雷达图工具”创建的图表可在某一特定时间点或特定类别上比较数值组,并以圆形格式表示。这种图表类型也称为网状图。通常使用不同形状的点来代表不同项目,相同项目间的点会以线段连接成一封闭形状。每个项自代表一个轴,可以同时有两个以上的轴,且每个轴内的图形会与其他轴相连接,如图 2－107 所示。

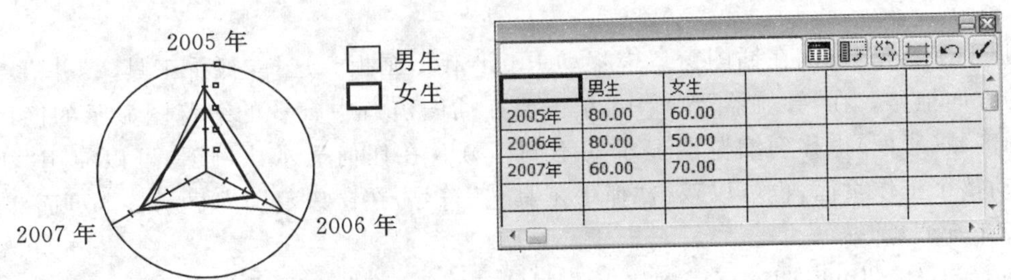

	男生	女生			
2005年	80.00	60.00			
2006年	80.00	50.00			
2007年	60.00	70.00			

图 2－107

2.3.8 切割工作组

切割工作组包括“剪刀工具”“美工刀工具”等用于切割线条及图形。

1. 剪刀工具

“剪刀工具”用于切割或者分离路径。选择“剪刀工具”,在开放或者闭合的路径上单击鼠标,即可完成切割的动作。路径被切割后,会产生两个重叠的节点,然后使用选择工具或者直接选择工具来选择已经切割好的路径。效果如图 2－108 所示。

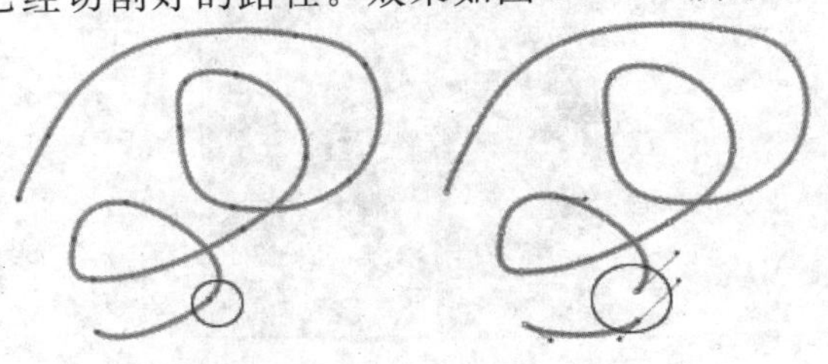

图 2－108

2. 美工刀工具

“美工刀工具”用于剪切对象和路径。选择“美工刀工具”在开放或者闭合的图形上拖曳鼠标，即可完成切割的动作。图形被切割后，会产生两个重叠的路径点，然后使用选择工具或者直接选择工具来选择已经切割好的图形，效果如图 2－109 所示。

图 2－109

2.3.9 移动和缩放工具组

移动和缩放工具组包括“抓手工具”“页面工具”“缩放工具”。移动和缩放工具组提供的工具用来移动和控制画板视图。

1. 抓手工具

“抓手工具”可以在插图窗口中移动 Illustrator 画板。选择“抓手工具”并沿希望图稿移动的方向拖移。在“导航器”调板中，单击要在插图窗口中查看的缩览图显示的区域。或者将视图区域(彩框)拖移到缩览图显示的不同区域。在任何显示比例下，可以使用“抓手工具”移动整个工作页面，也可以双击“抓手工具”符号，在窗口范围内显示整个页面。

2. 页面工具

“页面工具”可以调整页面网格以控制图稿在打印页面上显示的位置。选择“页面工具”可以用来设置文件打印的范围，页面大小依据选择打印机的纸张尺寸。设置时会出现一灰色虚线范围框，外缘虚线框表示纸张的大小，内缘虚线框表示可打印的范围。通过选择“页面工具”直接在页面上单击鼠标，即会出现虚线框，拖动虚线范围框到所需的指定位置即可，效果如图 2－110 所示。(选择“页面工具”，单击并按住鼠标，即可移动打印页面的位置；双击“页面工具”符号可以将页面虚线范围框恢复到默认位置。)

图 2－110

3. "缩放工具

"缩放工具🔍"可以在插图窗口中增加和减小视图比例。选择"缩放工具🔍",指针会变为一个中心带有加号的放大镜。单击要放大区域的中心,或者按住"Alt"键单击要缩小区域的中心。每单击一次,视图便放大或缩小到上一个预设百分比。选择"缩放工具🔍"并在要放大的区域周围拖移虚线方框(称为选框)。要在图稿周围移动选框,需按住空格键,并继续拖移以将选框移动到新位置。

选取"视图"→"放大"命令或"视图"→"缩小"。每单击一次,视图便放大或缩小到下一个预设百分比。设置主窗口左下角或"导航器"调板中的缩放级别。要按 100% 的比例显示文件,选取"视图"→"实际大小"命令,。要更改视图以适合文档窗口,请选取"视图"→"适合窗口大小"命令,如图 2-111 所示。(同时按"Alt"键可以缩小页面中的图形。)

图 2-111

2.4 综合实例讲解

2.4.1 绘制标志

本实例绘制可口可乐标志,主要运用文字工具、钢笔工具。通过运用文字工具写出文字,然后执行菜单命令,将文本文字变为图形。最后使用直接选择工具和钢笔工具调整具体图形的外形特征,最终达到需要设计的效果。实例效果如图 2-112 所示。

图 2-112

1. **知识难点**

(1)文字工具的运用;

(2)"对象"→"扩展"命令的运用;

(3)直接选择工具的运用;

(4)钢笔工具组的运用。

2. **操作步骤**

启动 IllustratorCS5 中文版,按"Ctrl+N"打开"新建文档"对话框,输入名称"可口可乐标志",设置画板大小为 A4,"取向"为横向,"颜色模式"为 CMYK,具体设置如图 2-113 所示。设置完毕单击"确定"按钮。

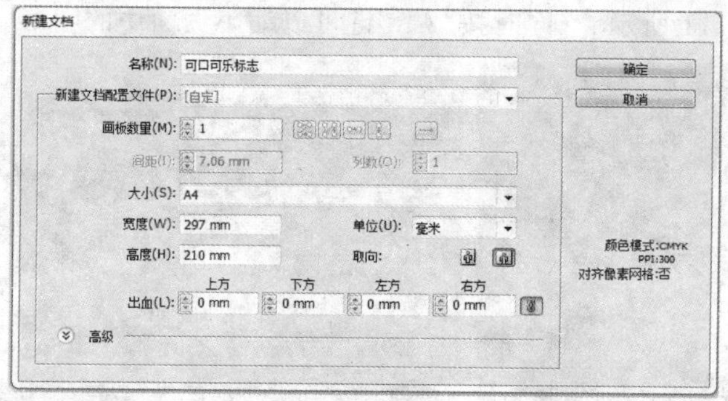

图 2-113

选择工具箱中的"矩形工具▭",按住"Shift"键直接在页面拖曳出一个正方形,选择属性栏"填色"项目,在弹出菜单中选择一个合适的颜色,如图 2-114 所示。

图 2-114

选择工具箱"文字工具T",输入"cocacola"文字。选择文字,在属性栏中选择文字颜色、字体,如图 2-115 所示。

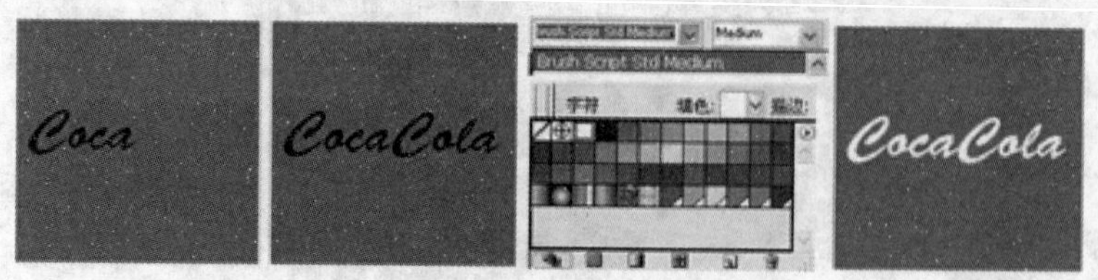

图 2-115

使用选择工具选择文字,执行"对象"→"扩展"命令,在弹出的对话框上点击"确定",将文本文字变为图形，再点击鼠标右键执行“取消群组”命令，即可以选择单独的文字符号进行编辑了，如图 2－116 所示。

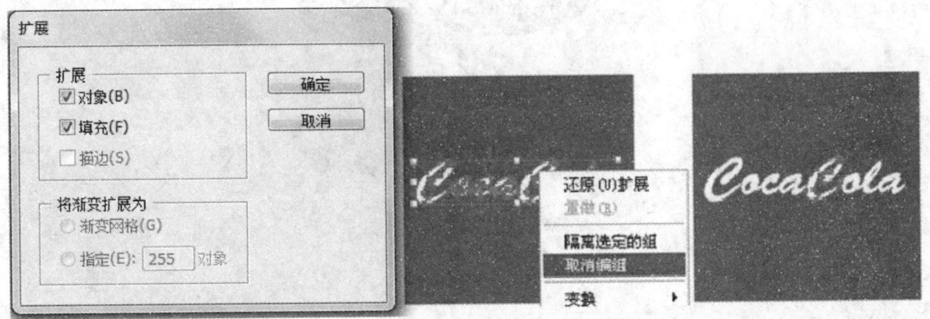

图 5－116

选择“直接选择工具”，选择需要编辑的单个文字，通过拖动文字上的节点，调整文字的形态。若需要增加或者删除多余的节点，请使用钢笔工具组“添加锚点工具”/“删除锚点工具”。还可以使用“转换锚点工具”，将节点转换成为两边滑竿都可以调整的节点，效果如图 2－117 所示。

图 2－117

最后增加细节，使用钢笔工具画出飘带的趋势，再使用直接选择工具，选择相关节点拖曳，(若需要两边调整节点请使用“转换锚点工具”拖曳)以达到合适的效果，如图 2－118 所示。

图 2－118

2.4.2 绘制蝴蝶

本实例运用钢笔工具绘制路径线条，然后使用渐变工具配合渐变浮动面板为路径填充过渡色，最后使用画笔工具调整其属性绘制蝴蝶身上的花纹，最终效果如图 2－119 所示。

图 2-119

1. **知识难点**

(1)画笔工具的运用；

(2)渐变工具的运用。

2. **操作步骤**

(1)选择“文件”→“新建”(Ctrl+N)命令，在“新建文档”对话框“名称”中输入“蝴蝶”，设置“大小”为 A4，“取向”为竖式，“颜色模式”为 CMYK，单击“确定”按钮，即建成一个新的画布，如图 2-120 所示。

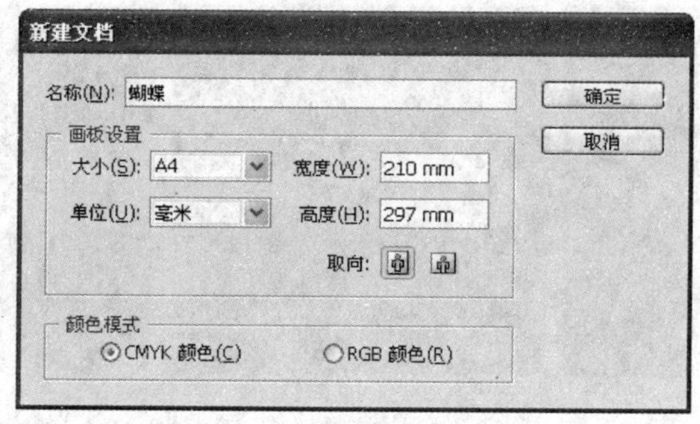

图 2-120

(2)使用工具箱中的“钢笔工具”绘制出蝴蝶的身体(使用直接选择工具调整形状，可以配合使用画笔/铅笔工具绘制胡须等细节)，并在属性栏选择描边色和填色设置，如图 2-121 所示。

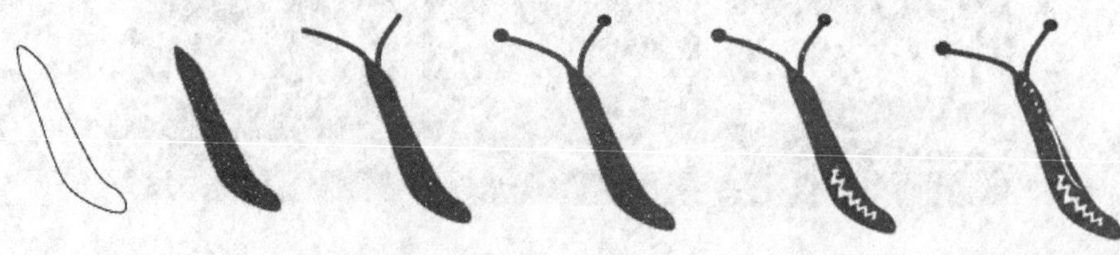

图 2-121

(3)使用“铅笔工具”直接画出蝴蝶的翅膀，使用工具箱渐变工具配合“窗口”/“渐变”浮动图层面板绘制出翅膀的过渡，在属性栏将描边色设置为无，如图 2-122 所示。

图 2－122

(4)选择工具箱画笔工具,在属性栏中选择一个适合的画笔绘制花纹,在弹出的关联菜单中选择画笔选项,根据需要编辑画笔的笔触样式进行绘制,如图 2－123 所示。

图 2－123

(5)调整细节,并群组复制,增加图形的层次和丰富感,如图 2－124 所示。

图 2－124

2.4.3 绘制福娃形象

本实例主要运用钢笔工具造型、直接选择工具修改形状。通过钢笔工具、直接选择工具绘制具体图像的外形特征,并选择颜色,然后综合使用渐变填充工具表现出色彩,最终达到需要设计的效果。最终实例效果如图 2－125 所示。

图 2－125

1. **知识难点**

(1)钢笔工具的运用;

(2)直接选择工具的运用;

(3)渐变填充工具的运用。

2. **操作步骤**

选择“文件”→“新建”(Ctrl+N)命令,在“新建文档”对话框“名称”中输入“福娃贝贝”,设置“大小”为 A4,“取向”为竖式,“颜色模式”为 CMYK,单击“确定”按钮,即建成一个新的画布,如图 2-126 所示。

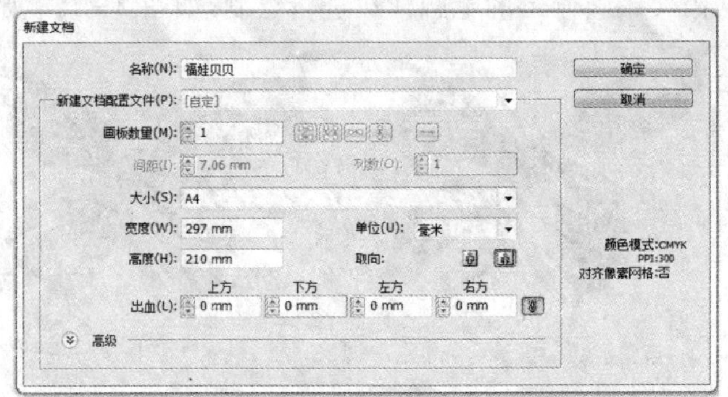

图 2-127

选择钢笔工具,勾画出头部轮廓,在控制栏填色选择“无”,“描边”选择黑色,“描边粗细”选择 1pt,不透明度选择 100,如图 2-127 所示。

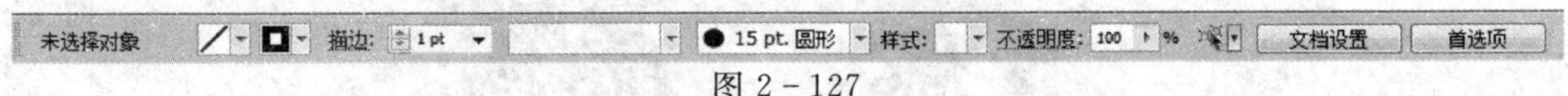

图 2-127

完成设置后开始使用钢笔工具绘制“福娃贝贝”头部外轮廓(注意使用钢笔工具的时候主要按住鼠标左键拖曳,可以拖曳出线条曲度调整的滑竿,从而调整线条的形态);接着使用同样的方法绘制出“福娃贝贝”躯干外轮廓(若对路径的调停位置进行微控,可以选择该路径使用键盘上下左右键进行调停),如图 2-128 所示。

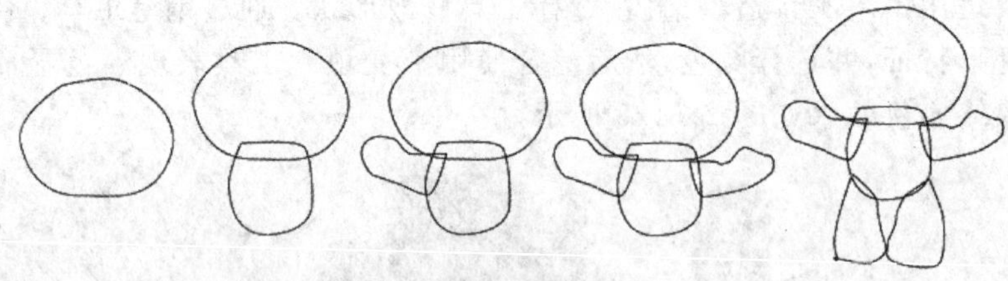

图 2-128

选择直接选择工具,选择头部,然后选择属性栏“填色”选项,选择一个合适的颜色;或者是在工具箱双击“填色”,在弹出的拾色器中选择一个颜色;或者是选择“窗口”/“色板”,在弹出的“色板浮动面板”中选择颜色,按照此步骤逐渐对已经建立的路径填充颜色。接着观察图形,我们要对图形的描边进行重新设计,使用选择工具框选全部图形,在对象控制栏“描边”中选择黑色,描边粗细选择合适的粗细,注意画笔选择如图 2-129 所示的画笔。

未选择对象 描边: 0.75 p 7 pt. 圆形 样式: 不透明度: 100 %

图 2-129

选择“色板浮动面板”中的颜色，对已建立的路径进行颜色填充，效果如图 2－130A 所示。当对象控制栏“描边”相关设置完毕后，得到如图 2－130B 所示的图形效果。接着需要调整“四肢”“头部”“胸部”的层级关系，使用“直接选择工具”选择“四肢”，使用键盘(Ctrl＋[)命令使“四肢”调停到“胸部”后面(使用“直接选择工具”按住键盘“Ctrl”键点选路径，可以选择多个路径)，如图 2－130C 所示。

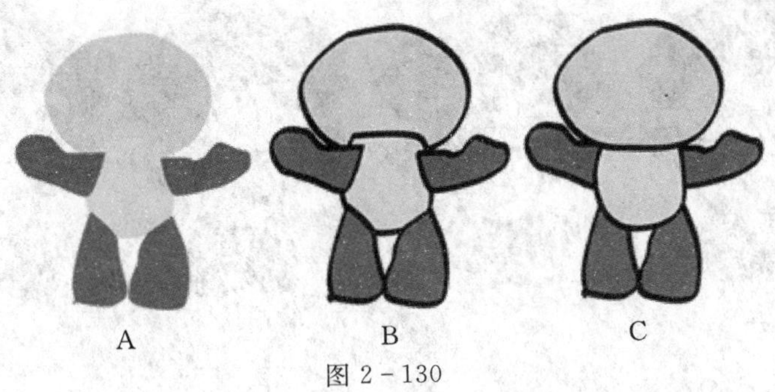

图 2－130

重复以上步骤绘制出“福娃贝贝”头发的形状，如图 2－131A 所示。按照上述方法填充颜色并选择合适的“描边”及“画笔”，如图 2－131B 所示。然后使用“直接选择工具”选择相关图形，再使用使用键盘“Ctrl＋[”向下一个层级/“Ctrl＋]”向上一个层级来调整路径图形之间的层级关系，如图 2－131C 所示。使用“直接选择工具”选择节点调整细节，如图 2－131D 所示。

图 2－131

接下来绘制人物“五官”。使用工具箱“椭圆工具”，直接拖曳绘制出眼睛并填充黑色，如图 5－132A 所示。按照上述步骤绘制出嘴唇并填充颜色，如图 2－132B 所示。然后绘制出其他细节，如图 2－132C 所示。

图 2－132

选择工具箱“画笔工具”，绘制出带有变化的可编辑的线条，使用“直接选择工具”对画笔路径进行调整，制作出人物图形细节部分，如图 2－133C 所示。完成后选择全部图形，使用快捷键“Ctrl＋G”群图形。选择该图形，使用键盘快捷键“Ctrl＋C”复制该图形，再使用键盘快捷键“Ctrl＋V”粘贴该图形，通过对象控制栏改变其颜色，制作出背景效果，如图 2－133D 所示。

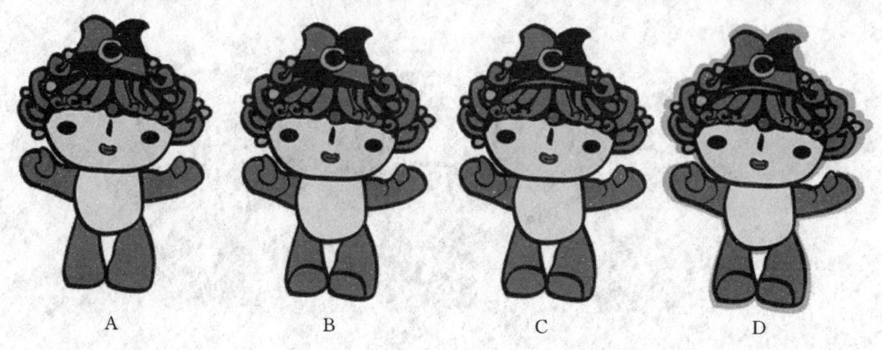

图 2－133

选择人物图形，点击鼠标右键，在弹出的菜单栏选择“取消编组”，如图 2－134A 所示，并复制一个脸部轮廓，如图 2－134B 所示，使用工具箱“椭圆工具”绘制一个圆如图 2－134C 所示。调用“窗口”/“路径查找器”调出“路径查找器浮动调板”，如图 2－134D 所示。剪辑出脸部的红晕的形状，如图 2－134E 所示。最后需要使用工具箱渐变工具配合“窗口”/“渐变”浮动图层面板，如图 2－134F 所示，绘制出脸部的红晕（可以选择颜色滑竿，在工具箱填色上双击，弹出拾色器，选择一个适合的颜色），使用直接选择工具选择不需要的路径并删除（Delete），并去掉描边，如图 2－134G 所示。调停到“福娃贝贝”脸部合适的位置。

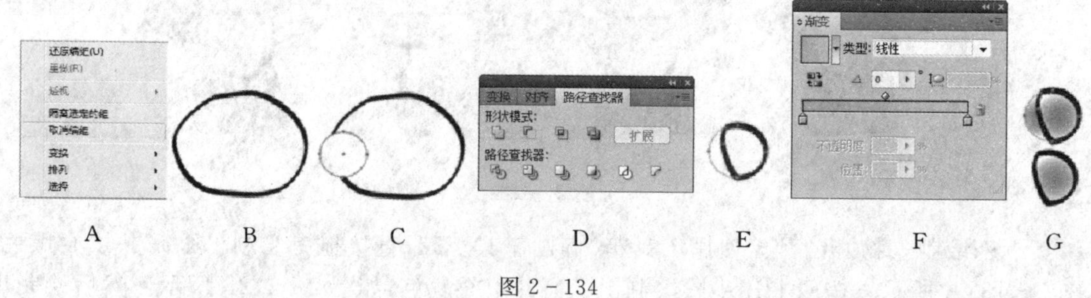

图 2－134

绘制脸部细节，将“脸部的红晕”调停到合适的位置（可以使用直接选择工具修改形状），并使用工具箱椭圆工具绘制眼睛高光。添加文字“福娃贝贝”等细节。效果如图 2－135 所示。

图 2－135

第 3 章　Illustrator CS5 菜单介绍

Illustrator CS5 的菜单条包含 10 个下拉式菜单、上百个命令。越熟悉 Illustrator CS5 的功能，越会在操作 Illustrator CS5 时选择正确的菜单命令。下面将对 Illustrator CS5 菜单中 10 个下拉式菜单作介绍。

3.1　“文件”菜单

“文件”菜单中的大部分命令用于对文件的存储、加载和打印，这些命令如“新建”“打开”“储存”“储存为”“文档设置”“退出”等在其他的应用程序中都是极其普遍的。“文件”下拉菜单中的界面，如图 3－1 所示。

图 3－1

3.1.1　新建

选择“文件”→“新建”命令后，弹出如图 3－2 所示的“新建”对话框，在对话框中可以设置新文件的“大小”“单位”“颜色模式”“取向”等参数。“确认”设置后单击确定按钮即可，开始使用 Illustrator CS5 创作图形。

◆“宽度、高度”：在对应的数值框输入数值即可分别设置新文件的宽度、高度，在这些数值框右侧的“单位”列表中可以选择这些数值的单位。

◆“颜色模式”：有两种颜色模式可以选择，即 CMYK 颜色模式和 RGB 颜色模式。它们分别代表印刷色和显示色。

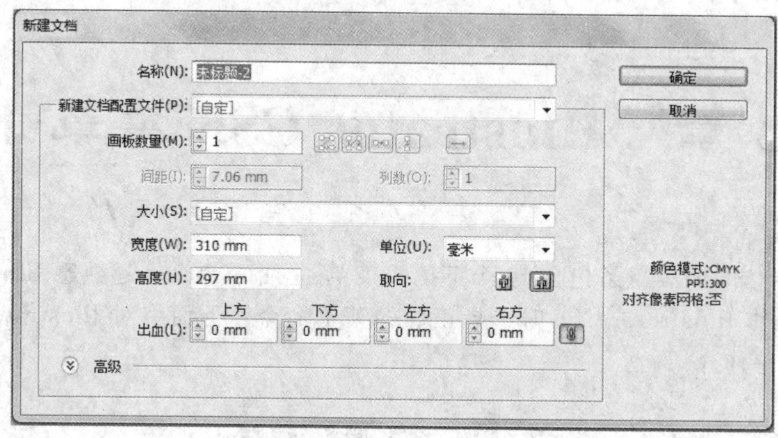

图 3－2

◆“取向”：通过选择可以设定画面的趋势，是竖幅画面还是横幅画面。

3.1.2　从模板新建

可以使用模板创建可共享通用设置和设计元素的新文档。例如，如果需要设计一系列外观和质感相似的名片，可以创建一个模板，为其设置所需的画板大小、视图设置（如参考线）和打印选项。该模板还可以包含通用设计元素（如徽标）的符号，以及颜色色板、画笔和图形样式的特定组合。Illustrator CS5 提供了许多模板，包括信纸、名片、信封、小册子、标签、证书、明信片、贺卡和网站等模板。通过“从模板新建”命令选择模板时，Illustrator CS5 会创建一个新文档，其内容与模板相同，但丝毫不改变原始的模板文件。选择“文件”→“从模板新建”命令，弹出如图 3－3 所示对话框。

图 3－3

从模板创建的新文档中根据设计的需要绘制或导入任意图稿。删除不想保留的现有色板、样式、画笔、符号或动作。在相应模板中创建所需的新色板、新样式、新画笔、新符号和新动作。还可以从 Illustrator CS5 提供的各种库中导入预设的色板、样式、符号和动作。

3.1.3 打开

选择“文件”→“打开”命令，在弹出的对话框中可以打开已有的适合 Illustrator CS 编辑的图形文件，新版的 Illustrator CS5 软件提供了更多的文件格式的打开，如 PDF、SVG、PSD、TIF、BMP、GIF、DOC、PNG、AI、CDR 等矢量位图及文字格式。要打开曾经打开过的文件，可以选择“文件”→“最近打开文件”命令，在此命令的子菜单中保存了 10 个最近打开的文件的名称。

图 3 - 4

3.1.4 关闭

选择“文件”→“关闭”命令可以将当前打开并选择的文件关闭，若对该文件执行了操作命令则提示是否“更改”。

3.1.5 存储命令

Illustrator CS5 支持很多文件格式，可将文件存储为它们中的任何一种格式，或者按照不同的软件要求将其存储为相应的文件格式后置入到排版或图形图像软件中。当存储或导出图稿时，IllustratorCS5 将图稿数据写入到文件。数据的结构取决于选择的文件格式。可将图稿存储为四种基本文件格式 AI、PDF、EPS 和 SVG。这些格式称为本机格式，因为它们可保留所有 Illustrator 数据。(对于 PDF 和 SVG 格式，必须选择“保留 Illustrator 编辑功能”选项以保留所有 Illustrator 数据。)建议以 AI 格式存储图稿，直到创建完，然后将图稿导出为所需格式。

1. 存储

“存储”命令是将文件存储为原来的文件格式，并将原文件替换掉，因此要使修改后的文件不替换掉原来的文件就要选择“存储为”命令。

2. **存储为**

“存储为”命令以不同的位置或文件名存储图像。在 Illustrator CS5 中“存储为”命令可以用不同的格式和不同的选项存储图像，如图 3－5 所示。

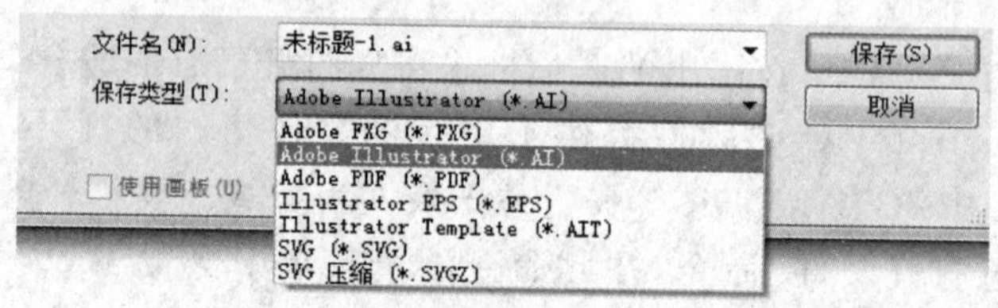

图 3－5

3. AI **格式**

AI 格式是 Illustrator CS5 原生文件格式，可以同时保存矢量信息和位图信息，它是 Illustrator 专有的文件格式，可以保存的内容有画笔、蒙版、效果、透明度、色样、混合、图表数据等。在存储为 Illustrator 格式时可以在弹出的对话框中设置相关选项，如图 3－6 所示。

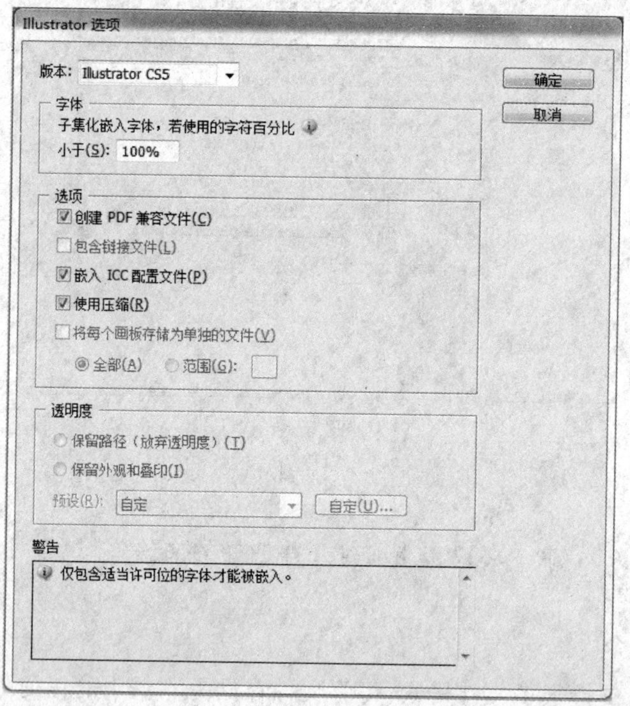

图 3－6

◆“字体”：里面可以设置一个百分比，当文档中字符使用低于这个百分比时将嵌入字体的子集。比如，一个字体里包含 1000 个字符但是文档只使用了 10 个字符，如果设置为 100% 将会嵌入子集，即这使用的 10 个字符，如果设置为 0%将会嵌入整个字体。

◆“创建 PDF 兼容性文件”：能在 AI 文档中存储一个 PDF 重现版本，选项可以让 AI 文件与其他 Adobe 软件兼容。

◆“包含链接文件”：可以将当前文档中链接的文件一并存储在 AI 文档中。如果在保存时版本设置较低，新增功能会被删除。底部的窗格中将会显示低版本不支持的功能。

◆“使用压缩”：压缩 AI 文档中的 PDF 数据，选中此选项后将会延长保存时间。

◆“嵌入 ICC 配置文件”：创建颜色管理文件。

◆“透明选项”：当存储到 AI9.0 以下版本时，决定如何处理透明对象。选择“保留路径”将会取消透明效果，并且将不透明度设置为 100%，不透明度设为正常。选择“保留外观和叠印”将会保留不带透明属性对象的叠印设置，带透明属性对象的叠印将会被拼合。

4. PDF 格式

PDF 格式是一种跨平台的文件格式，Adobe Illustrator 和 Adobe Photoshop 都可直接将文件存储为 PDF 格式。PDF 格式的文件可用 Acrobat Reader 在 Windows、MacOS、UNIX 和 DOS 环境中进行浏览。存储时弹出的选项对话框，如图 3－7 所示。

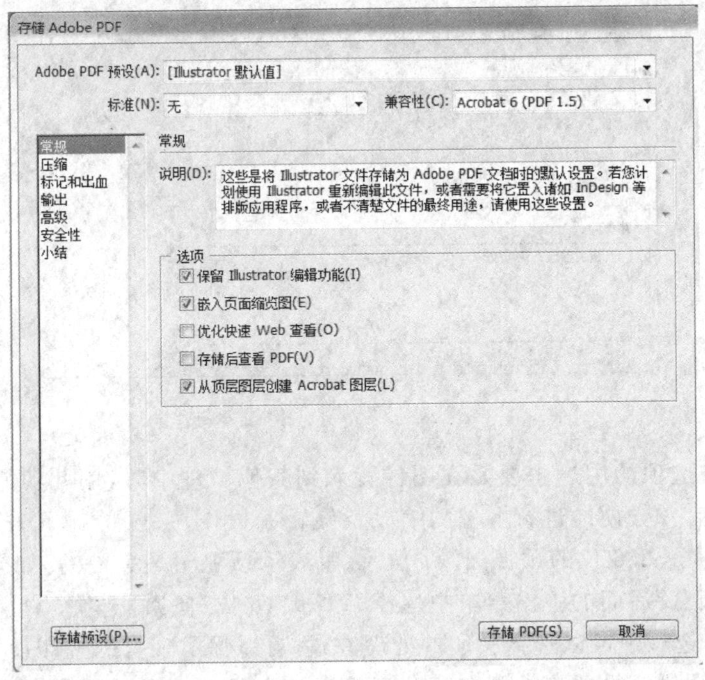

图 3－7

◆“保留 Illustrator 编辑功能”：在 PDF 文件中保存 Illustrator 数据。如果想在 Adobe Illustrator 中重新打开和编辑 PDF 文件，可选择该选项。

◆“从顶层图层创建 Acrobat 图层”：当将文档存储为 PDF 格式时，使用 Acrobat 6 或 Acrobat 7 兼容性时可以将文档中的图层转换为 PDF 文档中的图层。

◆“将拼贴画板保存为多页 PDF 文档”：将 Illustrator 文档中每个单独的拼贴存储为 PDF 文档中的页面。单击对话框底部的“存储预设”按钮可以将对话框中的设置保存下来，供下次“快速调用”。

5. EPS 格式

EPS 格式可以说是一种通用的行业标准格式，可同时包含像素信息和矢量信息。除了多通道模式的图像之外，其他模式都可存储为 EPS 格式，但是它不支持 Alpha 通道。EPS 格式可以制作“剪贴路径”，在排版软件中可以产生镂空或蒙版效果。在 Illustrator 中，如果选择 Illustrator EPS 文件格式，单击“存储”按钮后会弹出“EPS 选项”对话框，如图 3－8 所示。

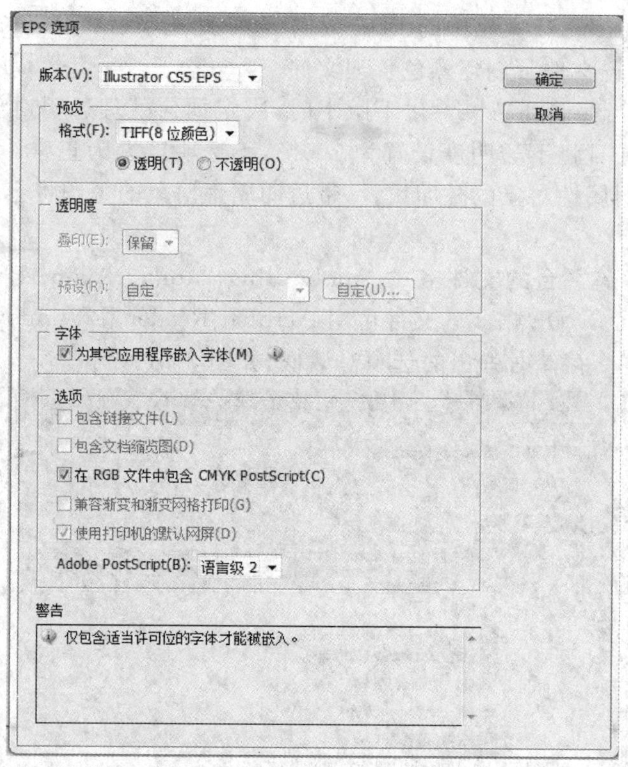

图 3-8

◆“预览”：该选项的用途主要是在图像置入到其他软件中时，用此功能判断图像的位置和一些色彩的信息，并方便地进行图像的缩放及旋转等操作，一般情况下需 8 位/像素的预视图。8 位/像素表示是 256 色的预视图。1 位/像素表示预视图是黑白的，如果要用在 PC 机的应用软件中，在“预览”后面的弹出菜单中选择“TIFF”(8 位/像素)选项。

◆“透明”：该选项中可以选择叠印的处理方式，可以保留现有的叠印设置或取消。在“预设”里可以选择透明拼合设置来控制在存储为 EPS 时对透明对象的处理方式。

◆“字体”：该选项里可以选择是否将字体嵌入在文件中，以供其他应用程序使用。

◆“选项”：该选项中有以下 4 个选项可以设置。“包含链接文件”可以将当前 EPS 文档中链接的文件一并存储在 EPS 文档中。“包含文档缩览图”可以为存储的 EPS 文档创建预览图。预览图将会显示在 Illustrator 的打开和置入对话框中。“在 RGB 文件中包含 CMYK PostScript”允许 RGB 色彩模式的文档可以从不支持 RGB 输出的程序里打印。当 EPS 文档在 Illustrator 再次打开时，仍然是使用的 RGB 模式。

◆“兼容渐变和渐变网格打印”：将渐变和渐变网格转化为 JPEG 格式，这样可以让老式的打印机和 PostScript 设备打印渐变和渐变网格，但会降低打印速度。

6. 存储副本

选择“文件”→“存储副本”命令，“存储副本”和“存储为”命令相同，但是会在文件名后面增加一个“副本”文字。

7. 存储为模板

可以通过“存储为模板”制作系列设计(如背景颜色相同的 VI 设计系列名片设计等)，选择"存储为模板"后文件格式默认为 AIT（Adobe Illustrator 模板）格式。

8. **存储为 Web 所用格式**

Illustrator CS5 提供了最佳的处理网页图像文件的工具与方法，它可以输出包含了点阵网页图像的 JPEG、GIF、PNG 格式。执行"文件"→"存储为 Web 所用格式"命令，弹出"存储为 Web 所用格式"对话框，利用该对话框完成网页图像文件的最佳存储格式（此命令与 Photoshop CS5 中的"存储为 Web 所用格式"操作相同）。

9. **存储为 Microsoft Office 所用格式**

"存储为 Microsoft Office 所用格式"命令可创建一个能在 Microsoft Office 应用程序中使用的 PNG 文件。选择"文件"→"存储为Microsoft Office所用格式"。在"存储为 Microsoft Office 所用格式"对话框中，选择文件的位置，输入文件名，然后单击"保存"。如果要自定 PNG 设置，例如分辨率、透明度和背景颜色，请使用"导出"命令而不是"存储为 Microsoft Office所用格式"命令。也可以使用"存储为 Web 所用格式"命令将图稿存储为 PNG 格式。

3.1.6 恢复

选择"文件"→"恢复"可将文件恢复到上一次存储的版本（但是如果已关闭文件然后重新打开文件，则无法进行此操作）。此动作无法还原。

3.1.7 置入

在 Illustrator 中除了可以直接通过文件"打开"命令，打开图形文件外。还可以将矢量或图像文件以一个智能对象的形式置入到当前 Illustrator CS 中正在操作的图形文件内。选择"文件"→"置入"弹出对话框如图 3－9 所示。

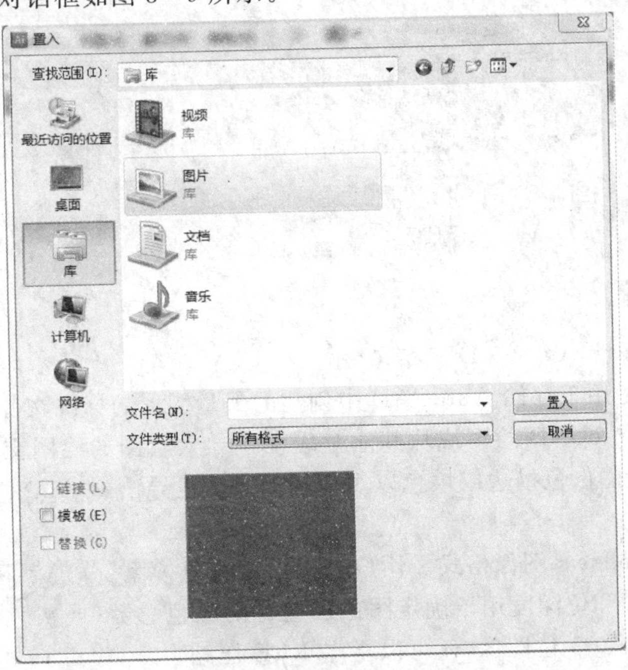

图 3－9

"衔接"表示图像是按链接方式置入 Illustrator 的，这时置入的图像以带 X 的矩形方框表示选取状态。在这种状态下只能对其进行缩放和旋转等操作。在链接状态下如果目标文件改变,衔接的图像也会跟着改变。如果不选中“衔接”项,可以看到被置入的图像以矩形方框来表示其处于选中状态。这种状态我们称之为嵌入。在嵌入状态下我们就可以对图像进行变形、滤镜等操作。“模板”文件会作为模板置入 Illustrator,这时图像就不能被移动、不能被选择,如图 3-10 所示。

图 3-10

重新选择置入可以改变图像置入的状态。如从链接状态改变为嵌入状态。在置入的像素图像还没定稿之前可以选择链接方式置入,这样如果在 Photoshop 中对图像进行的改动就会自动对 Illustrator 置入的光栅图进行更新。定稿以后就可以将它嵌入到 Illustrator 里。

3.1.8 导出

选择“文件”→“导出”命令,弹出对话框如图 3-11 所示。

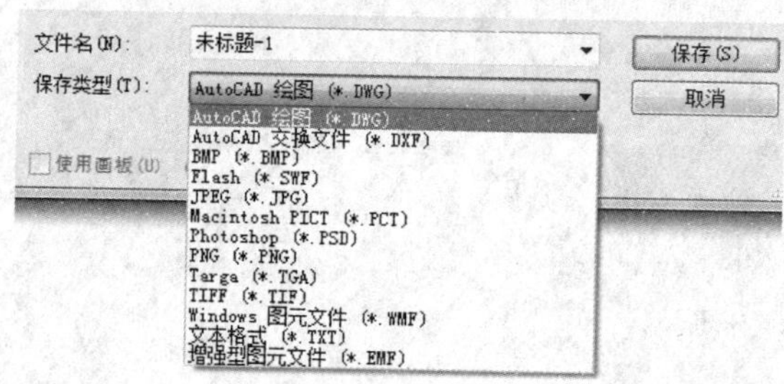

图 3-11

1. AutoCAD **绘图和** AutoCAD **交换文件**

AutoCAD 绘图是用于存储 AutoCAD 中创建的矢量图形的标准文件格式。AutoCAD 交换文件是用于导出 AutoCAD 绘图或从其他应用程序导入绘图的绘图交换格式。(默认情况下,Illustrator 图稿中的白色描边或填色以黑色描边或填色导出到 AutoCAD 格式。)

2. BMP

BMP 是标准 Windows 图像格式。用户可以指定颜色模型、分辨率和消除锯齿设置用于栅格化图稿,以及格式和位深度用于确定图像可包含的颜色总数(或灰色阴影数)。对于使用 Windows 格式的 4 位和 8 位图像,还可以指定 RLE 压缩。

3. JPEG(**联合图像专家组**)

JPEG 格式常用于存储照片,保留图像中的所有颜色信息,但通过有选择地扔掉数据来压缩文件大小。JPEG 是在 Web 上显示图像的标准格式。也可以使用“存储为 Web 所用格式”命令将图像存储为 JPEG 文件。

4. Macintosh PICT

Macintosh PICT 是使用 MacOS 图形和页面排版应用程序在应用程序间传输的图像。PICT 在压缩包含大面积纯色区域的图像时特别有效。

5. Macromedia Flash

Macromedia Flash 是基于矢量的图形格式用于交互动画的 Web 图形。可以将图稿导出为 Macromedia Flash(SWF)格式在 Web 设计中使用，并在任何配置 Macromedia Flash Player 增效工具的浏览器中查看图稿。也可以使用“存储为 Web 所用格式”命令将图像存储为 SWF 文件。

6. Photoshop PSD 标准 Photoshop 格式

如果图稿包含不能导出到 Photoshop 格式的数据，Illustrator 可通过合并文档中的图层或栅格化图稿，保留图稿的外观。但是，图层、子图层、复合形状和可编辑文本可能无法在 Photoshop 文件中存储。

7. PNG 便携网络图形

该格式用于无损压缩和 Web 上的图像显示。与 GIF 不同，PNG 支持 24 位图像并产生无锯齿状边缘的背景透明度；但是，某些 Web 浏览器不支持 PNG 图像。PNG 保留灰度和 RGB 图像中的透明度。也可以使用“存储为 Web 所用格式”命令将图像存储为 PNG 文件。

8. Targa

Targa 格式在使用 Truevision® 视频板的系统上使用。用户可以指定颜色模型、分辨率和消除锯齿设置用于栅格化图稿以及位深度用于确定图像可包含的颜色总数(或灰色阴影数)。

9. 文本格式

文本格式用于将插图中的文本导出到文本文件。

10. TIFF 标记图像文件格式

该格式用于在应用程序和计算机平台间交换文件。TIFF 是一种灵活的位图图像格式，绝大多数绘图、图像编辑和页面排版应用程序都支持这种格式。大部分桌面扫描仪都可生成 TIFF 文件。

11. Windows 图元文件

它是 16 位 Windows 应用程序的中间交换格式。几乎所有 Windows 绘图和排版程序都支持 WMF 格式。但是，它支持有限的矢量图形，在可行的情况下应以 EMF 代替 WMF 格式。

12. 增强型图元文件

它是 Windows 应用程序广泛用作导出矢量图形数据的交换格式。Illustrator 将图稿导出为 EMF 格式时可栅格化一些矢量数据。

3.1.9 文档设置

可以对已打开的文件进行尺寸大小、页面方向、使用单位等属性进行设置。选择“文件”→“文档设置”命令，弹出对话框如图 3-12 所示。

3.1.10 文档颜色模式

选择“文件”→“文档颜色模式”命令，可以看到有“RGB 颜色”和“CMYK 颜色”两个选项。

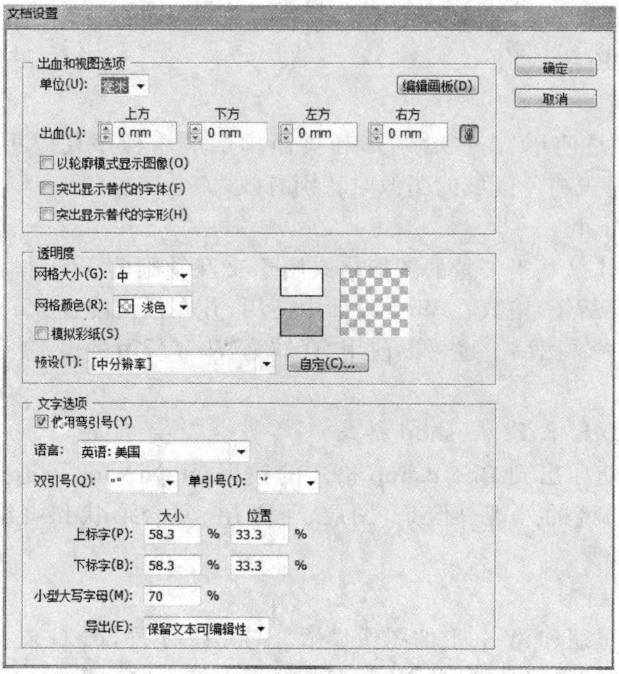

图 3-12

文件的颜色模式应依照输出的需求设置。如需要制作一幅网页图形，则建议使用RGB文件颜色模式，且搭配使用“RGB颜色”面板。如制作的是即将印刷的文件图形，则建议使用CMYK文件颜色模式，且搭配使用“CMYK颜色”面板即可制作出最佳的印刷图形效果。

3.1.11 文件信息

选择“文件”→“文件信息”命令，弹出“文件信息”对话框，可以利用控制面板了解文件的内容及状况。

3.1.12 打印

选择“文件”→“打印”命令，弹出“打印”对话框，如图3-13所示。

◆“打印”：对话框中的每类选项（从“常规”选项到“小结”选项）都是为了指导完成文档的打印过程而设计的。要显示一组选项，请在对话框左侧选择该组的名称。

◆“常规”：设置页面大小和方向，指定要打印的页数，缩放图稿，以及选择要打印的图层。

◆“设置”：裁剪图稿，更改图稿在页面上的位置，以及指定如何打印不适合单一页面上的图稿。

◆“标记和出血”：选择印刷标记与创建出血。

◆“输出”：创建分色。

◆“图形”：设置路径、字体、PostScript文件、渐变、网格和混合的打印选项。

◆“颜色管理”：选择一套打印颜色配置文件和渲染方法。

◆“高级”：控制打印期间的矢量图稿拼合（栅格化）。

◆“小结”：查看和存储打印设置小结。

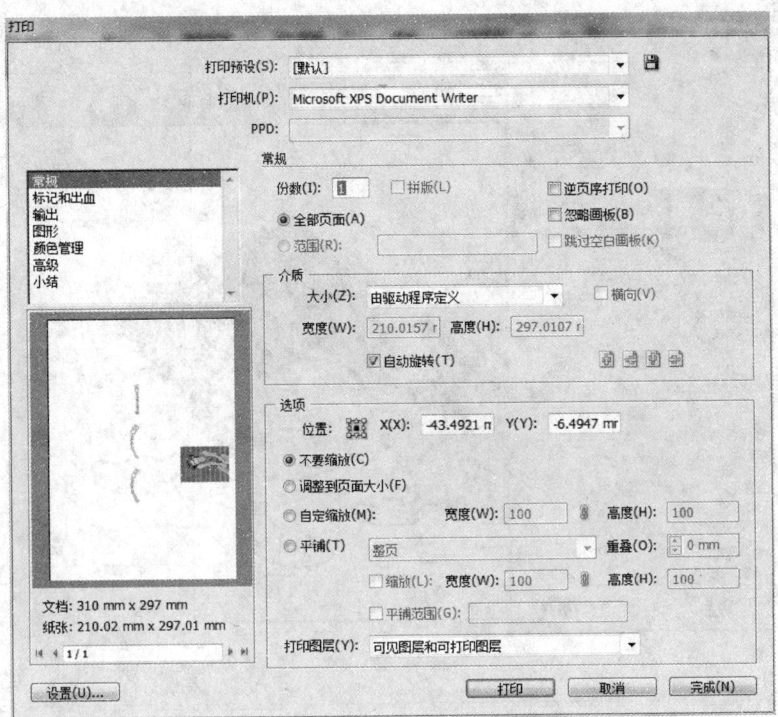

图 3－13

3.2 “编辑”菜单

“编辑”菜单通常用于设定软件的基本属性以及对图形文件的复制或移动变形的基本命令。其中的“还原”命令可以使上一次的动作变成无效。“编辑”菜单中有“还原”“剪切”“复制”“粘贴”“查找和替换”“定义图案”等命令，如图 3－14 所示。

3.2.1 还原与重做

可以对刚才执行的命令进行返回，选择“编辑”→“还原”来更正错误。可以在选择“存储”命令之后还原操作(但是如果已关闭文件然后重新打开文件就无法进行此操作)。如果操作无法还原，则“还原”命令将显示为灰色。根据可用内存的大小，可以通过重复选取“还原”命令，按照反向顺序不限次数地还原用户执行过的上一步操作。

选择“编辑”→“重做”命令可以重新应用以前未进行的操作。还可以通过选取“文件”→“恢复”命令将文件恢复到上一次存储的版本(但是如果已关闭文件然后重新打开文件，则无法进行此操作)。此动作无法还原。

3.2.2 剪切、复制、粘贴

可以运用剪切、复制、粘贴等多种方式对选区内的图形进行编辑。

1. 剪切

在图像中选择一块区域，执行“编辑”→“剪切”命令，可将所选图形剪切掉，并将其存入剪贴板中。

图 3－14

2. 复制

选择一图形后，执行“编辑”→“复制”命令可以将所选图形复制并存入剪贴板中，而原选择区域中的图形不作任何修改。

3. 粘贴

执行“编辑”→“粘贴”命令可以将剪贴板中的内容粘贴到当前图形文件中。

4. 贴在前面，贴在后面

“贴在前面”“贴在后面”命令可以将剪贴板中的内容粘贴到当前复制的图形文件的前面或者是后面。

5. 清除

执行“编辑”→“清除”命令可以删除所选择的图形，也可以按“Delete”键删除所选择的图形。

3.2.3 查找和替换

选择“编辑”→“查找和替换”命令可以快速对需要修改的文字进行替换。查找和替换对话框如图 3－15 所示。

◆“区分大小写”：仅搜索大小写与“查找”文本框中所输入文本的大小写完全匹配的文本字符串。

◆“查找全字匹配”：只搜索与“查找”文本框中所输入文本匹配的完整单词。

◆“向后搜索”：从文件的最下方向最上方搜索文件。

◆“检查隐藏图层”：搜索隐藏图层中的文本。取消选择这一选项时，Illustrator 会忽略隐藏图层中的文本。

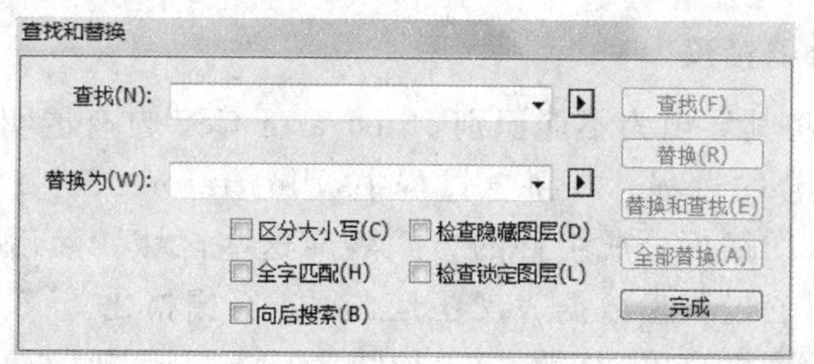

图 3-15

◆“检查锁定图层”:搜索锁定图层中的文本。取消选择这一选项时,Illustrator 会忽略锁定图层中的文本。

3.2.4 拼写检查

选择“编辑”→“拼写检查”命令,单击“开始”,即可开始进行拼写检查。

当 Illustrator CS5 显示出拼写错误的单词或其他可能的错误时,请执行下列操作:单击“忽略”或“全部忽略”继续拼写检查,而不更改特定的单词。

从建议单词列表中选择一个单词,或在上方的文本框中键入正确的单词,然后单击“更改”以只更改出现拼写错误的单词。还可以单击“全部更改”更改文档中所有出现拼写错误的单词。单击“添加”,指示 Illustrator 将可接受但未识别出的单词存储到词典中,以便在以后的操作中不再将其判断为拼写错误。在 Illustrator CS5 完成文档的拼写检查后,单击“完成”。Illustrator CS5 可以单词指定的语言,检查多种语言的拼写错误。

3.2.5 编辑自定词典

选择“编辑”→“编辑自定词典”命令,若要将单词添加到词典中,请在“输入”文本框中键入单词,并单击“添加”。若要从词典中删除单词,请选择列表中的单词,并单击“删除”。若要修改词典中的单词,请选择列表中的单词,然后在“词条”文本框中键入新单词,并单击“更改”。完成编辑后单击“完成”。

3.2.6 定义图案

制作或者选择相关图形,选择“编辑”→“定义图案”,在“新建色板”对话框中输入一个名称,然后单击“确定”。图案便会显示在“色板”调板中,如图 3-16 所示。

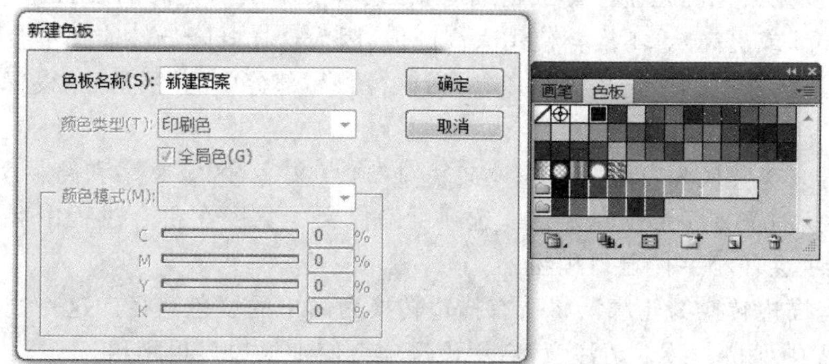

图 3-16

3.2.7 透明度拼合器预设

当打印透明图稿或将其导出为不能识别 Illustrator CS5 自有透明度的格式时，Illustrator CS5 会执行一种称为拼合的过程。在拼合过程中，Illustrator CS5 查找透明对象与其他对象相重叠的区域，并通过将图稿拆分成组件的方式隔离这些区域。然后 Illustrator CS5 分析各组件，以确定图稿是可以通过矢量数据表现还是必须进行栅格化。

选择“编辑”→“透明度拼合器预设”，弹出如图 3 - 17 所示对话框。

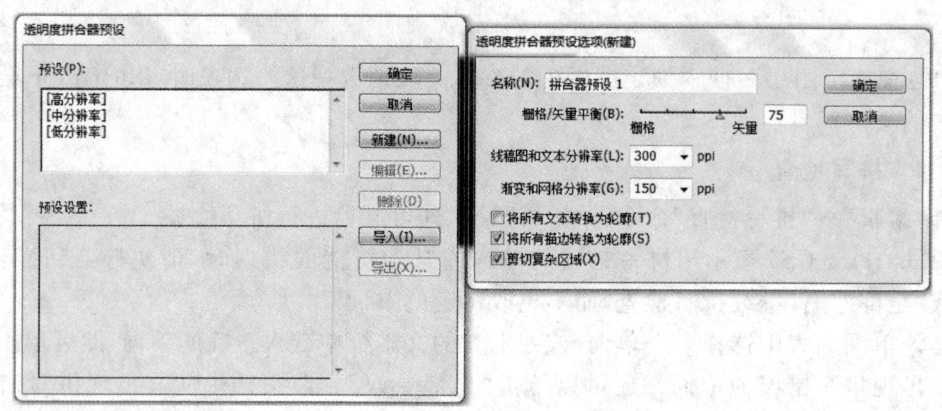

图 3 - 17

可以在“透明度拼合器预设选项”对话框、“拼合透明度”对话框以及“拼合器预览”调板中设置下列选项。

◆“名称”:(选择“新建”)指定预设的名称。根据不同的对话框，可在“名称”文本框中键入名称或者接受默认值。可以输入现有预设的名称以编辑该预设，但不能够编辑默认预设。

◆“栅格/矢量平衡”:指定栅格化数量。设定值越高，图稿上的栅格化就越少。选择最高设定值可尽量将图稿保持为矢量数据；而选择最低设定值则可栅格化整个图稿。

◆“线稿图和文本分辨率”:为作为拼合结果而栅格化的矢量对象指定分辨率。

◆“渐变和网格分辨率”:为作为拼合结果而栅格化的渐变和网格对象指定分辨率。在多数情况下，“线稿图和文本分辨率”值设为 300 已足够，而“渐变和网格分辨率”值设为 150 已足够。不过，如果要栅格化的是小字体或精细对象，或者要输出的是高品质打印，就有必要使用更高的值(600 ppi 或更高)。不推荐使用太高的值，因为这样既降低性能又不会明显提高图稿的品质。请注意，对于这两个选项，“打印”对话框“图形”部分中的“平滑度”设置值会影响拼合时的交叉精度。

◆“将所有文本转换为轮廓”:将各种文字对象(点文字、区域文字和路径文字)全部转换为轮廓，并放弃所有文字字形信息。这一选项可确保文本宽度在拼合过程中保持一致。请注意，启用这一选项会使小字体显得稍粗。

◆“将所有描边转换为轮廓”:将所有描边转换为简单的填色路径。这一选项可确保描边宽度在拼合过程中保持一致。请注意，启用该选项会使细描边显得稍粗。

◆“剪切复杂区域”:确保矢量图稿和栅格化图稿间的边界与对象路径相一致。当对象的某部分被栅格化，而其另一部分仍保留着矢量形式时，选择这一选项会减少拼接品的感觉。不过，选择此选项可能会导致路径过于复杂，使打印机难于处理。(一些打印驱动程序处理栅格与处理矢量图有所不同，这也会导致颜色拼缝。通过禁用某些打印驱动程序特有的颜色管理设置，或许可尽量减少拼缝问题。）

3.2.8 打印预设

如果定期输出到不同的打印机或作业类型，可以将所有输出设置存储为打印预设，以自动完成打印作业。对于要求“打印”对话框中的许多选项设置都一贯精确的打印作业来说，使用打印预设是一种快速可靠的方法。可以存储和加载打印预设，使其可以轻松备份，或使其可供服务提供商、客户端或工作组中的其他人员使用。一旦选择了一种打印预设，就可以在“打印预设”对话框中查看编辑该设置。

3.2.9 Adobe PDF 预设

Adobe 便携文档格式（PDF）是保留多种应用程序和平台上创建的字体、图像和源文档排版的通用文件格式。PDF 是对电子文档和表单进行安全可靠的分发和交换的全球标准。Adobe PDF 文件小而完整，任何使用免费 Adobe Reader® 软件的人都可以对其进行共享、查看和打印。此外，Adobe PDF 可以保留所有 Illustrator CS5 数据，这意味着用户可以在 Illustrator CS5 中重新打开文件而不丢失数据。

Adobe PDF 在印刷出版工作流程中非常高效。通过将复合图稿存储在 Adobe PDF 中，可以创建一个提供商可以查看、编辑、组织和校样的小且可靠的文件。然后，在工作流程的适合时间，可以或直接输出 Adobe PDF 文件，或使用各个来源的工具处理它，用于后处理任务，如准备检查、陷印、拼版和分色。当以 Adobe PDF 格式存储时，可选择创建一个 PDF/X 兼容的文件。PDF/X（便携文档格式交换）是 Adobe PDF 的子集，消除导致打印问题的许多颜色、字体和陷印变量。PDF/X 可随时用于 PDF 文件作为印刷制作的“Digital Master”进行交换时，无论是工作流程中的创作还是输出阶段，只要应用程序和输出设备支持 PDF/X。

PDF 预设是一组影响创建 PDF 处理的设置。这些设置旨在平衡文件大小和品质，具体取决于如何使用 PDF 文件。大部分的预设在 Adobe Creative Suite 应用程序间共享，包括 InDesign、Illustrator、Photoshop、GoLive 和 Acrobat。也可以针对特有的输出要求创建和共享自定义预设。

3.2.10 颜色设置

Adobe 的色彩管理系统可以帮助用户在不同的源之间保持图像的色彩一致，编辑文档并在 Adobe 应用程序间转换文档，以及输出已完成的合成图像。此系统基于国际色彩协会（ICC）开发的协定，该组织负责标准化配置文件格式和程序，从而通过一个工作流程获得准确和一致的颜色。默认情况下，Adobe 应用程序中的色彩管理是打开的。如果有 Adobe Creative Suite，则将在应用程序间同步颜色设置以提供对 RGB 和 CMYK 颜色的统一显示。这意味着无论在哪个应用程序中查看，颜色看起来都一样。

对于大多数色彩管理工作流程，最好使用 Adobe Systems 已经测试过的预设颜色设置。只有在色彩管理知识很丰富并且对自己所做的更改非常有信心的时候，才建议用户更改特定选项。自定选项完成后，可以将它们保存为预设。保存颜色设置确保用户可以再次使用它们并与其他用户或应用程序共享。

要将颜色设置保存为预设，请单击“颜色设置”对话框中的“存储”。要确保应用程序在“颜色设置”对话框中显示设置名称，需在默认位置保存文件。如果将文件保存到了其他位置，则必须在选择设置之前载入文件。

要载入一个未在标准位置保存的颜色设置预设，需单击“颜色设置”对话框中的“载入”，选择要载入的文件，然后单击“打开”。

3.2.11 键盘快捷键和菜单

“键盘快捷键和菜单”命令可以方便地查阅、调用、编辑、自定义 Illustrator CS5 软件命令的快捷方式，有利于工作效率的提高。如图 3-18 所示。

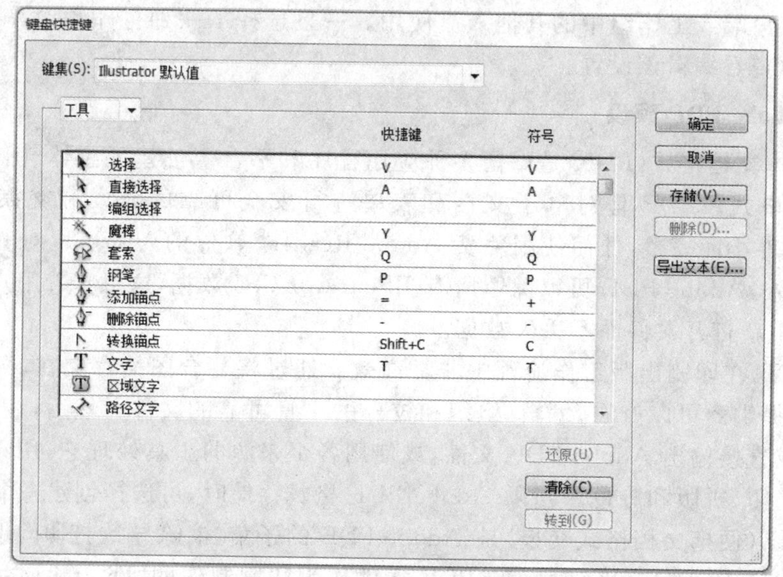

图 3-18

3.2.12 首选项

首选项是关于 Illustrator CS5 如何工作的选项，包括显示、工具、标尺单位和导出信息。首选项存储在名为“AIPrefs”（Windows）的文件中，每次启动 Illustrator 时它也随之启动。要恢复 Illustrator CS5 的默认设置，可以删除或重命名首选项文件并重新启动 Illustrator CS5。整个“Adobe Illustrator CS Settings”文件夹包含可以重新生成的各种首选项。

通常情况下，在进行图形设计时都是使用 Illustrator CS5 默认的工作环境设置，但为了满足不同用户对于软件工作环境的不同需求，Illustrator CS5 通过“首选项”开放了对于软件工作环境的设计功能，从而提高了在工作过程中的方便程度及工作效率。

1. 常规

选择“编辑”→“首选项”→“常规”命令，弹出如图 3-19 所示的对话框。

◆“键盘增量”：用来设定键盘“箭头键”移动物体的距离，便于进行精确的小距离移动。在“键盘增量”参数设置框中可设定其移动的距离。

◆“约束角度”：用来设定页面坐标的角度，缺省值为 0，此时页面保持水平竖直状态，当输入一定角度时，如 30 度，页面的坐标就倾斜 30 度，画出的任何图形都将倾斜 30 度。

◆“圆角半径”：用来设定圆角矩形的圆角半径，当用工具箱中的圆角矩形工具画矩形时，其圆角半径的大小和在此处设定的相同。

◆“仅按路径选择对象”：若选中此选项，在选择图形时，只有单击边线才可将图形选中；

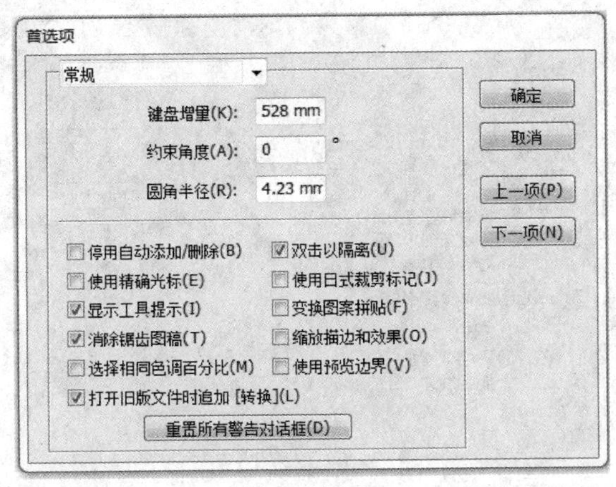

图 3-19

若不选此项，单击填充部分就可将图形选中。

◆“使用精确光标”：不选择该选项时，选择工具箱中的大部分工具的光标形状和该工具的图标相匹配。选择该选项，工具的光标会以精确的十字光标形式显示。

◆“显示工具提示”：选择此项，把光标放在任意一种工具上稍候，屏幕上就会出现这一工具的简短说明，说明之后还会标出此工具的快捷键。

◆“消除锯齿图稿”：选择此项可以消除线稿图中的锯齿。

◆“选择相同色调百分比”：选择此项可以选择线稿图中色彩百分比相同的物体。

◆“打开旧版文件时追加[转换]”：选择该选项，可在打开 CS5 版本以前的 Illustrator 文件时自动在文件名上追加[转换]。

◆“停用自动添加/删除”：不选择此项，使用钢笔工具时，把光标放在所画路径上或路径节点上，钢笔工具就自动转换成增加节点工具或删除节点工具。选择此项，工具就不会自动转换。

◆“使用日式裁剪标记”：选择此项可以产生日式裁剪标记。

◆“变换图案拼贴”：选择此项后，填有图案的图形在执行缩放、旋转及倾斜操作时，图案变化。选择此选项后，在缩放图形时，边线的宽度和效果随着缩放。

◆“使用预览边界”：若选中此选项，当物体被选择时边界框就显示出来，如果要缩放、移动或复制物体，只要拖曳被选择物体周围的把柄即可。

◆“重置所有警告对话框”：选择此项，将 Illustrator CS5 中的警告说明重置为其默认设置。

2. 文字

“文字”对话框根据个人的风格来设置图形中文字的个性参数。选择“编辑”→“首选项”→“文字”命令，弹出如图 3-20 所示的对话框。

◆“大小/行距”：用来调节文字的行距。

◆“字距”：用来设定字距。

◆“基线偏移”：用来设定文字基线的位置。

◆“假字显示阈值”：若文字在屏幕上显示的大小低于此处设定的数值，将以灰条出现，以灰条出现的文字具有很快的显示速度。

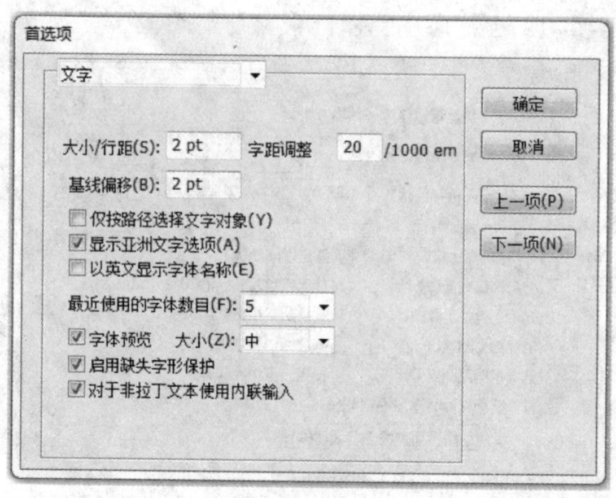

图 3-20

◆"仅按路径选择文字对象":该选项和"仅按路径选择对象"选项作用相近,若选中此选项,在选择文本时,只有单击文本的基线才可将文本选中;若不选此项,单击文本中的任何部分都可将文本选中。

◆"显示亚洲文字选项":当使用中文、日文和韩文工作时,必须选择该选项,这时可以在字符调板中使用有关控制亚洲字符的选项;如果不选择该选项,字符调板就不会显示和控制亚洲字符有关的选项。

◆"以英文显示字体名称":选中此项后,字体下拉列表中的字体名称将全以英文显示。

◆"最近使用的字体数目":该选项用来设定最近使用过的字体的数量。

◆"字体预览":该选项决定预览字体的大小。

3. 单位

可更改文字的度量单位及调整图形的显示效果。选择"编辑"→"首选项"→"常规"→"单位"命令,弹出如图 3-21 所示的对话框。

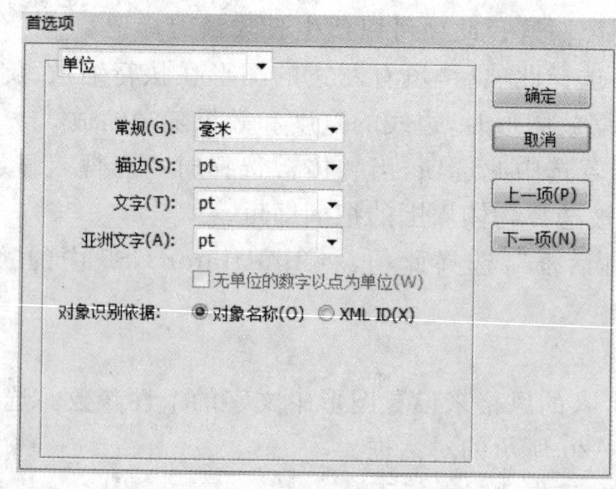

图 3-21

◆"常规":后面显示的是标尺的度量单位。Adobe Illustrator 提供了点、派卡、英寸、毫米和厘米 5 种度量单位。

◆"描边":设定描边宽度的单位。

◆“文字”:设定文字的度量单位。

◆“亚洲文字”:设定亚洲文字的度量单位。

◆“对象识别依据”:后面有两个选项,即“对象名称”和“XML ID”。在变量调板中,动态物体的名称和图层中该物体的名称一致,但是,当文件以模板的形式存储为 SVG 格式时,动态物体的名称必须遵从 XML 命名规则。

4. 参考线和网格

可以自由设定参考线和网格的颜色及其表现形式。选择“编辑”→“首选项”→“参考线和网格”命令,弹出如图 3-22 所示的对话框。

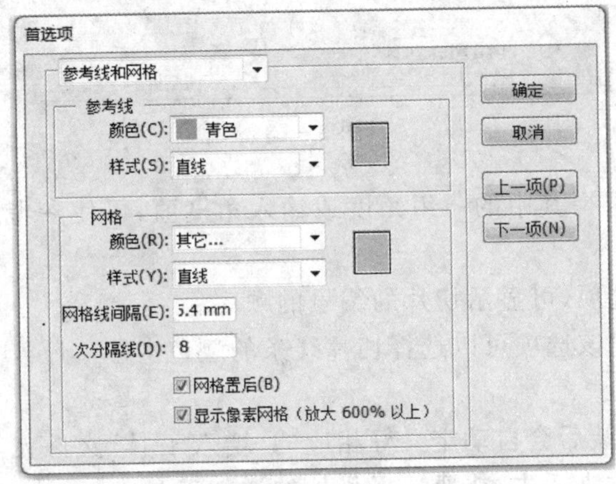

图 3-22

◆“颜色”:弹出菜单中可选择参考线的颜色。使用鼠标单击后面的色块,在弹出的色盘中可选择自己喜欢的颜色。

◆“样式”:弹出菜单中可设置参考线的样式是直线还是虚线。

◆“颜色”:弹出菜单中可选择坐标格的颜色;或单击后面的色块,在弹出的色盘中选择自己喜欢的颜色。

◆“样式”:弹出菜单中可选择坐标格的外形是用实线还是虚线表示。

◆“网格线间隔”:输入相应的数值可设定每隔多少距离生成一条坐标线。

◆“次分隔线”:设定坐标线之间再分隔的数量;选中“网格置后”,则坐标格位于文件最后面。

5. 智能参考线和切片

Adobe Illustrator CS5 提供了优秀的智能参考线功能,可以设定不同风格的参考线,使用户在编辑线稿时更方便、更快捷。选择“编辑”→“首选项”→“智能参考线和切片”命令,弹出如图 3-23 所示的对话框。

◆“文本标签提示”:选择此项后,在调整光标时,显示目前光标对齐方式的信息。

◆“结构参考线”:选择此项后,在使用智能参考线时,页面窗口中会用直线作为参考线帮助用户确定位置。

◆“对象突出显示”:若选择此项,在光标围绕物体拖动时,可高亮度显示光标下的物体。

◆“变换工具”:选择此项后,可以在缩放、旋转以及镜像物体时,得到相对于操作的基准点的参考信息。

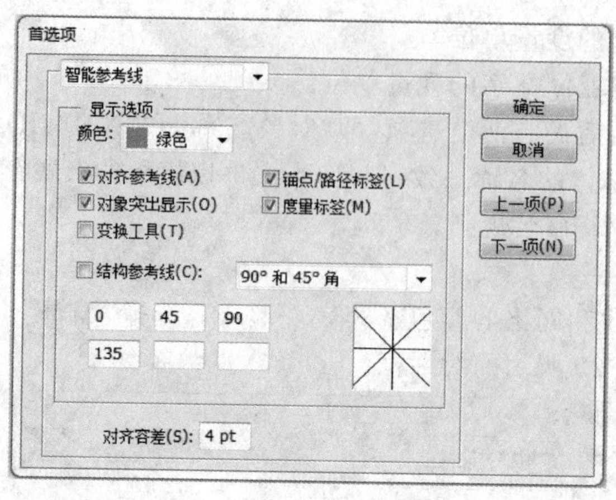

图 3 - 23

◆“结构参考线”:选择其中的一组角度或输入角度值,可使参考线从临近物体的节点处设置角度。

◆“切片”:选择该选项,可显示切片的编号的顺序。

◆“线条颜色”:通过该选项可以选择切片线条的颜色。

6. **增效工具和暂存盘**

一般情况下,软件安装后会自动定义好相应的“增效工具”文件夹,但有的时候,可能会因误操作将“增效工具”文件夹丢失,或要选择另外的增效工具文件夹,此时可在“增效工具和暂存盘”对话框中设置,单击“选取”按钮,就会弹出对话框,选择“增效工具”文件夹,然后单击“选取”按钮,如图 3 - 24 所示。

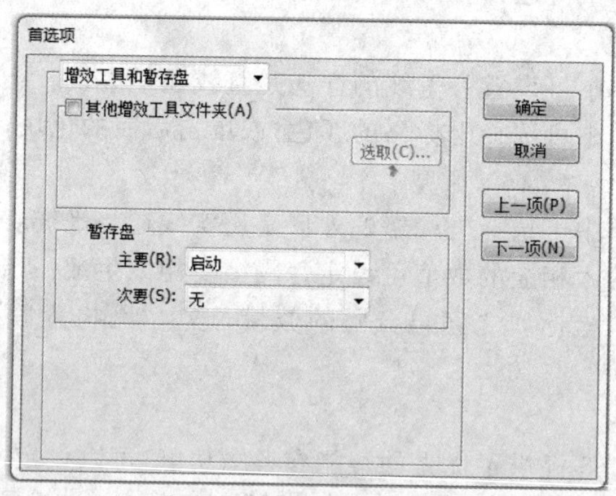

图 3 - 24

Illustrator CS5 暂存盘的设置和 Photoshop 设定相同,目的是为了使软件有足够的空间去运行和处理文件。如果计算机硬盘中有多个盘符,可在此处设定“主要”和“次要”,可用空间较大盘符作为暂存盘。

7. **文件处理和剪贴板**

在 Illustrator CS5 当中打开和处理外部文件以及临时存放一些数据时,通过“文件处理和剪贴板”对话框可以得到多种控制方法。选择“编辑”→“首选项”→“文件处理和剪贴板”命令,弹出如图 3-25 所示的对话框。

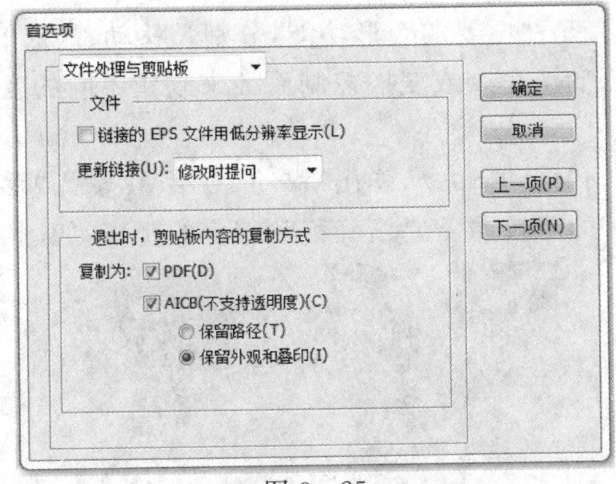

图 3-25

◆“更新链接”:包括 3 个选项,“自动”指当打开的位图图像被外部程序更改时,Illustrator CS5 程序中的位图图像也会得到自动更新;“手动”指利用链接调板中的“更新链接”按钮更新图像,如果图像有变化就会立即更新;“修改时提问”指当打开的位图图像被外部程序更新时,会出现图像变更信息的警告对话框,单击对话框中的“是”按钮,改变的位图图像就会得到更新。

◆“复制为”:可以决定剪贴板中内容的格式。“PDF”是指剪贴板中内容的格式为 PDF,“AICB(不支持透明度)”是指剪贴板中内容的格式为 AICB。在 AICB 中还包括两个选项,即“保留路径”和“保留外观和叠印”。

3.3 “对象”菜单

“对象”菜单中的命令用于控制软件操作中图形元素的变形,以及对多个图形组件进行编辑。“对像”菜单内的下拉菜单如图 3-26 所示。

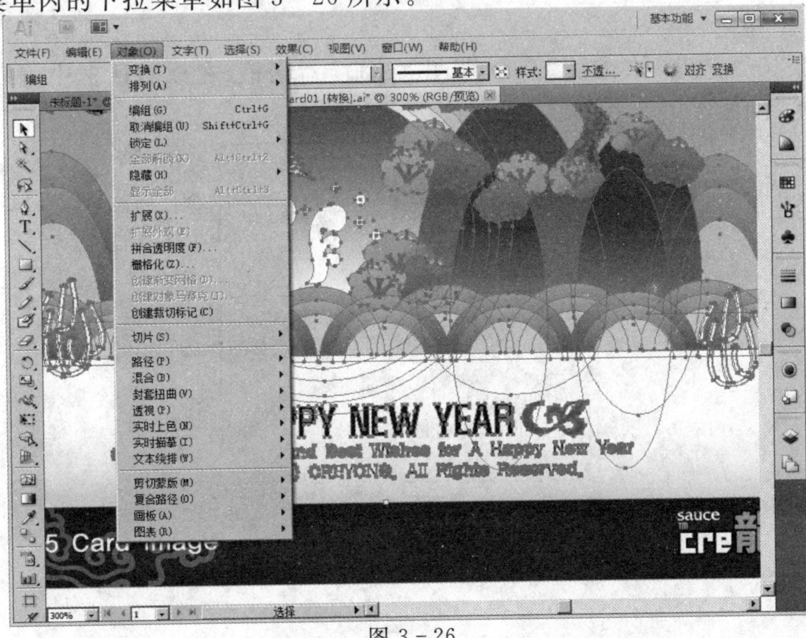

图 3-26

3.3.1 变换

在 Illustrator CS5 中有 5 种主要的变形功能，分别是移动、缩放、旋转、对称、倾斜，可利用工具箱中的变换工具图标、变换命令或变换控制面板来制作不同的变形效果。

1. 移动

执行"对象"→"变换"→"移动"命令，弹出"移动"对话框，输入"移动距离"及勾选"预览"选项，确定设置后单击"确定"即可按照需要精确移动相应的距离，如图 3－27 所示。

图 3－27

2. 旋转

执行"对象"→"变换"→"旋转"命令，弹出"旋转"对话框，在该对话框中可以指定旋转角度，如图 3－28 所示。

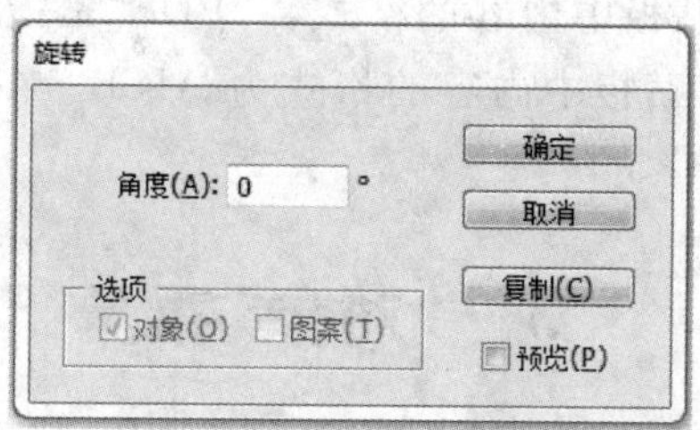

图 3－28

3. 缩放

执行"对象"→"变换"→"缩放"命令，弹出"缩放"对话框，在该对话框中可以指定缩放比例，如图 3－29 所示。

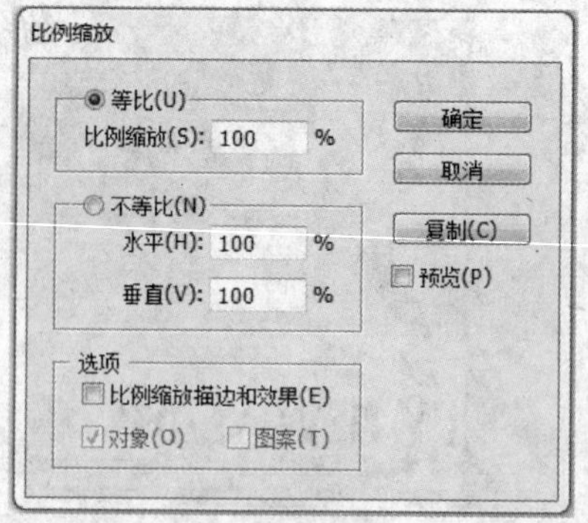

图 3－29

4. 对称

执行“对象”→“变换”→“对称”命令，弹出“对称”对话框，在该对话框中设置对称角度选择水平或者垂直，若要保留原来图形选择“复制”按钮再点击“确定”，如图 3－30 所示。

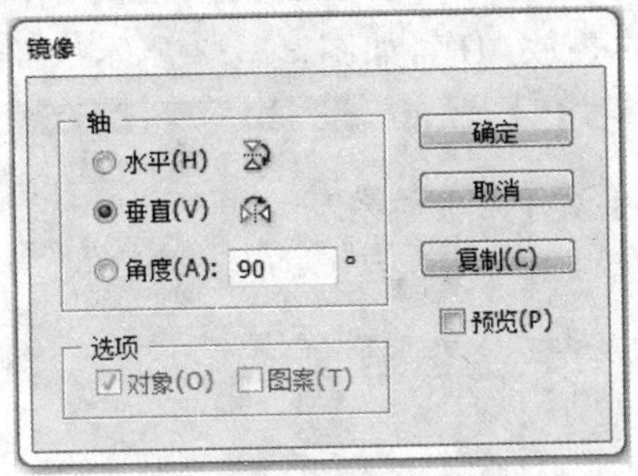

图 3－30

5. 倾斜

执行“对象”→“变换”→“倾斜”命令，弹出“倾斜”对话框，在该对话框中设置“倾斜”的角度，如图 3－31 所示。

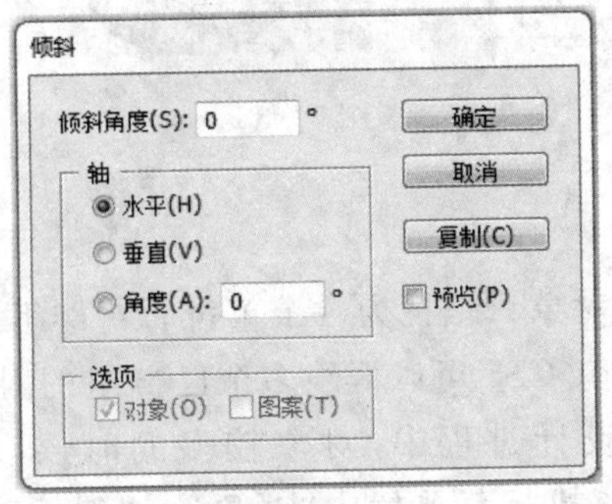

图 3－31

6. 分别变换

执行“对象”→“变换”→“分别变换”命令，弹出“分别变换”对话框，在该对话框中可以通过输入数值或者是拖动划块进行如“缩放”“移动”“旋转”“对称”等多项操作，如图 3－32 所示。

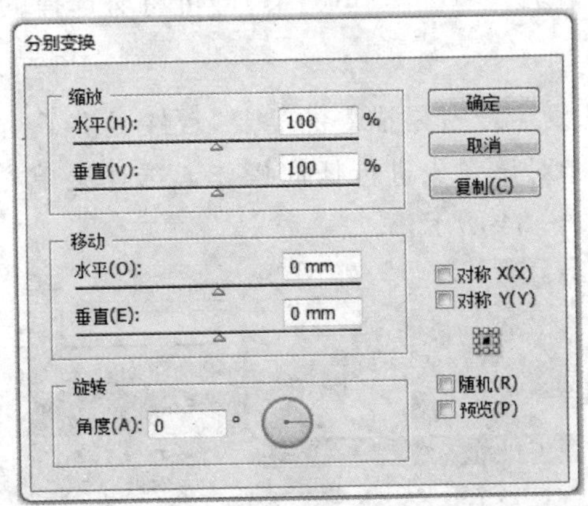

图 3－32

3.3.2 排列

在同一个工作区存在多个对象时，它们之间会重叠或相交，因此就涉及了对象之间的排列。执行菜单栏中"对象"→"排列"命令即可在当前图层内将该图层的对象移动到页面的前面或后面，从而改变图层上对象的叠放顺序，如图 3－33 所示。

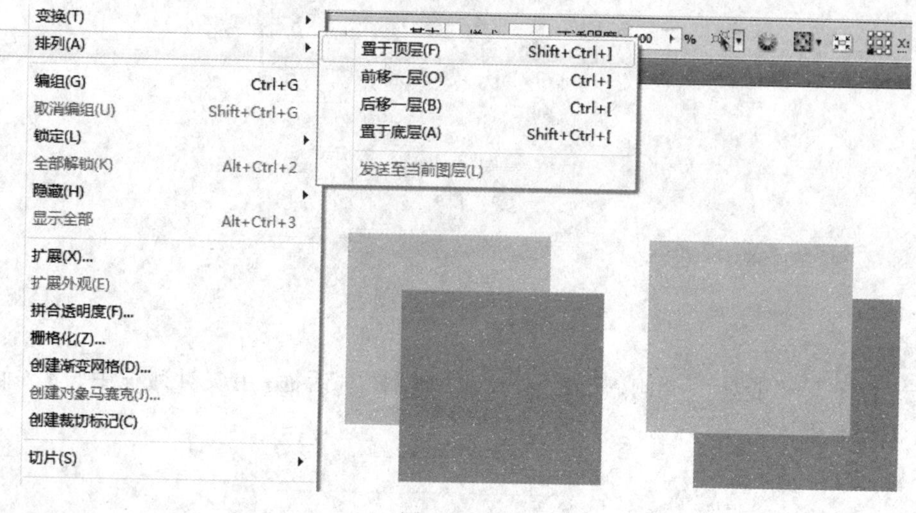

图 3－33

3.3.3 编组

在 Illustrator CS5 中群组对象只被视为一个单位。对群组内的所有对象可以同时进行缩放、旋转等基本操作。Illustrator CS5 可以群组多个已群组的对象以创建嵌套群组，也可以将对象添加到群组。有利于在设计过程中，对象较多的时候，通过群组方便设计操作。按"Shift"键选择需要群组的对象，执行菜单栏中"对象"→"编组"(Ctrl＋G)即可将所选择的对象群组。(可以使用"图层"调板将项目移进或移出组。)

3.3.4 取消编组

需要对群组中的对象单独进行编辑的时候，就需要将群组解散。选择需要解散的群组，执行菜单栏中"对象"→"取消编组"(Ctrl＋Shift＋G)即可将所选择的对象取消编组。

3.3.5 锁定/隐藏

为了防止误选择操作的发生或者是描摹的需要，软件提供了锁定/隐藏的功能。当用户将对象锁定或者隐藏后，则不能对该对象进行任何操作。选择菜单栏"对象"→"锁定/隐藏"，各有三个选项可供选择，如图 3－34 所示。

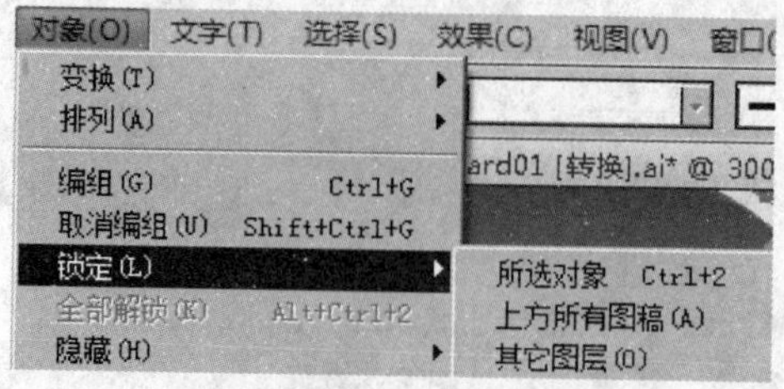

图 3－34

3.3.6 扩展

扩展对象可用来将单一对象分割为若干个对象,这些对象共同组成其外观。例如,如果扩展一个简单对象,如一个具有实色填色和描边的圆,那么,填色和描边就会变为离散的对象;如果扩展更加复杂的图稿,如具有图案填充的对象,则图案会被分割为各种截然不同的路径,而所有这些路径组合在一起,就是创建这一填充图案的路径。通常,当用户想要修改对象的外观属性及其中特定图素的其他属性时,就需要扩展对象。此外,当用户想在其他应用程序中使用 Illustrator CS5 自有的对象(如网格对象),而此应用程序又不能识别该对象时,扩展对象也可能派上用场。(具有填色和描边的对象在扩展前的外观见图 3-35 左图,扩展后的外观见图 3-35 右图。)

图 3-35

如果打印透明度效果、3D 对象、图案、渐变、描边、混合、光晕、封套或符号时遇到困难,扩展功能也将大显身手。选择"对象"→"扩展"命令弹出如图 3-36 所示对话框。

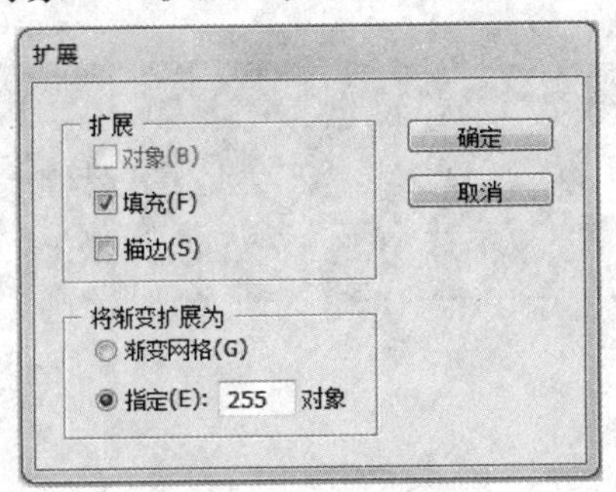

图 3-36

◆"对象":扩展复杂对象,包括实时混合、封套、符号组和光晕等。

◆"填色":扩展填色。

◆"描边":扩展描边。

◆"渐变网格":将渐变扩展为单一的网格对象。

◆"指定":将渐变扩展为指定数量的对象。数量越多越有助于保持平滑的颜色过渡;数量较少则可创建条形色带外观。

3.3.7 拼合透明度

解决由于透明度的缘故使打印旧版图稿遇到问题,就可以使用这个命令。执行"对象"→"拼合透明度"命令可以看到效果,如图 3-37 右图所示(为了看到对比效果特意将分辨率降低)。

图 3-37

3.3.8 栅格化

栅格化是将矢量图形转换为位图图像的过程。在栅格化过程中，Illustrator CS5 会将图形路径转换为像素。所设置的栅格化选项将决定结果像素的大小及特征。使用“对象”→“栅格化”命令或“栅格化”效果栅格化单独的矢量对象。也可以通过将文档导入为位图格式(如 JPEG、GIF 或 TIFF)的方式来栅格化整个文档。

3.3.9 创建渐变网格

创建渐变网格可以对对象进行变形和多种颜色填充，产生独特的效果。创建渐变网格只能对封闭路径，选择“对象”→“创建渐变网格”命令，可以对对象指定网格的列数和行数，而且可以指定网格的交叉点，若对网格进行形状及颜色编辑需要配合使用网格工具。对对象使用“创建渐变网格”可以制作类似喷笔的效果，如图 3-38 所示。

图 3-38

3.3.10 路径

矢量软件绘制时产生的线条称为路径。路径由一个或多个直线段或曲线段组成。线段的起始点和结束点由锚点标记。通过编辑路径的锚点，可以改变路径的形状。可以通过拖动方向线末尾类似锚点的方向点来控制曲线。路径可以是开放的(如弧)，也可以是闭合的(如圆)。对于开放路径，路径的起始锚点称为端点，如图 3-39 所示。

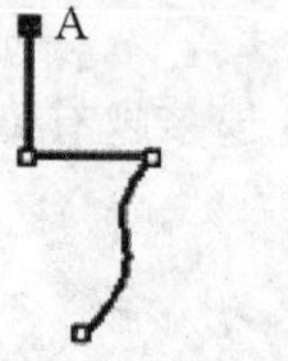

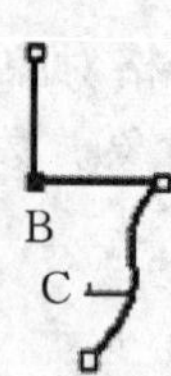

图 3-39

在图 3-39 中，路径组件如下：A 为选中的（实心）端点；B 为选中的锚点；C 为曲线路径段;D 为方向线;E 为方向点。

路径可以具有两种锚点,即角点和平滑点。在角点,路径可以突然改变方向。在平滑点,路径段连接为连续曲线。可以使用角点和平滑点的任意组合绘制路径,如图 3-40 所示。如果绘制的点类型有误,可随时更改。

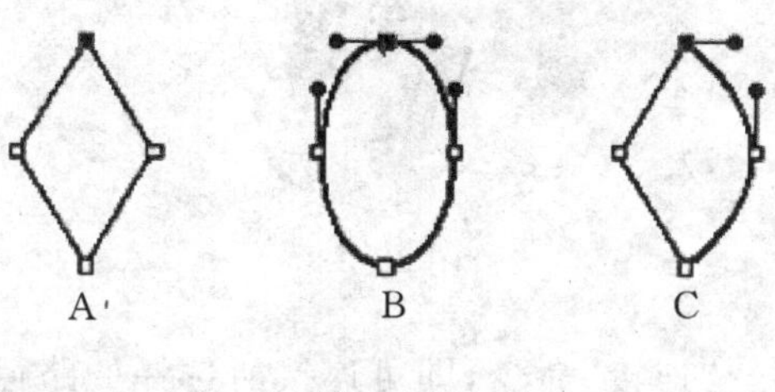

图 3-40

在图 3-40 中,路径上的点如下:A 为四个角点;B 为四个平滑点;C 为角点和平滑点的组合。

角点可以连接任何两条直线段或曲线段,而平滑点始终连接两条曲线段角点还可以同时连接直线段和曲线段,如图 3-41 所示。

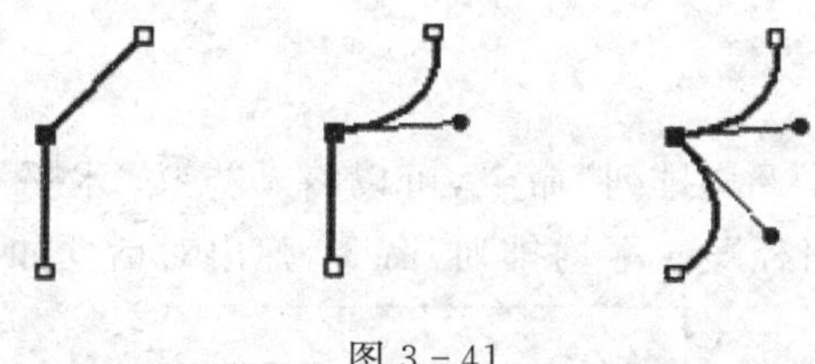

图 3-41

除可以使用工具箱相关路径工具来编辑路径外,还可以使用选择“对象”→“路径”菜单命令编辑路径,以制作出更多样的路径变化。选择“对象”→“路径”命令,弹出“路径”子命令,如图 3-42 所示。

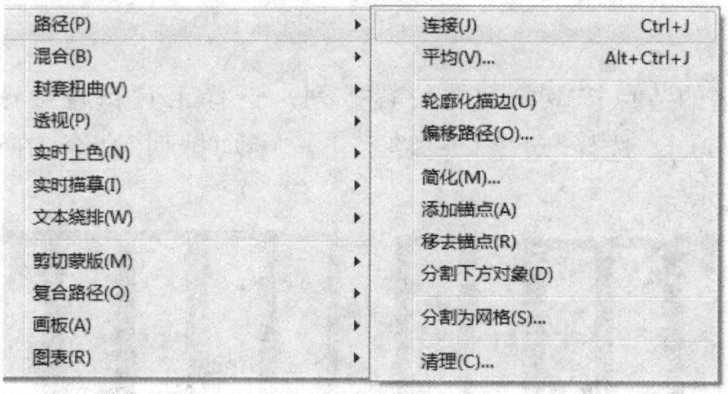

路径(P)
混合(B)
封套扭曲(V)
透视(P)
实时上色(N)
实时描摹(I)
文本绕排(W)
剪切蒙版(M)
复合路径(O)
画板(A)
图表(R)

连接(J) Ctrl+J
平均(V)... Alt+Ctrl+J
轮廓化描边(U)
偏移路径(O)...
简化(M)...
添加锚点(A)
移去锚点(R)
分割下方对象(D)
分割为网格(S)...
清理(C)...

图 3-42

1. 连接

连接将路径由“开放式”转换为“封闭式”,或连接两条开放式路径为一条单一路径。

选择工具箱“直接选择工具”,选择所需要连接的两节点,如图 3-43 所示。

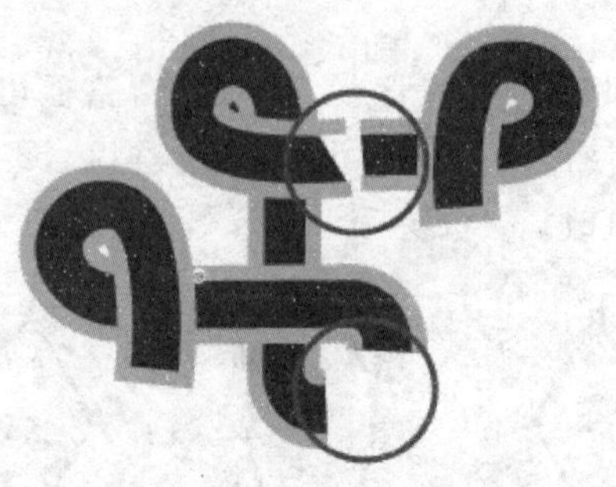

图 3-43

再执行“对象”→“路径”→“连接”命令，即可连接所选择的路径，如图 3-44 所示。

图 3-44

2. **平均排列**

选择“对象”→“路径”→“平均排列”命令，可以将节点按“水平”“垂直”“两者兼有”3 种位置来排列。选择“对象”→“路径”→“平均排列”命令，弹出对话框如图 3-45 所示。

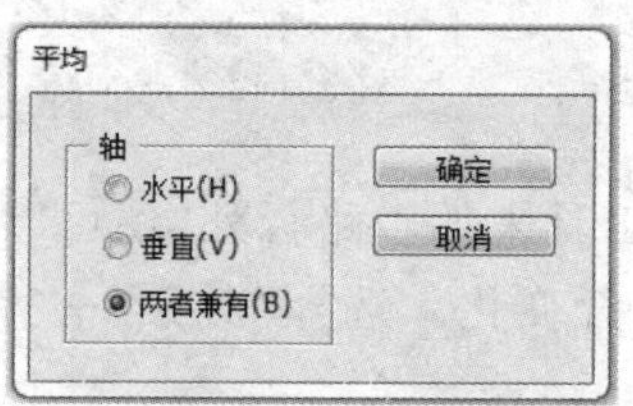

图 3-45

◆“水平”：将所选的节点按“水平”的位置排列。选择工具箱直接选择工具，选择所需要“水平”排列位置的节点。选择“对象”→“路径”→“平均排列”命令，在弹出的菜单中勾选水平，效果如图 3-46 所示。

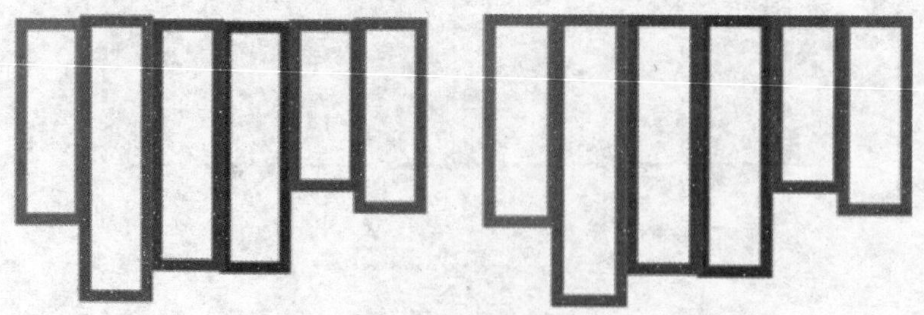

图 3-46

◆“垂直”：将所选的节点按“垂直”的位置排列。

◆“两者兼有”：将所选的节点都集中在水平与垂直的位置上。

3. 轮廓化描边

轮廓化描边可将图形的“外轮廓”部分转换为一封闭的路径，并可填充颜色。选择工具箱直接选择工具，选择含有外轮廓的图形，如图 3－47 所示。（点击鼠标右键，弹出关联菜单，选择创建“轮廓”并通过属性栏选择颜色和“轮廓”厚度。）

illustrator CS5

图 3－47

执行“对象”→“路径”→“轮廓化描边”命令，即可使图形的“外轮廓”部分产生一封闭路径，并可填充颜色、渐变或者图形，如图 3－48 所示。

illustrator CS5

图 3－48

4. 偏移路径

偏移路径可将对象的边缘依照设置的距离位移，且复制一个位移后的图形对象。使用工具箱直接选择工具，选择所需编辑的含有“外轮廓”的图形，如图 3－49 所示。

图 3－49

执行“对象”→“路径”→“位移路径”命令，弹出对话框，如图 3－50 所示。

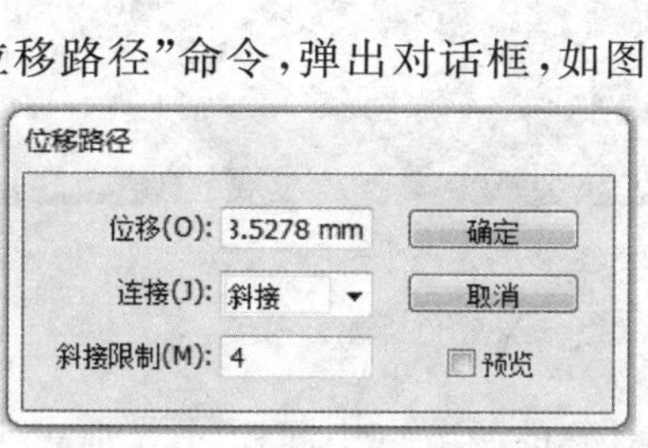

位移路径
位移(O): 3.5278 mm　确定
连接(J): 斜接　取消
斜接限制(M): 4　预览

图 3－50

◆ “位移”：若数值设置为正数值，则所选择的外轮廓按照设定的数值向外扩张，反之向内收缩。

◆“连接”:控制节点的转换类型,在连接对话框中有斜接(尖角)、圆角和斜角(平角)3 种选项,分别设置扩张后“外轮廓”的节点类型。

◆“斜接限制”:反映斜接(尖角)的转角尖锐程度,数值越高越尖锐,反之平滑。

5. 简化

“简化”命令用来简化路径上节点的数目。节点数目的多少可以影响图形的尖锐或者是圆滑度,可以根据需要使用简化命令设置合适数量的节点。

使用工具箱直接选择工具,选择所需简化的图形。执行“对象”→“路径”→“简化”命令,弹出对话框,如图 3-51 所示。

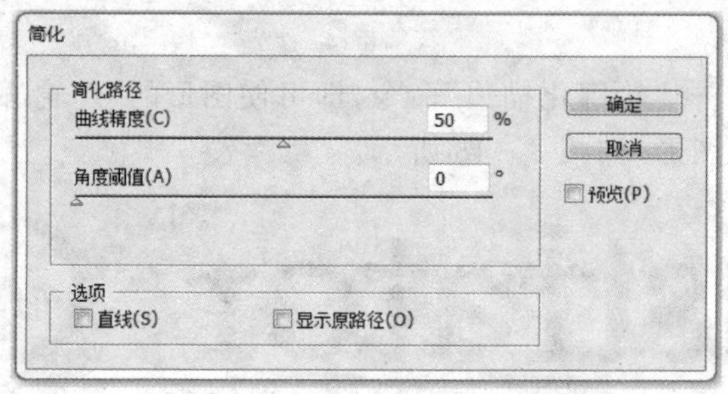

图 3-51

◆“预览”:勾选预览选项,可以时时观看调整的图形效果。

◆“曲线精度”:通过输入数值或者是拖动划块调整数值,数值越低则曲线化程度越高。

◆“角度阈值”:通过输入数值或者是拖动划块调整数值,当转角节点的角度低于角度的临界点时,则节点不会改变,且图形不会有明显的变化,所以数值越小,图形变化越大。

◆“选项”:若勾选“直线”则将所有路径都转换为直线路径,若勾选“显示原路径”则不会有任何变化。设置相应的数值,点击“确定”,得到如图 3-52 所示效果。

图 3-52

6. 添加锚点

“添加锚点”命令以在原来对象的两节点中间通过增加一点的方式在路径上增加节点。可以通过多次进行“添加锚点”命令,给图形增加所需要的节点(也可以使用工具箱“增加锚点工具”,在路径上任意增加节点)。

7. 分割下方对象

该命令用来切割路径或图形，功能与“美工刀工具”相同，但比“美工刀工具”较为容易控制。

绘制一开放路径，并同时选择路径及图层，再执行“对象”→“路径”→“分割下方对象”命令，即可将路径分割成为两段路径。也可以选择一个封闭的图形，并在该路径上，绘制一开放路径，再执行“对象”→“路径”→“分割下方对象”命令，即可将路径分割成为两段路径，如图 3－53 所示。

图 3－53

8. 分割为网格

通过此命令可以将一个或多个对象分割为多个按行和列排列的矩形对象。可以精确地改变行和列之间的高度、宽度和间距大小，并快速创建参考线来布置图稿。

绘制一封闭路径图形，选择“对象”→“路径”→“分割为网格”命令，弹出对话框如图 3－54 所示。

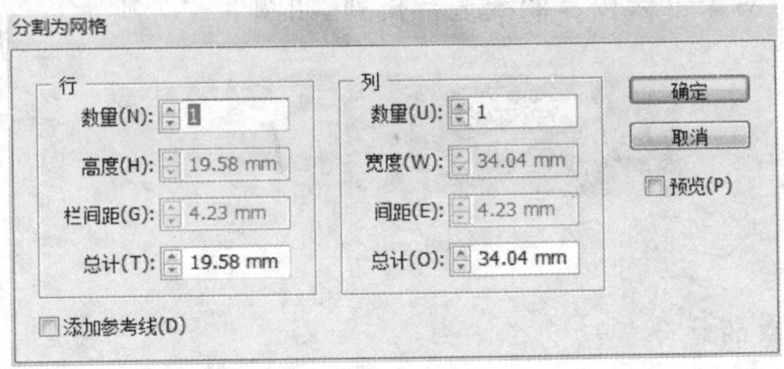

图 3－54

选择分割好的网格填充适当的颜色，得到如图 3－55 所示效果。

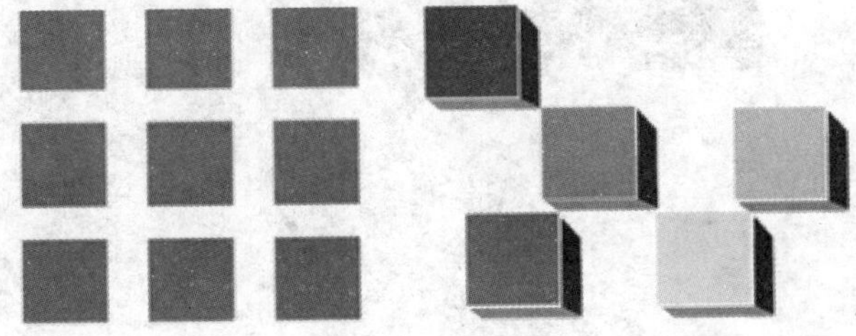

图 3－55

9. **清理**

该命令用来删除文件中的单一节点、未填色的对象或空白的文本框等，对图形没有任何帮助，但是通过执行“清理”命令，可以删除不要的文件，可减少文件的大小。执行“对象”→“路径”→“清理”命令，即可弹出对话框，如图 3－56 所示。

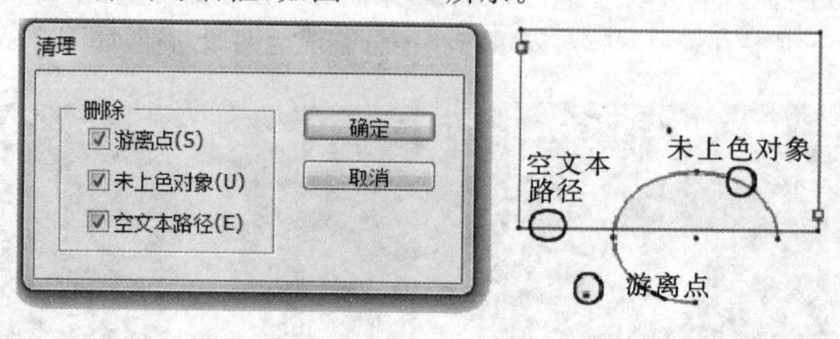

图 3－56

◆“游离点”：勾选可以删除单独存在的节点。

◆“未上色对象”：勾选可以删除文件中未填入颜色的图形对象。

◆“空文本路径”：勾选可以删除文件中空白的文本框。

3.3.11 混合

“混合”可以在两个或者多个对象间，产生一连串的色彩或形状变化的效果，并具有复制、变形及色彩调整作用。可以使用两种方式来制作混合效果，一种是工具箱中的混合工具，另一种是“对象”→“路径”→“混合”命令。

1. **混合路径的作用**

当完成一个“混合”效果后，可以使用线条稿模式，这样可看到一条混合路径，而这条路径会影响混合对象的排列位置，其默认的设置是一条直线，不过仍可针对自己的需求而改变路径的形状及长度，则混合对象也会按着曲线进行排列，如图 3－57 所示。

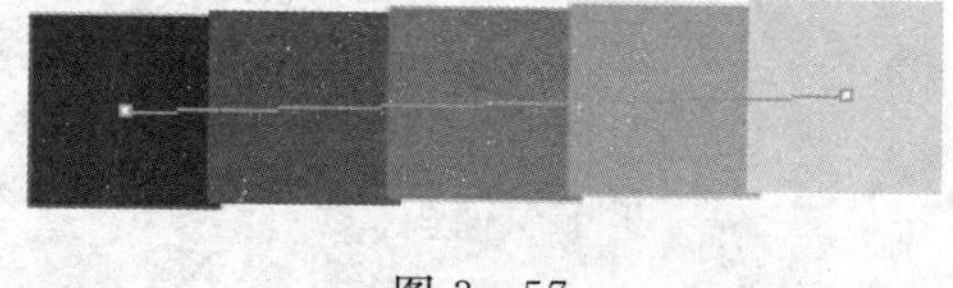

图 3－57

2. **路径与混合对象的结合**

选择“混合”对象与一条已绘制的路径，如图 3－58 所示。

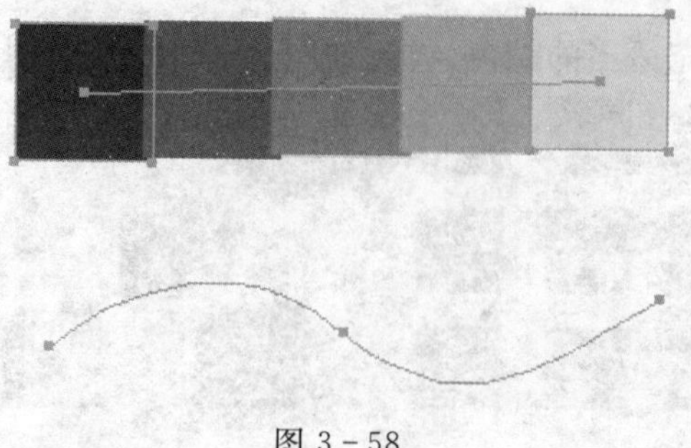

图 3－58

执行“对象”→“路径”→“替换混合轴”命令，则混合对象会随着新的路径而产生“混合”效果，如图 3 - 59 所示。

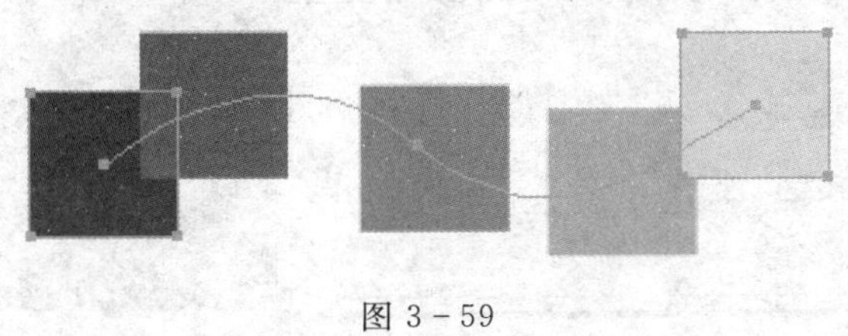

图 3 - 59

3. “混合” 的编辑

混合对象后，仍可以再次进行混合阶数、路径方向、对象顺序或关键对象的改变，使得混合效果符合设计要求。

改变混合阶数，选择整个混合对象，再执行“对象”→“混合”→“混合选项”命令，则会显示“混合选项”对话框，如图 3 - 60 所示。

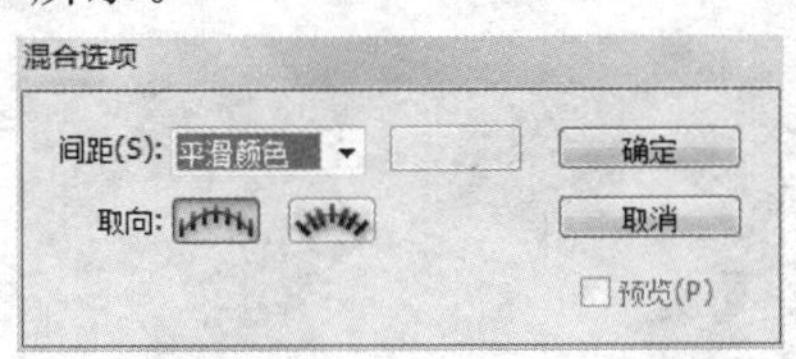

图 3 - 60

在此“混合选项”对话框中，选择“间距”弹出菜单，可指定三种不同的混合阶数方法，如图 3 - 61 所示。

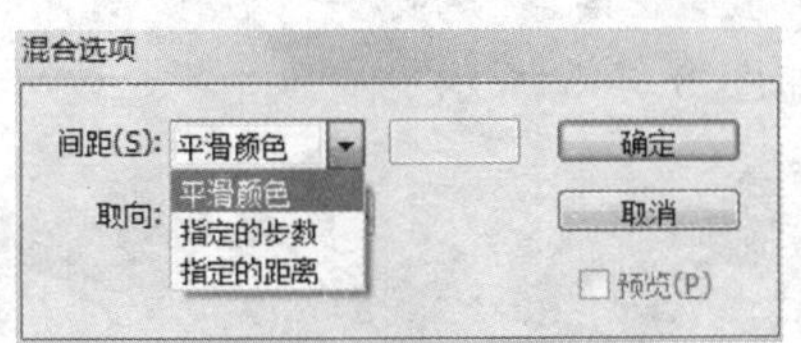

图 3 - 61

选择“平滑颜色”选项，则对象混合的颜色阶数是由 Illustrator CS5 软件自行依据对象颜色、距离的判断，而达到色彩能“平滑渐变”的效果，如图 3 - 62 所示。

图 3 - 62

选择“指定步数”选项，则会依照所键入的数值，产生混合效果，如图 3 - 63 所示。

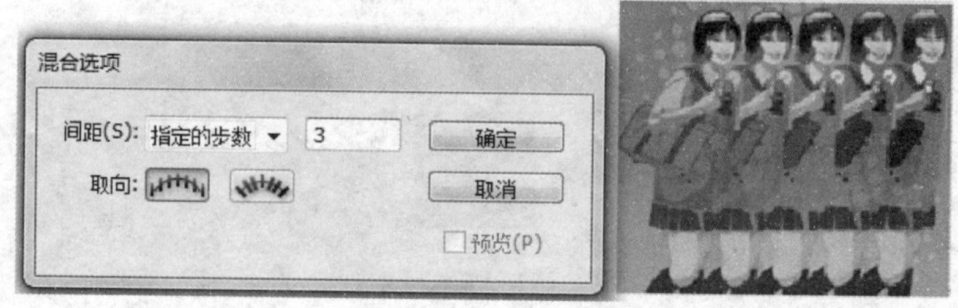

图 3 - 63

4. 编辑“混合”的关键对象

(1)改变颜色。使用“直接选择工具”选择一个关键混合对象，如图 3 - 64 左图所示，然后再单击所需的颜色色板，即可改变关键对象的填色，而混合对象也会自动更新其颜色，如图 3 - 64右图所示。

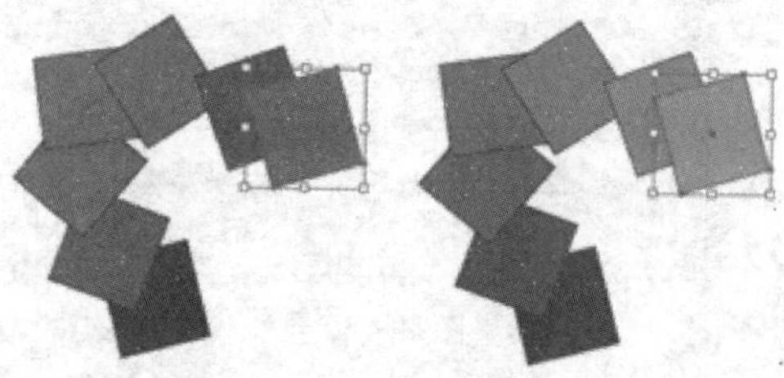

图 3 - 64

(2)移动位置。使用“直接选择工具”选择一个关键对象，然后再改变其位置，则混合对象的混合位置也会随着改变，如图 3 - 65 所示。

图 3 - 65

(3)变形对象。使用“直接选择工具”选择一个关键对象，然后再使用变形命令对对象进行变形，而混合对象也会随之更新变化，如图 3 - 66 所示。

图 3 - 66

(4)改变大小。使用“直接选择工具”选择一个关键对象,然后再利用变形控制面板将对象的大小改变,而混合对象也会随之缩放。

(5)变形对象与颜色(混合多种需求)。使用“直接选择工具”或“编组选择工具”选择一个关键对象,然后再利用变形命令将对象变形,再选择不同颜色色板,即可同时将混合对象做颜色及形状的变化,如图 3-67 所示。(可利用“直接选择工具”来选择关键混合对象的节点或路径线段;或用“直接选择工具”来选择整个关键对象;而如果双击“编组选择工具”,则会选择整个混合对象。)

图 3-67

5.解除混合效果

先选择整个混合对象,执行“对象”→“混合”→“释放”命令,即可解除混合效果,并将原来的混合对象还原成两个一般的图形对象,如图 3-68 所示。

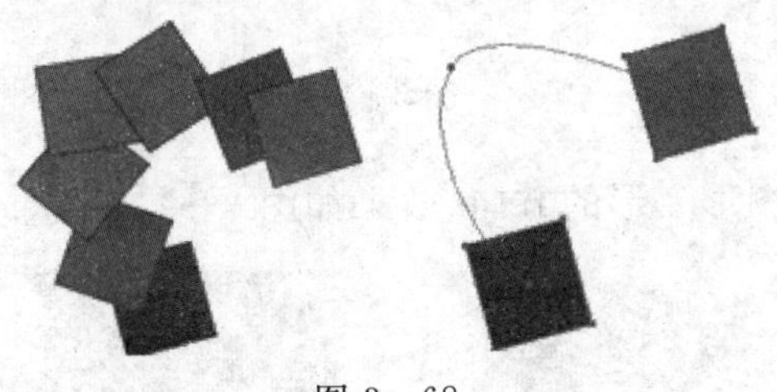

图 3-68

6.转化为一般对象

先选择整个混合对象,执行“对象”→“混合”→“展开”命令,即可将混合对象变成一个个均可单独编辑的对象(形状、颜色),如图 3-69 所示。

图 3-69

3.3.12 封套扭曲

Illustrator CS5 提供给设计者多种将图形变形的方法,其中方便又好用的就是“封套扭曲”,特别是应用于字体的变形,它可制作出特别的 Logo 字体,是非常实用的做法之一。

1. 用变形建立

先选择所需的图形或文字对象，接着执行“对象”→“封套扭曲”→“用变形建立”命令，如图3－70所示，并选择所需的弯曲样式，则会出现弯曲对话框，单击“用变形建立”对话框中的预览选项，观看所设置的“变形”效果，并于确认后再按下“确定”按钮。

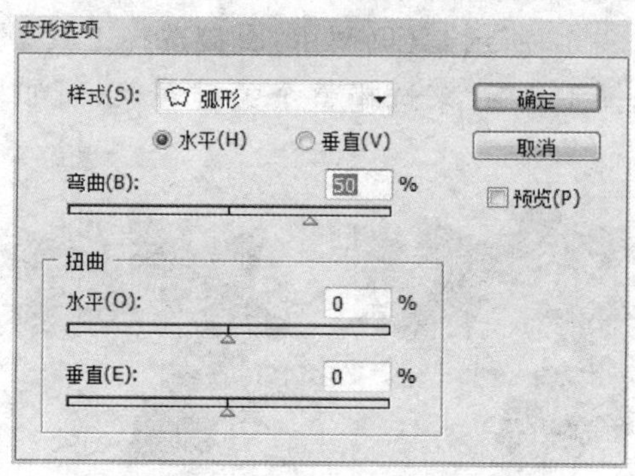

图 3－70

◆“样式”：Illustrator CS5 提供了 15 种预设样式，可以通过选择相应的样式对所选择的图形进行编辑，效果如图 3－71 所示。

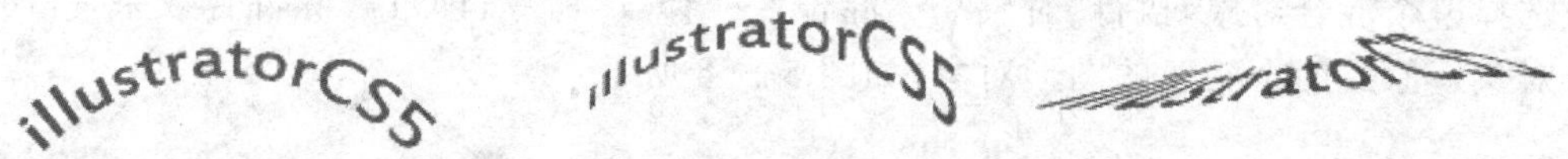

图 3－71

◆“水平/垂直”：设定图形变形的方向，效果如图 3－72 所示。

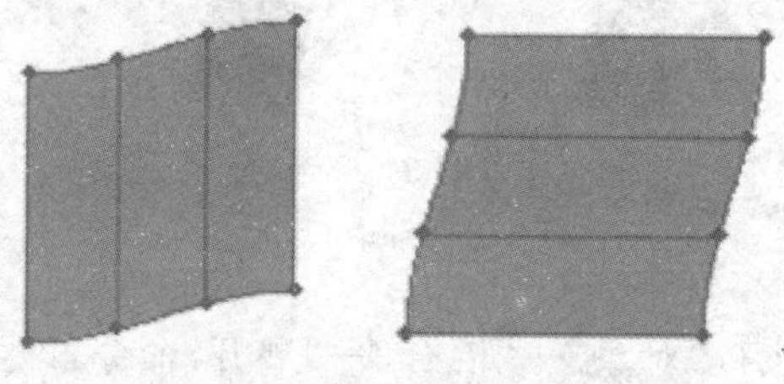

图 3－72

◆“弯曲”：可以通过数值设定或者是调整划块来设置图形弯曲的弧度，效果如图 3－73 所示。

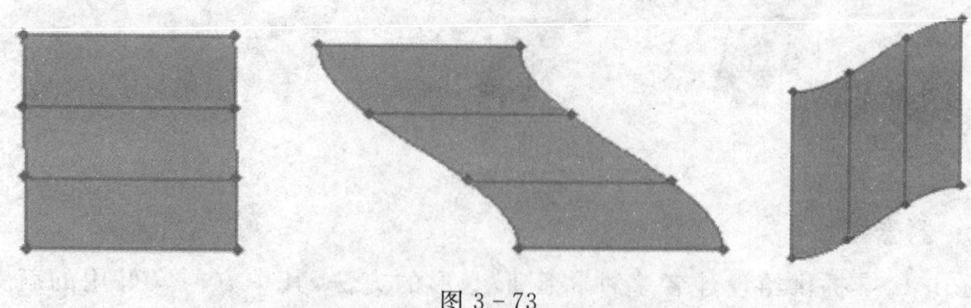

图 3－73

◆“扭曲”：可以在“水平/垂直”的方向设定图形的变形程度。

2. 用网格建立

选择任意一图形或者是群组路径对象，执行“对象”→“封套扭曲”→“用网格建立”命令，弹出“用网格建立”对话框，如图 3－74 所示。

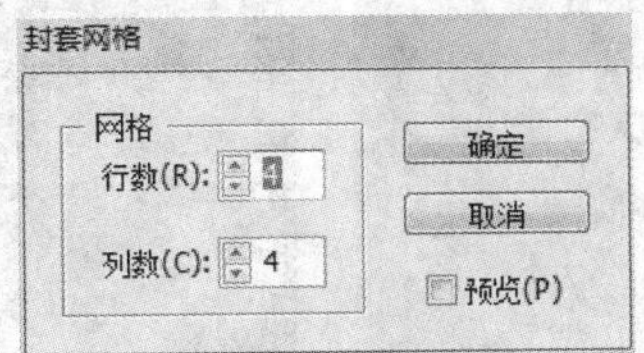

图 3－74

设置网格的“行数”和“列数”，单击“确定”，配合使用“网格工具”可以对网格进行增减，使用“直接选择工具”和“转换锚点工具”可以对网格线条进行编辑，如图 3－75 所示。

图 3－75

3. 用顶层对象建立

选择一图形对象，并同时在该图层上绘制一个图形，执行“对象”→“封套扭曲”→“用顶层对象建立”命令，即可使绘制的图形对原来的图形施加封套影响，如图 3－76 所示。

图 3－76

4. 释放

选择一个已经执行封套变形的图形对象，执行“对象”→“封套扭曲”→“释放”命令，即可将对象的封套变形效果删除掉，执行“释放”后，对象会恢复到变形前的状态，但是增加了一个独立的“变形的封套路径”，如图 3－77 所示。

图 3－77

5. 封套选项

选择群组路径对象图形，执行“对象”→“封套扭曲”→“封套选项”命令，即弹出“封套选项”对话框，如图 3－78 所示。

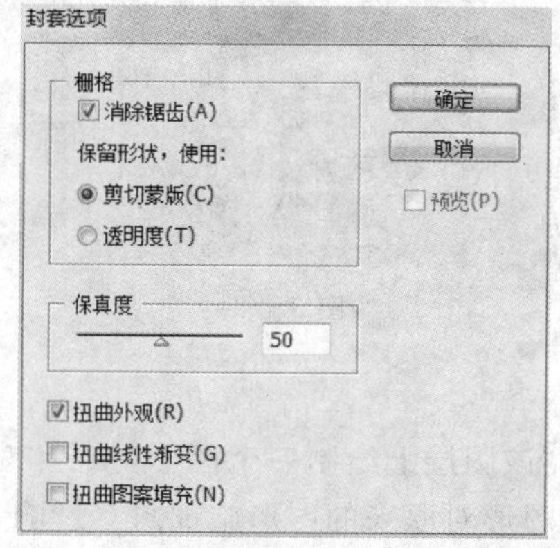

图 3－78

◆“消除锯齿”：用来将位图图形保持较平滑效果。

◆“保留形状使用”：如勾选“剪裁蒙版”选项，可使用失量图形以保留封套形状；如勾选“透明度”，则是利用位图式的“通道”来保留封套形状。

◆“保真度”：数值越大封套节点越多，也越接近原本的封套形状。

◆“扭曲外观”：若勾选此选项，则图形外观会随着封套而变形。

◆“扭曲线性渐变”：若勾选此选项，则图形包含的线性渐变，会随着封套而变形。

◆“扭曲图案填充”：若勾选此选项，则图形图案会随着封套而变形。

6. 编辑内容

选择一设置有群组路径的图形，如图 3－79 所示，执行“对象”→“封套扭曲”→“编辑内容”命令，即可编辑指定封套内的对象的颜色、字体、笔画、形状等相关内容。

图 3-79

3.3.13　实时上色

"实时上色"是一种创建彩色图画的直观方法，是画家在画布或纸张上创作彩色图画时的常用方法。该方法先用钢笔或铅笔等工具绘制一些描边，然后在这些描边之间的区域着色，从而不必考虑围绕每个区域使用了多少不同描边、描边绘制的顺序，以及描边之间如何相互连接。

"实时上色"把这种自然的绘画方法引入了 Illustrator。这种方法既可以随意使用 Illustrator 的所有矢量绘画工具，又将所绘制的全部路径都视为位于同一平面上。也就是说，没有任何路径位于其他路径之后或之前。实际上，路径将绘画平面分割成若干区域，其中任何一个区域都可以着色，而不论该区域是否被单一路径或多条路径段确定了边界。一旦建立了"实时上色"组，每条路径都会保持完全可编辑。移动或调整路径形状时，前期已应用的颜色不会像在自然介质作品或图像编辑程序中那样保持在原处，相反，Illustrator 自动将其重新应用于由编辑后的路径所形成的新区域。"实时上色"结合了上色程序的直观与矢量插图程序的强大功能和灵活性（类似 Flash 绘图的创作方法）。

1. 建立实时上色

若要使用"实时上色工具"并为表面和边缘上色，首先要创建一个实时上色组。选择一条或多条路径或是复合路径，或者既选择路径又选择复合路径，如图 3-80 所示。

图 3-80

选择"对象"→"实时上色 "→"建立"命令。某些属性可能会在转换为实时上色组时丢失（如透明度和效果），而有些对象则不能转换（如文字、位图图像和画笔）。

2. 添加路径

使用“选择工具”双击一个实时上色组，使该组的周围显示一个双线灰色定界框，然后绘制另外路径。使用“实时上色工具”并为表面和边缘上色，如图 3－81 所示。（实时上色组中的路径与实时上色组外的相似或相同路径可能未达成精确对齐。例如，如果复制某些路径并使用这些副本创建实时上色组，在实时上色组的各个边缘和原始路径之间可能有微小的间隙。这是由于实时上色组的视觉结果是原始路径的近似结果，而不是严格的副本。把一些路径建得稍大或稍小一些通常可以解决这个问题。）

图 3－81

3. 间隙选项

“间隙选项”对话框使用户可以预览并控制实时上色组中可能出现的间隙。间隙是路径之间的小空间。给表面着色时常常不希望颜色渗到间隙中。可以手动编辑路径来封闭间隙，也可以选择“间隙检测”对设置进行微调，以便 Illustrator 可以通过指定的间隙大小来防止颜色渗漏。每个实时上色组都有其自己独立的间隙设置。如果颜色渗漏并在预期之外的表面涂上了颜色，就有可能是因为图稿中存在间隙。在这种情况下，可以创建一条用来封闭间隙的新路径，编辑现有路径来封闭间隙，或在实时上色组中调整间隙选项。

在处理实时上色组时突出显示某些间隙，请选择“视图”→“显示实时上色间隙”命令。此命令会根据当前所选实时上色组中设置的间隙选项，突出显示在该组中发现的间隙。

未完全相交的路径就会在图稿中产生间隙。可以通过将路径绘制得较长（即将路径延长至互相超出）来避免这个问题，然后可以再选择并删除边缘的超出部分，或对其应用选定“无”这一选项的描边。

选择“对象”→“实时上色”→“间隙选项”命令，设置选项，并单击“确定”，弹出如图 3－82 所示对话框。

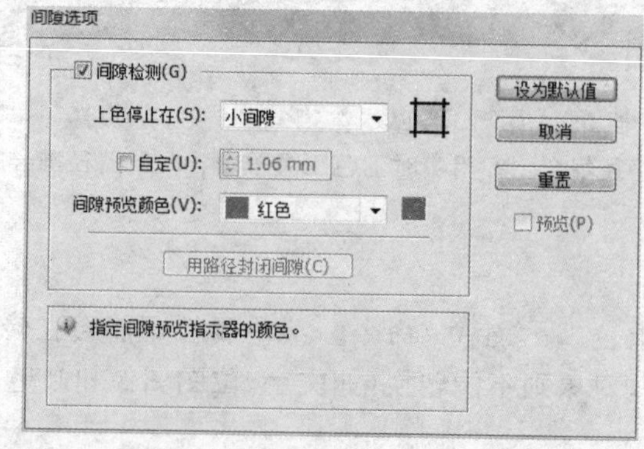

图 3－82

◆“间隙检测:指定 Illustrator 是否识别实时上色路径中的间隙。请注意,在处理大而复杂的实时上色组时,选择该选项可能会使 Illustrator 的运行变慢。在这种情况下,可以选择“用路径封闭间隙”选项,帮助加快 Illustrator 的运行。

◆“上色停止在”:设置颜色不能渗入的间隙的大小。

◆“自定”:指定一个自定的“上色停止在”间隙大小。

◆“间隙预览颜色”:设置在实时上色组中预览间隙的颜色。可以从菜单中选择颜色,也可以单击“间隙预览颜色”菜单旁边的颜色来指定自定颜色。

◆“用路径封闭间隙”:选定间隙检测时,Illustrator 不会封闭其发现的任何间隙,它仅仅防止颜色渗漏过这些间隙。若要封闭间隙,可以手动编辑路径或选择“用路径封闭间隙”。该选项会将未上色的路径插入要封闭间隙的实时上色组中。请注意,由于这些路径没有上色,可能看起来间隙还存在,但实际上间隙已经没有了。

◆“预览”:将当前实时上色组中检测到的间隙显示为彩色线条,所用颜色根据选定的预览颜色而定。

◆“注释”:也可以通过选择“视图”→“显示实时上色间隙”命令来预览间隙。

4. 扩展

使用“对象”→“实时上色”→“扩展”命令可将实时上色组按各组成部分拆分成相应的表面和边缘。(先“扩展”再使用“直接选择工具 ”拖曳。)

应用“对象”→“实时上色”→“扩展”命令,并拖动以分开表面和边缘之前(见图 3-83 左图)和之后(见图 3-83 右图)的实时上色组。

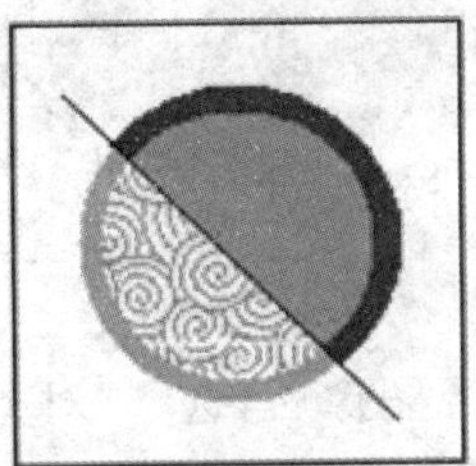
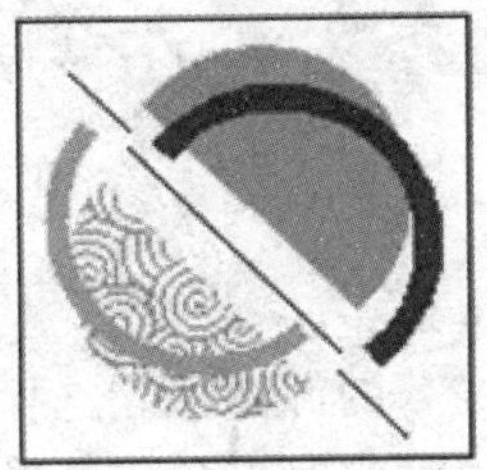

图 3-83

3.3.14 实时描摹

有时可能希望根据现有图稿绘制新图稿。例如,基于绘制在纸上的铅笔素描或存储在另一图形程序中的栅格图像创建图形。在这种情况下,都可将图形引入 Illustrator 然后描摹。

“实时描摹”可以将置入的图像自动转换为完美细致的矢量图,可以轻松地对图像进行上色、编辑、处理和调整大小,而不会带来任何失真。“实时描摹”可大大节约在屏幕上重新创建扫描绘图所需的时间,使其从原来的几天时间缩短到几分钟甚至几秒钟,而图像品质则依然完好无损。可以使用多种矢量化选项(包括预处理、描摹和叠加选项)来交互调整“实时描摹”的效果。(类似 Flash 的位图转换为路径的功能。)

描摹图稿最简单的方式是打开或将文件置入到 Illustrator 中,然后使用“实时描摹”命令描摹图稿。可以控制细节级别和填色描摹的方式。当对描摹结果满意时,可将描摹转换为矢量路径或实时上色对象。

1. 建立

打开或置入文件用作描摹的源图像。选择源图像后，选择“对象”→“实时描摹”→“建立”命令。选择“实时上色工具”并为表面填充颜色，如图 3－84 所示。若要在描摹图像前设置描摹选项，需选择“对象”→“实时描摹”→“描摹选项”命令。

图 3－84

2. 建立并扩展

打开或置入文件用作描摹的源图像。选择源图像后，选择“对象”→“实时描摹”→“建立并扩展”命令。选择“实时上色工具”并为表面和边缘上色（“建立并扩展”不仅仅可以对封闭路径填充颜色，还可以对路径边缘线的颜色进行重新编辑）。若用“直接选择工具”选择相应的锚点，则可以对路径线条进行编辑，如图 3－85 所示。

图 3－85

3. 建立并转换为实时上色

打开或置入文件用作描摹的源图像。选择源图像后，选择“对象”→“实时描摹”→“建立并转换为实时上色”命令。选择“实时上色工具”并为表面和边缘上色（“建立并转换为实时上色”不仅仅可以对封闭路径填充颜色，还可以对路径边缘线的颜色进行重新编辑）。若用“直接选择工具”选择相应的锚点，则可以对路径线条进行编辑。还可以参考使用实时上色的各项功能（使用“选择工具”双击一个“实时上色”组，使该组的周围显示一个双线灰色定界框，然后绘制另外路径，然后执行“对象”→“实时上色”→“添加路径”命令即可完成“实时上色”所有编辑功能），如图 3－86 所示。

图 3－86

4. 描摹选项

选择“对象”→“实时描摹”→“描摹选项”命令，弹出对话框如图 3-87 所示。

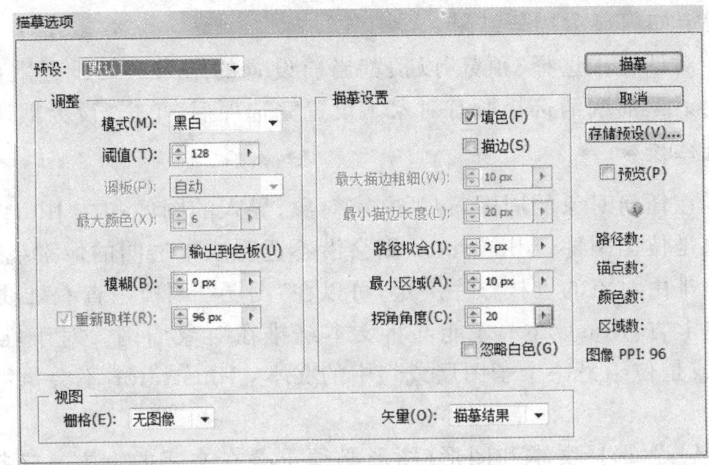

图 3-87

◆“预设”:指定描摹预设。

◆“模式”:指定描摹结果的颜色模式。

◆“阈值”:指定用于从原始图像生成黑白描摹结果的值。所有比阈值亮的像素转换为白色，而所有比阈值暗的像素转换为黑色。(该选项仅在“模式”设置为“黑白”时可用。)

◆“调板”:指定用于从原始图像生成颜色或灰度描摹的调板。(该选项仅在“模式”设置为“颜色”或“灰度”时可用。)要让 Illustrator 决定描摹中的颜色，请选择“自动”。要为描摹使用自定调板，请选择一个色板库名称。(色板库必须打开才能显示在“调板”菜单中。)

◆“最大颜色”:设置在颜色或灰度描摹结果中使用的最大颜色数。(该选项仅在“模式”设置为“颜色”或“灰度”且“调板”设置为“自动”时可用。)

◆“输出到色板”:在“色板”调板中为描摹结果中的每个新颜色创建新色板。

◆“模糊”:生成描摹结果前模糊原始图像。选择此选项在描摹结果中减轻细微的不自然感并平滑锯齿边缘。

◆“重新取样”:生成描摹结果前对原始图像重新取样至指定分辨率。该选项对加速大图像的描摹过程有用，但将产生降级效果。(创建预设时不存储重新取样分辨率。)

◆“填色”:在描摹结果中创建填色区域。

◆“描边”:在描摹结果中创建描边路径。

◆“最大描边粗细”:指定原始图像中可描边的特征最大宽度。大于最大宽度的特征在描摹结果中成为轮廓区域。

◆“最小描边长度”:指定原始图像中可描边的特征最小长度。小于最小长度的特征将从描摹结果中忽略。

◆“路径拟合”:控制描摹形状和原始像素形状间的差异。较低的值创建较紧密的路径拟合；较高的值创建较疏松的路径拟合。

◆“最小区域”:指定将描摹的原始图像中的最小特征。例如，值为 4 指定小于 2 像素×2 像素宽高的特征将从描摹结果中忽略。

◆“拐角角度”：指定原始图像中转角的锐利程度，即描摹结果中的拐角锚点。

◆“栅格”：指定如何显示描摹对象的位图组件。

◆“矢量”：指定如何显示描摹结果。

在“描摹选项”对话框中选择“预览”以预览当前设置的结果。要设置默认描摹选项，需在打开“描摹选项”对话框前取消选择所有对象。设置完选项后，单击“设为默认值 ”。

3.3.15 文本绕排

可将文本绕排在任何对象的周围，包括文字对象、导入的图像和在 Illustrator 中绘制的对象。如果绕排对象是位图图像，Illustrator 则会沿不透明或半透明的像素绕排文本，而忽略完全透明的像素。绕排由对象的堆栈顺序决定，可以在“图层”调板中查看堆栈顺序。绕排对象必须直接位于文本上方，Illustrator 才能够将文本绕排在对象周围。对于堆栈顺序位于绕排对象上方的文本，或是位于另一个子图层或组中的文本，Illustrator 不会执行绕排。

1. 建立

使用“选择工具 ”，选择文本和图形（图形必须重叠在文字的上方），选择“对象”→“文本绕排”→“建立文本绕排”命令，出现“文本绕排选项”对话框。根据需要设置下列选项，然后单击“确定”，效果如图 3－88 所示。

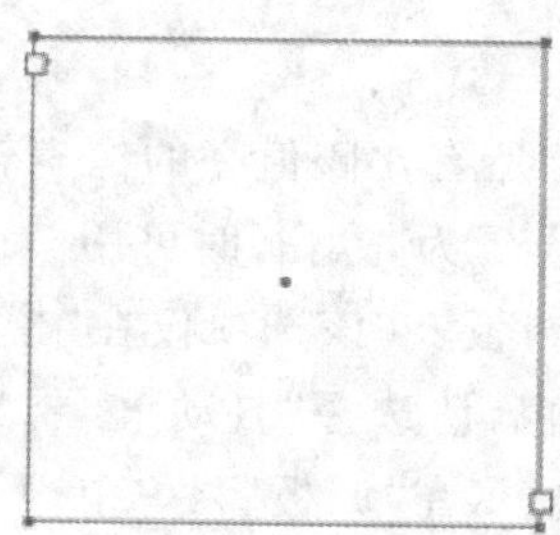
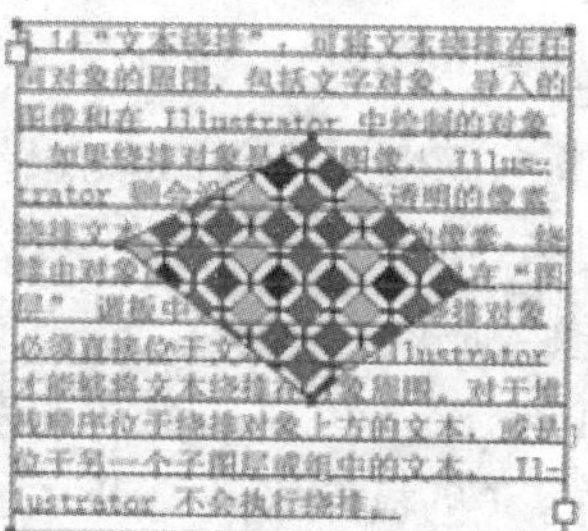
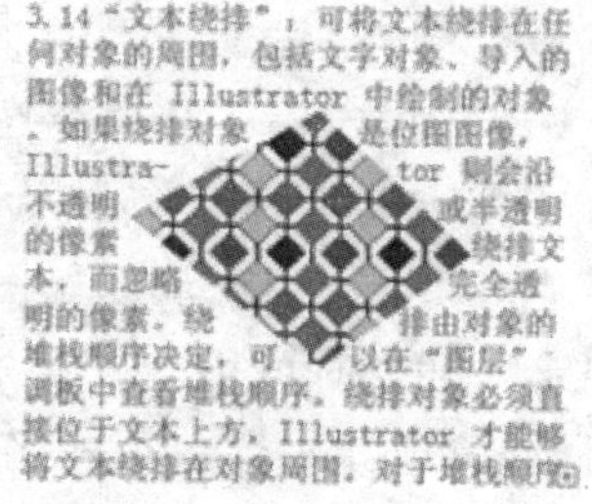

图 3－88

2. 文本绕排选项

选择“对象”→“文本绕排”→“文本绕排选项”命令，弹出对话框，如图 3－89 所示。

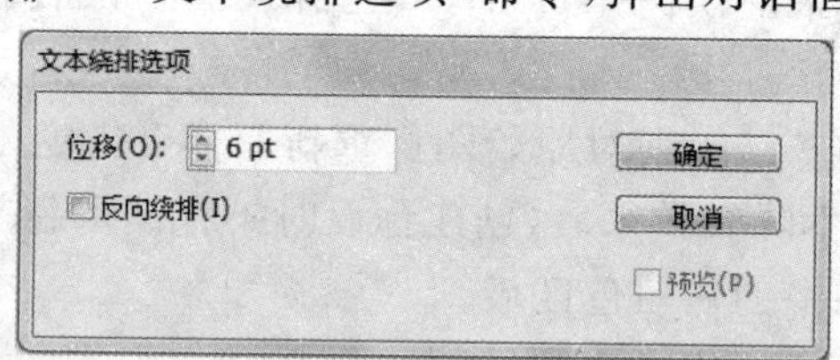

图 3－89

◆“偏移”：指定文本和绕排对象之间的间距大小。可以输入正值或负值。

◆“反向绕排”：围绕对象反向绕排文本。

3.3.16 剪切蒙版

可以用一个对象来隐藏其他对象的某些部分。剪切蒙版是一个可以用其形状遮盖其他图稿的对象，使用剪切蒙版，只能看到蒙版形状内的区域，从效果上来说，就是将图稿裁剪为蒙版的形状。剪切蒙版和被蒙版的对象一起被称为剪切组合，并在“图层”调板中用虚线标出。可以从包含两个或多个对象的选区，或从一个组或图层中的所有对象来建立剪切组合。

创建要用作蒙版的路径称为剪贴路径（只有矢量对象可以作为剪贴路径）。在堆栈顺序中，将剪贴路径移至想要遮盖的对象的上方。建立剪贴路径以及想要遮盖的对象。使用“选择工具”选择剪贴路径及需要遮盖的对象，执行“对象”→“剪切蒙版”→“建立”命令（类似 Photoshop CS5 的蒙版），如图 3 - 90 所示。

图 3 - 90

3.3.17 复合路径

复合路径包含两个或多个已上色的路径，因此在路径重叠处将呈现孔洞。将对象定义为复合路径后，复合路径中的所有对象都将应用堆栈顺序中最后方对象的上色和样式属性。复合路径的功能是作为编组对象，在“图层”调板中显示为“复合路径”项。使用直接选择工具或编组选择工具选择复合路径的一部分。可以操作复合路径的单独组件的形状，但却不能更改单独组件的外观属性、图形样式或效果，也不能单独操作“图层”调板中的组件。如果想更灵活地创建复合路径，则可以创建一个复合形状，然后对其进行扩展。（复合路径需要配合相应的浮动调板制作丰富特殊的效果。）

◆“建立”：选择要用作孔洞的对象，然后将其放置在与要剪切的对象相重叠的位置。

选择要包含在复合路径中的所有对象。选择“对象”→“复合路径”→“建立”命令，使用复合路径在对象中开出孔洞，如图 3 - 91 所示。

图 3 - 91

3.3.18 图表

Illustrator CS 提供了 9 种图表工具，每种可创建一种不同的图表类型，可以让用户针对不同的需要而制作适当的图表图形。使用“对象”→“图表”命令编辑图表首先需要使用 Illustrator CS“柱形图工具”建立合适的图表。

1. 类型

通过选择工具选定图表并选取“对象”→“图表”→“类型”命令，可以查看图表的设置格式选项，更改底纹的颜色；更改字体和文字样式；移动、对称、切变、旋转或缩放图表的任何部分或所有部分；自定列和标记的设计；对图表应用透明、渐变、混合、画笔描边、图表样式和其他效果。选取“对象”→“图表”→“类型”命令，弹出对话框如图3-92所示。

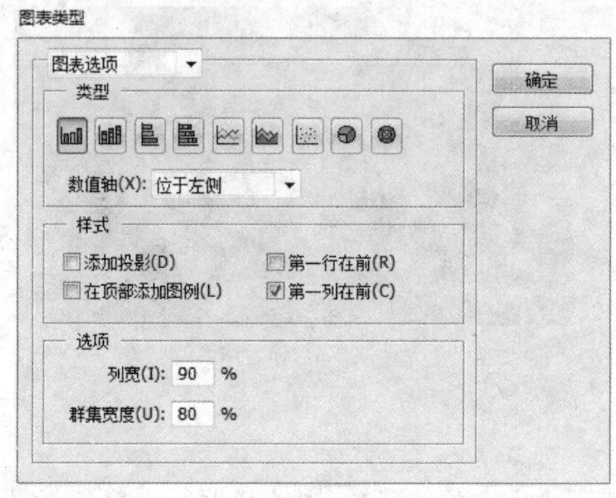

图 3-92

◆ “图表选项”：用来反映坐标轴上图形的状态。

◆ “类型”：图表类型对话框列出了9种图表类型，可以通过选择已列出的图表类型，再在图表类型对话框选择需要的图表类型，最后按下“确定”即转换成其他类型图表形式。

◆ “数值轴”：确定数值轴（此轴表示测量单位）出现的位置。可以通过选择已列出的图表类型，再在图表类型对话框选择“数值轴”（位于左侧、位于右侧、位于图表两侧），最后按下“确定”按钮即可。

◆ “添加投影”：在图表中的柱形、条形或线段后面和对整个饼图应用投影。可以通过选择已列出的图表类型，再在图表类型对话框选择“添加投影”，最后按下“确定”按钮即可。

◆ “在顶部添加图例”：在图表顶部而不是图表右侧水平显示图例。可以通过选择已列出的图表类型，再在图表类型对话框选择“在顶部添加图例”，最后按下“确定”按钮即可。

◆ “第一行在前”：“群集宽度”大于100%时，可以控制图表中数据的类别或群集重叠的方式。使用柱形或条形图时此选项最有帮助。

◆ “第一列在前”：在顶部的“图表数据”窗口中放置与数据第一列相对应的柱形、条形或线段。该选项还确定“列宽度”大于100%时，柱形和堆积柱形图中哪一列位于顶部；以及“条宽度”大于100%时，条形和堆积条形图中哪一列位于顶部。

◆ “数值轴/类别轴”：用来设定坐标轴的数据。先选择图表对象，在“对象”→“图表”→“类型”对话框中选择“数值轴”。

Illustrator CS5会自动计算出坐标轴刻度的最大值及间距，如果勾选“数值轴”→“忽略计算出的值”，则可以自行设置坐标轴刻度的数值，并可以在“数值轴”→“最小值”和“最大值”输入坐标轴数据；在“数值轴”→“刻度”里面设置刻度轴的间距数量；在“数值轴”→“刻度线”可以设置垂直坐标轴线的显示情况；在“类别轴”→“刻度线”可以设置水平坐标轴线的显示情况。

2. 数据

选择“对象”→“图表”→“数据”对话框弹出数据对话框。可以通过在数据对话框中输入相应的数据来建立图形数据列表。

建立选择工具箱“柱形图工具”到页面上，拖曳出一个矩形区域，以决定图表的大小及位置。即出现图表数据填写框（若要在以后的设计中修改“数据”，可以选择“对象”→“图表”→“数据”命令，在弹出的对话框中修改相关数据）。在对话框中输入图表数据，完成后单击即可建立图表，如图 3－93 所示。

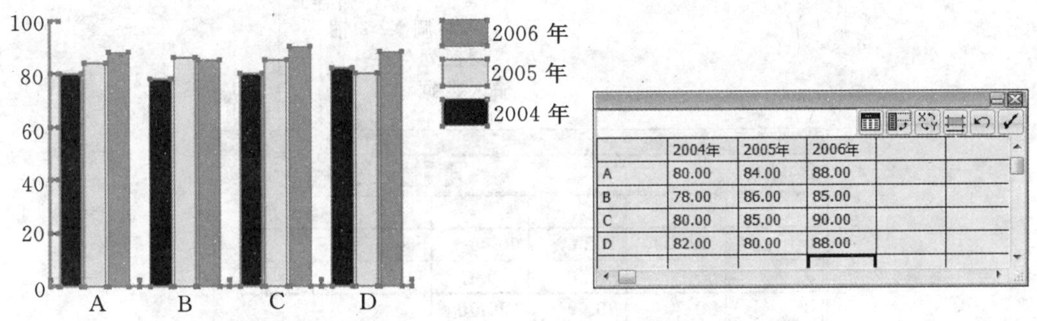

图 3－93

“编辑”图表是以群组的方式形成的，可以使用“直接选择工具”来选择图表内的图形、图例、文字内容及刻度标记，进行颜色编辑或者是形状的改变，如图 3－94 所示。若将图表的群解散，则不能更改图表的数据或者类型了。（使用“编组选择工具”双击任意颜色色块则可以选择群组中所有相关颜色。）

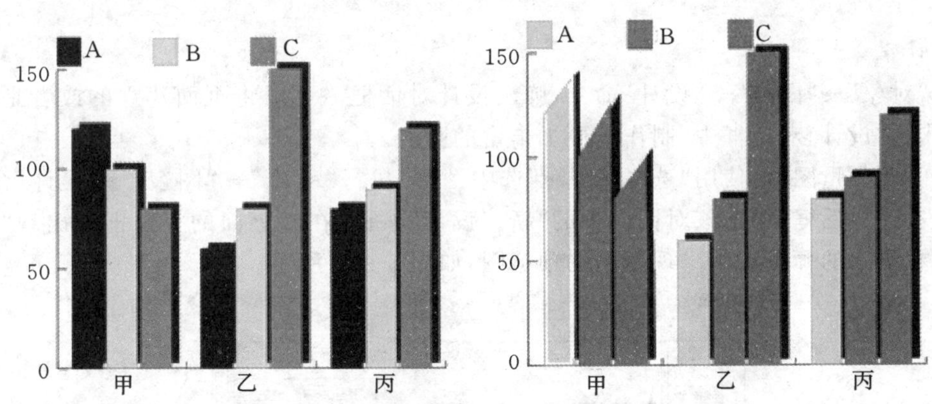

图 3－94

◆“图表数据的编写”：选择“对象”→“图表”→“数据”命令弹出数据对话框，如图 3－95 所示。可以通过在数据对话框中输入相应的数据来建立图形数据列表。

◆“输入保存格数据”：直接单击“使保存格以黑框显示”在“数据输入处”输入相应的数据。若想在图表上标记数字则需要加上双引号，以避免与数值混淆。

◆“删除图表数据”：选择需要删除的数据，按下“Delete”键即可。

◆“调换行与列的数据”:在显示“数据”的对话框中按下“调换行与列的数据”按钮，即可将水平及垂直保存格的数据对调。

◆“调换 X/Y 轴数值”:在显示“数据”的对话框中按下“调换 X/Y 轴数值”按钮，即可将 X/Y 轴数值的数值相互交换。

◆“恢复图表”:在显示“数据”的对话框中按下“恢复”按钮，即恢复到未编辑前的状态。

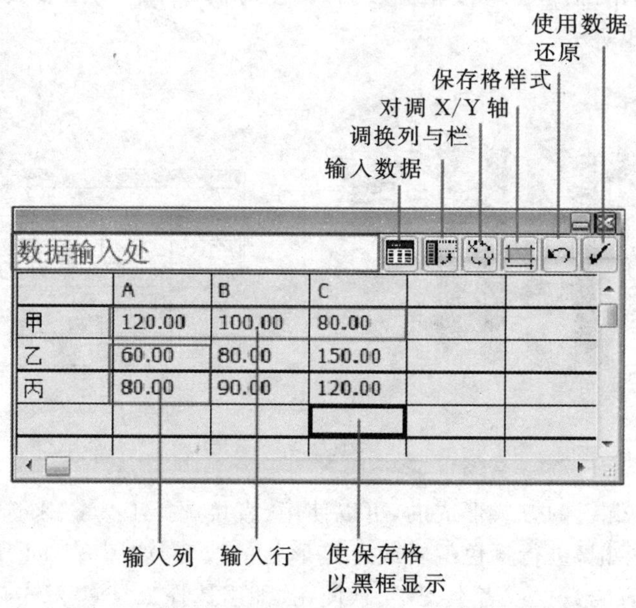

图 3-95

3. 设计

选择“对象”→“图表”→“设计”命令，弹出设计对话框。可以将页面建立的或者是打开的图形，导入到“设计”对话框中，制作出更加丰富的图表。

打开一副矢量图形，使用“选择工具”选中图形，执行“对象”→“图表”→“设计”命令，弹出“图表设计”对话框，单击该对话框中的“新建设计”按钮，在左上面的空白框中出现“新建设计”文字，在下面的预览框中出现图案的预览图，如图 3-96 所示。

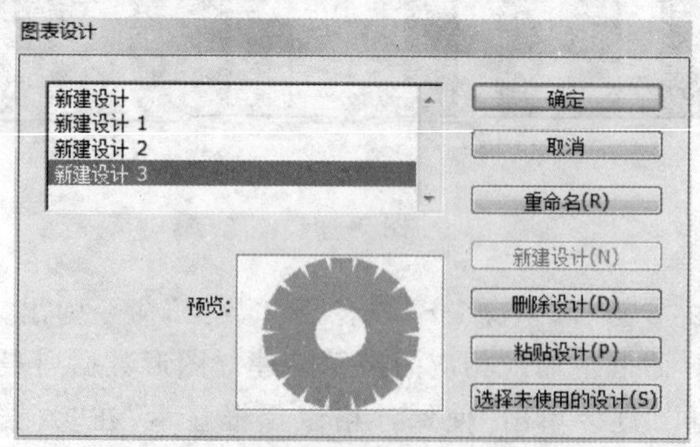

图 3-96

“新建设计”就是新定义设计的名称，如果想改变这个名称，单击“重命名”按钮，弹出“重命名”对活框，在其中输入名字，然后单击“确定”按钮，回到“图表设计”对话框，此时可以看到新改的名称。

若想修改已定义好的图表设计，执行“对象”→“图表”→“设计”命令，在弹出的“图表设计”对话框中单击“粘贴”按钮，图表设计就会被贴到页面上，这时就可以对图表进行修改，然后再对其重新进行定义。

3.4 “效果”菜单

效果的功能与滤镜的功能基本相同。如果用户需要多次编辑对象，建议使用“效果”，其处理速度较快；若只做一次就好，则建议使用“滤镜”，以便能一次就得到所需要的结果，滤镜是一种较消耗内存资源、较费时的处理方式。Illustrator CS5 的“效果”菜单提供了各种各样的效果。Illustrator CS5 提供的效果不仅可以对矢量图形进行效果变形，同时也可以对位图图像进行效果变形。效果是外观属性的一种形式，以清单的形式在效果菜单下列出。在 Illustrator CS5 中的其他地方或者是菜单，或者是调板，都可以发现和大部分效果具有相同功能和名称的命令，包括“滤镜”菜单、“对象”菜单令和路径查找器调板等。但是，在效果菜单下列出这些命令并不改变物体的本身，而只改变外观属性。可以对一个路径执行“效果”菜单下的多个命令变形、光栅化、修改路径或者其他任意命令，但是路径的尺寸、节点和路径的形状却不会发生丝毫变化，只是它的外观变化了。原物体依然具有可编辑性，效果的参数随时可以改变。在所有的操作完成后，甚至是文件存储后，如果对上述操作有不满意的地方，还可以重新编辑。

Illustrator CS5“效果”可以对矢量图形进行效果操作，“效果”菜单界面如图 3－97 所示。

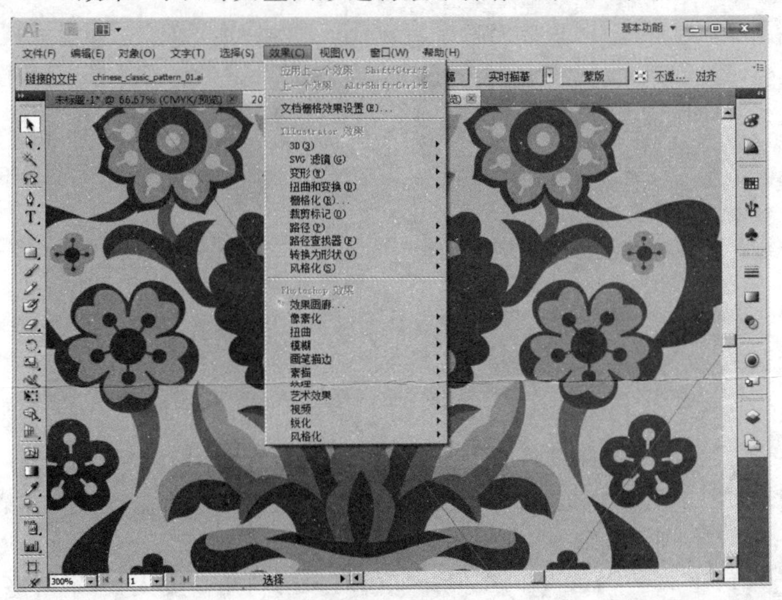

图 3－97

3.4.1 3D 效果

3D 效果使图形可以从二维（2D）图稿创建三维（3D）对象。可以通过高光、阴影、旋转及其他属性来控制 3D 对象的外观。还可以将图稿贴到 3D 对象中的每一个表面上。有两种创建 3D 对象的方法:通过凸出或通过绕转。另外,还可以在三维空间中旋转一个 2D 或 3D 对象。选择“效果”→“3D”命令,弹出关联菜单如图 3-98 所示。

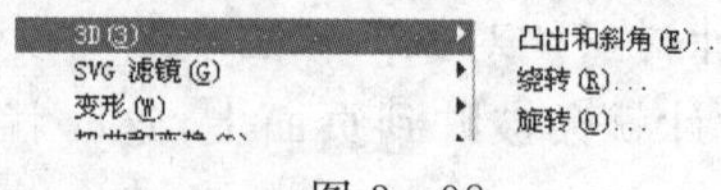

图 3-98

1. 凸出和斜角

沿对象的 Z 轴凸出拉伸一个 2D 对象,以增加对象的深度。例如,如果凸出一个 2D 椭圆,它就会变成一个圆柱,如图 3-99 所示。(如果对象在“3D 选项”对话框中旋转,则对象的旋转轴将始终与对象的前表面相垂直,并相对于对象移动。)

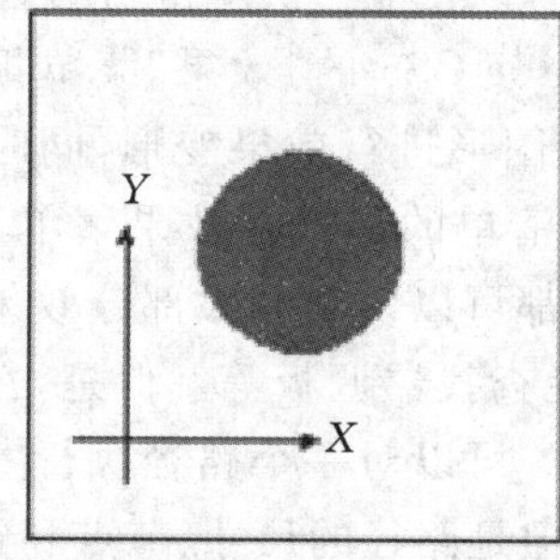

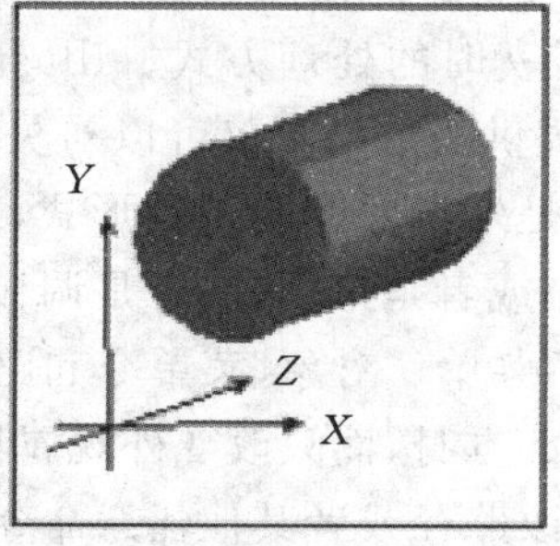

图 3-99

选择“效果”→“3D”→“凸出和斜角”命令,弹出对话框如图 3-100 所示。

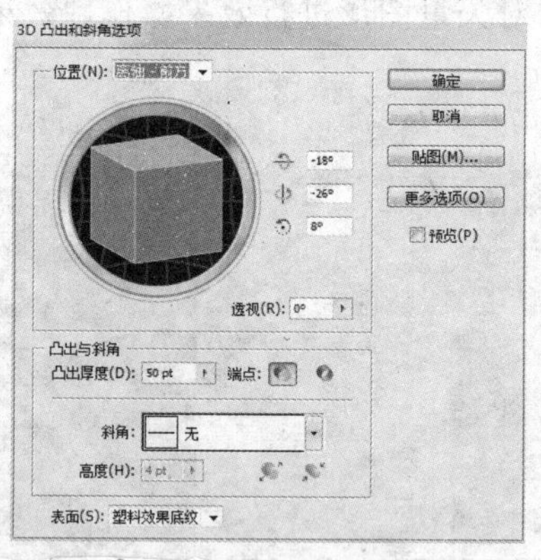

图 3-100

◆“凸出厚度”:设置对象深度,使用介于 0~2000 的值。

◆“端点”:指定对象是显示为实心(打开绕转端点)还是显示为空心(关闭绕转端点)。

◆“斜角”:沿对象的深度轴(Z 轴)应用所选类型的斜角边缘。

◆“高度”:设置介于 1~100 的高度值。如果对象的斜角高度太大,则可能导致对象自身相交,产生意料之外的结果。

◆“斜角外扩”:将斜角添加至对象的原始形状。

◆“斜角内缩”:自对象的原始形状砍去斜角。

带端点的凸出对象与不带端点的凸出对象对比图、不带斜角边缘的对象与带斜角边缘的对象对比图如图 3－101 所示。

图 3－101

◆“表面”:创建各种形式的表面,从黯淡、不加底纹的不光滑表面到平滑、光亮、看起来类似塑料的表面。

◆“线框”:绘制对象几何形状的轮廓,并使每个表面透明。

◆“无底纹”:不向对象添加任何新的表面属性。3D 对象具有与原始 2D 对象相同的颜色。

◆“扩散底纹”:使对象以一种柔和、扩散的方式反射光。

◆“塑料效果底纹”:使对象以一种闪烁、光亮的材质模式反射光。

(可用的光照选项会随所选的表面底纹选项而不同。如果对象只使用“3D 旋转效果”,则可用的“表面”选项将只有“扩散底纹”和“无底纹”。)

若选择 更多选项(O 按钮,则弹出光照效果。选项具体参数如图 3－102 所示(添加一个或多个光源,调整光源强度,改变对象的底纹颜色,以及围绕对象移动光源以实现生动的效果):

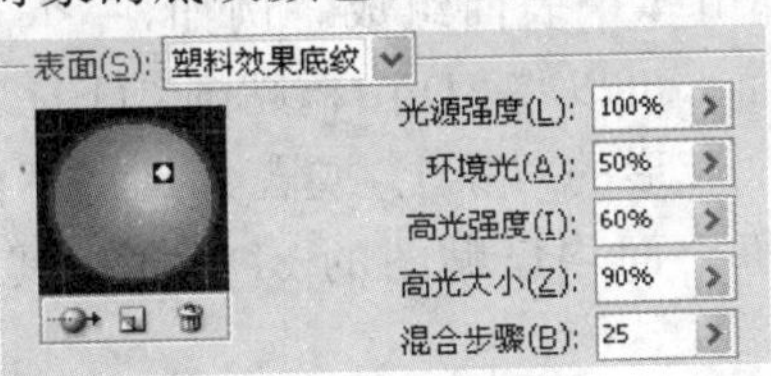

图 3－102

◆“光源强度”:在 0～100%控制光源强度。

◆“环境光”:控制全局光照,统一改变所有对象的表面亮度。输入一个介于 0～100%的值。

◆“高光强度”:用来控制对象反射光的多少,取值范围在 0～100%。较低值产生暗淡的表面,而较高值则产生较为光亮的表面。

◆“高光大小”:用来控制高光的大小,取值范围由大(100%)到小(0)。

◆“混合步骤”:用来控制对象表面所表现出来的底纹的平滑程度。输入一个介于1～256 的值。步骤数越高,所产生的底纹越平滑,路径也越多。

图 3－103 所示为不同效果图。其中,A 为线框;B 为无底纹;C 为扩散底纹;D 为塑料效果底纹。

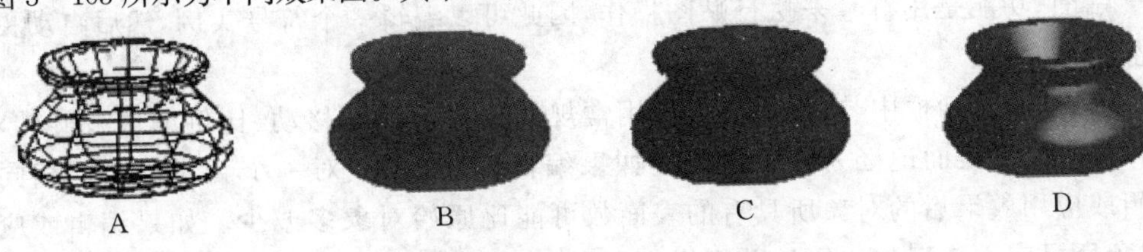

图 3－103

◆“光源”:定义光源的位置。将光源拖动至球体上的所需位置。

◆“后移光源”:将所选光源移到对象后面。

◆“前移光源”:将所选光源移到对象前面。

◆“新建光源”:添加一个光源。默认情况下,新建光源出现在球体正前方的中心位置。

◆“删除光源”:删除所选光源。

(默认情况下,“3D效果”一个对象分配一个光源。可以添加和删除光源,但对象至少要留有一个光源。)

图3-104所示为光照球示意图。其中,A为选择正面光源;B为“所选光源后移或前移”按钮;C为“新建光源”按钮;D为“删除光源”按钮。

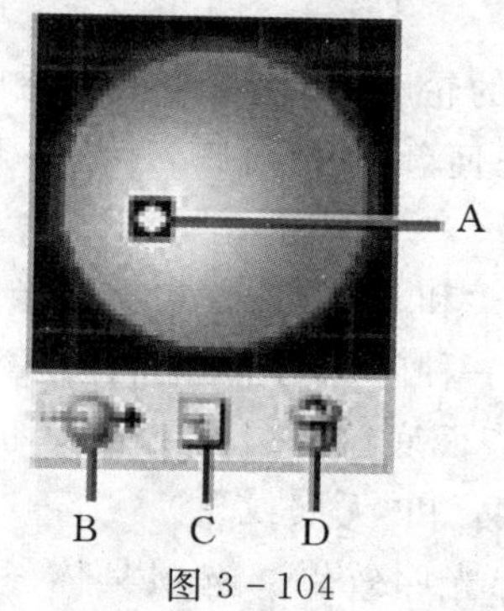

图3-104

◆“贴图”:每个3D对象都由多个表面组成。例如,一个正方形拉伸变成的立方体有六个表面:正面、背面以及四个侧面。可以将2D图稿贴到3D对象的每个表面上。例如,可能想将一个标签或一段文字贴到一个瓶形的对象上,或者只是将不同的纹理添加到对象的每个侧面上,如图3-105所示。图中每个面均已贴图的3D对象,其中A为符号图稿;B为符号图稿;C为A和B贴到3D对象。

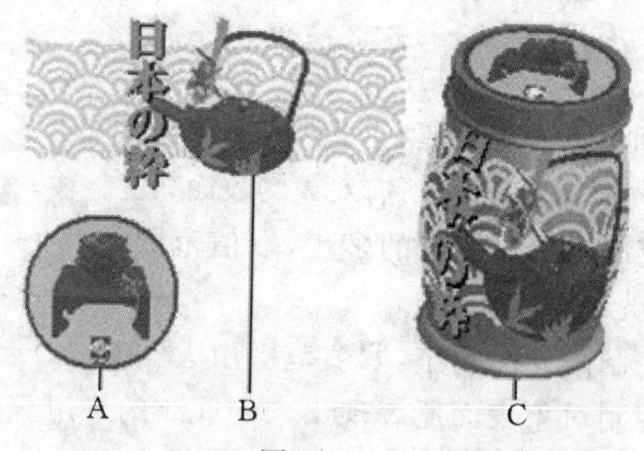

图3-105

由于“贴图”功能是用符号来执行贴图操作,因此可以编辑一个符号实例,然后自动更新所有贴了此符号的表面。

可以在“贴图”对话框中与符号互动,使用常规的定界框控件移动、比例缩放或旋转对象。3D效果将每个贴图表面记忆为一个编号。如果编辑3D对象或对一个新对象应用相同的效果,则编辑或应用效果后的对象所具有的表面数可能比原始对象多或少。如果编辑或应用效果后的对象所具有的表面数比原始贴图操作所定义的表面数少,则会忽略额外的图稿。

由于符号的位置是相对于对象表面的中心，所以如果表面的几何形状发生变化，符号也会相对于对象的新中心重新用于贴图。

可以将图稿贴到采用了“凸出与斜角”和“绕转”效果的对象，但不能将图稿贴到只应用了“旋转”效果的对象。

操作步骤：选择该3D对象。在“外观”调板中，双击“凸出与斜角”或“绕转”效果。单击“贴图”。从“符号”弹出菜单中选择准备贴到所选表面的图稿。要选择准备进行贴图的对象表面，可单击第一个、上一个、下一个和最后一个“表面”箭头按钮，或在文本框中输入一个表面编号。浅灰色标示目前可见的表面。深灰色标示被对象当前位置隐藏的表面。当在对话框中选中了一个表面后，被选表面在文档中会以红色轮廓标出。

2. 绕转

围绕全局Y轴（绕转轴）绕转一条路径或剖面，使其作圆周运动，通过这种方法来创建3D对象。由于绕转轴是垂直固定的，因此用于绕转的开放或闭合路径应为所需3D对象面向正前方时垂直剖面的一半。可以在效果的对话框中旋转3D对象，如图3-106所示。

图3-106

通过绕转创建3D对象操作步骤如下：

选择该对象。（对一个或多个对象应用“3D绕转”效果会使每个对象同时围绕其自身的绕转轴绕转。每个对象都会驻留在其自己的3D空间中，不会与其他的3D对象发生交叉。另一方面，向目标组或图层应用“绕转”效果会使对象围绕一个单一轴绕转。绕转一个不带描边的填充路径要比绕转一个描边路径快得多。）

选择“效果”→“3D”→“绕转”命令。

选择“预览”以在文档窗口中预览效果。

单击“更多选项”以查看完整的选项列表，或单击“较少选项”以隐藏额外的选项，如图3-107所示。

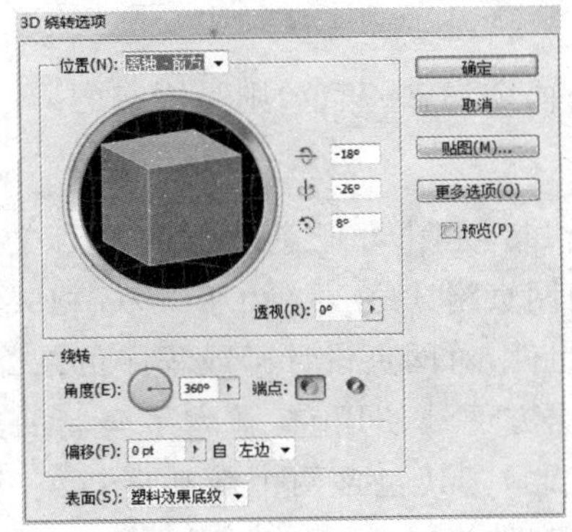

图3-107

◆“位置”:设置对象如何旋转以及观看对象的透视角度。

◆“绕转”:确定如何围绕对象扫掠路径,使其转入三维之中。

◆“表面”:创建各种形式的表面,从黯淡、不加底纹的不光滑表面到平滑、光亮、看起来类似塑料的表面。

◆“光照”:添加一个或多个光源,调整光源强度、改变对象的底纹颜色,以及围绕对象移动光源以实现生动的效果。

◆“贴图”:将图稿贴到3D对象的表面,单击“确定”。

3.旋转

从“位置”菜单中选择一个预设位置。对于无限制旋转,需拖动模拟立方体的表面。对象的前表面用立方体的蓝色表面表现,对象的上表面和下表面为浅灰色,两侧为中灰色,后表面为深灰色。若要限制对象沿一条全局轴旋转,需按住“Shift”键,同时水平施动(围绕全局 *Y* 轴)或垂直拖动(围绕全局 *X* 旋转)。若要使对象围绕全局 *Z* 轴旋转,需拖动围住模拟立方体的蓝色彩带。

若要限制对象围绕一条对象轴旋转,请拖动模拟立方体的一个边缘。鼠标指针会变成一个双箭头,且立方体边缘的颜色也会改变,以帮助识别要围绕其旋转对象的轴。红色的边缘代表围绕对象的 *X* 轴旋转,绿色代表围绕对象的 *Y* 轴旋转,蓝色代表围绕对象的 *Z* 轴旋转。在水平(*X*)轴、垂直(*Y*)轴和深度(*Z*)轴的文本框中输入介于－180～180的值。若要调整透视角度,请在“透视”文本框中输入一个介于0～160的值。较小的透镜角度类似于长焦照相机镜头;较大的透镜角度类似于广角照相机镜头(高于150的透镜角度会使对象延伸超出用户的视觉点,并呈现扭曲。另外,请谨记存在对象的 *X*、*Y* 和 *Z* 轴和全局的 *X*、*Y* 和 *Z* 轴两套坐标轴。对象轴始终相对于对象在其3D空间中的位置;全局轴始终相对于计算机的屏幕固定;X轴水平放置,*Y* 轴垂直放置,*Z* 轴垂直正交于计算机屏幕。图3-108所示为旋转的效果。

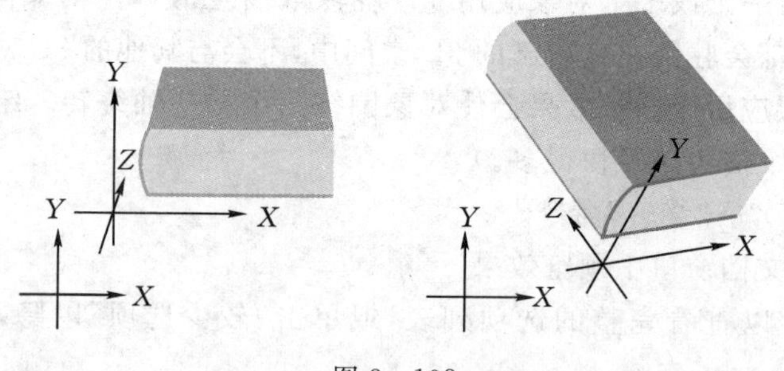

图3-108

对象轴(黑色)随对象移动;而全局轴(灰色)则是固定的。

3.4.2 SVG滤镜

SVG(Scalable Vector Graphic)是种可任意缩放的矢量文件格式,能支持JaveScript语言,是在网络上广泛应用的平面网页格式之一。由于SVG格式是种高品质的矢量网页格式,能同时制作图形与文字等网页组件,对网页设计师或程序员来说,具有相当大的吸引力,而Illustrator软件为了让使用者能更方便地使用它,新增了全新的功能来支持对SVG的兼容性(这种兼容性也称为360°程序代码)。其包含两个新功能:第一种是实时的“动态滤镜”效果,另一种是可读取与保存的SVG文件格式。所以在Illustrator软件中用户可读取由任何SVG

编辑软件制作的 SVG 文件，并能完整保留文件中所附的程序代码，让设计师可以直接改变文件外观或执行 SVG 效果，但不会影响到工作流程中上游程序员所制作的程序；而且当用户保存 SVG 文件的时候，还可以选择将文件保存成完整且可以编辑的 Illustrator 兼容文件格式。如此一来，可进一步修改 SVG 文件的外观，或直接利用 Illustrator 软件来修改文件的内容，再保存成 SVG 格式。所以，无论设计师还是程序员，都可以利用 Illustrator 软件轻易地制作出所需的 SVG 网页组件和文件。

选择"效果"→"SVG 滤镜"命令弹出关联菜单如图 3－109 所示。

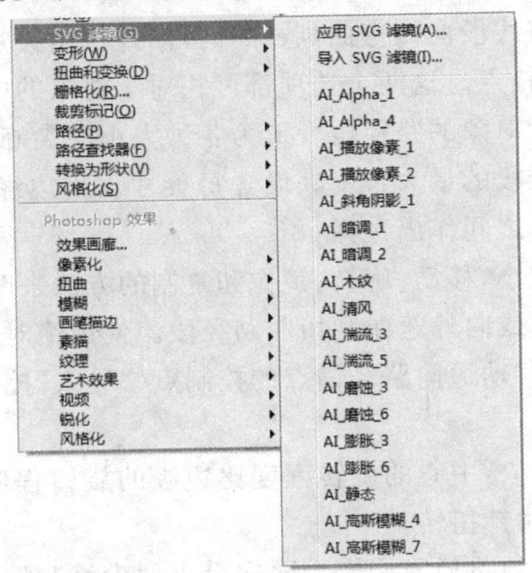

图 3－109

1. 应用 SVG 滤镜

选择所需要的图形，执行"效果"→"SVG 滤镜"→"应用 SVG 滤镜"命令，弹出"应用 SVG 滤镜"对话框如图 3－110 所示。

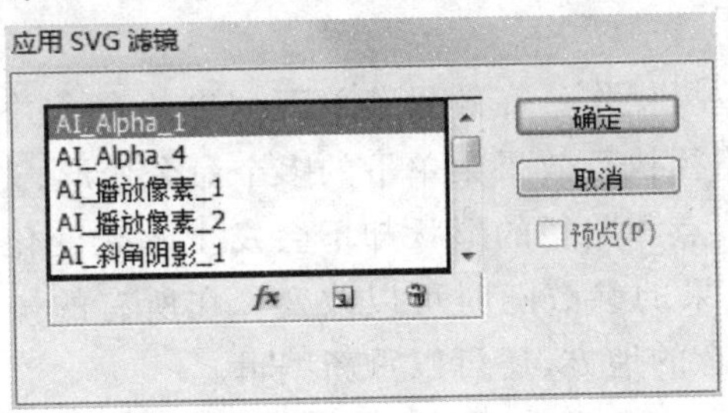

图 3－110

选择相应的默认选项，得到如图 3－111 所示效果：

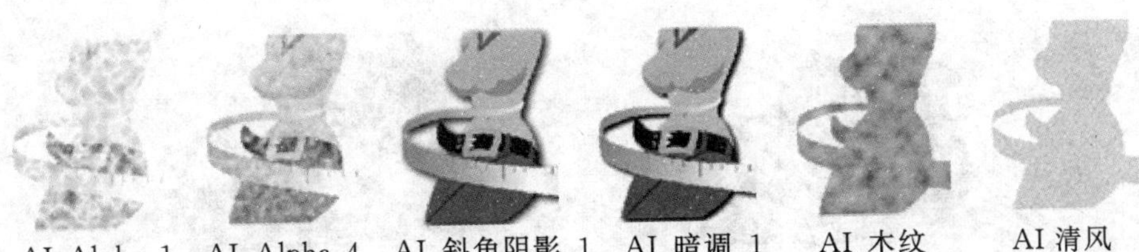

图 3－111

2. 使用效果改变对象形状

使用效果是一个方便的改变对象形状的方法，它不会永久地改变对象的基本几何形状。效果是实时的，可以随时修改或删除效果。可以使用下列效果来改变对象形状：

(1)“转换为形状”：将矢量对象的形状和位图图像转换为矩形、圆角矩形或椭圆。使用绝对尺寸或相对尺寸设置形状的尺寸。对于圆角矩形，请指定一个圆角半径以确定圆角边缘的曲率。

(2)“扭曲和变换”：使用户可以快速改变矢量对象形状。

(3)“自由扭曲”：可以通过拖动四个角落任意控制点的方式来改变矢量对象的形状。

(4)“收缩和膨胀”：在将线段向内弯曲(收缩)时，向外拉出矢量对象的锚点；或在将线段向外弯曲(膨胀)时，向内拉入锚点。这两个选项都可相对于对象的中心点来拉出锚点。

(5)“粗糙化”：可将矢量对象的路径段变形为各种大小的尖峰和凹谷的锯齿数组。使用绝对大小或相对大小设置路径段的最大长度。设置每英寸锯齿边缘的密度(细节)，并在圆滑边缘(平滑)和尖锐边缘(尖锐)之间作出选择。

(6)“变换”：通过重设大小、移动、旋转、镜像和复制的方法来改变对象形状。

(7)“扭拧”：随机地向内或向外弯曲和扭曲路径段。使用绝对量或相对量设置垂直和水平扭曲。指定是否修改锚点、移动通向路径锚点的控制点(“导入”控制点)、移动通向路径锚点的控制点(“导出”控制点)。

(8)“扭转”：旋转一个对象，中心的旋转程度比边缘的旋转程度大。输入一个正值将顺时针扭转；输入一个负值将逆时针扭转。

(9)“波纹效果”：将对象的路径段变换为同样大小的尖峰和凹谷形成的锯齿和波形数组。使用绝对大小或相对大小设置尖峰与凹谷之间的长度。设置每个路径段的脊状数量，并在波形边缘(平滑)或锯齿边缘(尖锐)之间作出选择。

(10)“变形”：扭曲或变形对象，包括路径、文本、网格、混合以及位图图像。选择一种预定义的变形形状。然后选择混合选项所影响的轴，并指定要应用的混合及扭曲量。

3.4.3 Photoshop 效果

可以对位图图像进行效果操作。在效果菜单下列出的命令并不改变物体的本身，而只改变外观属性。可以对一个路径执行效果菜单下的多个命令变形、光栅化、修改路径或者其他任意命令，但是路径的尺寸、节点和路径的形状却不会发生丝毫变化，只是它的外观变化了。原物体依然具有可编辑性，效果的参数随时可以改变。在所有的操作完成后，甚至是文件存储后，如果对上述操作有不满意的地方，还可以重新编辑。

1. “效果”→“纹理”→“马赛克拼贴”命令

执行“效果”→“纹理”→“马赛克拼贴”命令可以将图像文件转换为由矢量的马赛克小方格组成的图形，其效果如图 3-112 所示。

图 3-112

2. 效果画廊

滤镜库的最大特点在于：此命令提供了累积应用滤镜命令的功能，即在此对话框中，可以对当前操作的图像应用多个相同或不同的滤镜命令，并将这些滤镜命令得到的效果叠加起来，以得到更加丰富的效果。

3.4.4 重点常用效果

1. 模糊

执行"效果"→"模糊"命令，弹出对话框如图 3-113 所示。下面将重点介绍 2 种模糊类滤镜的基本属性及特点。

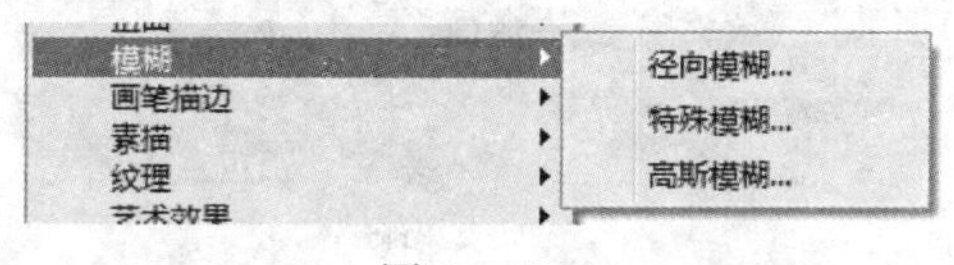

图 3-113

(1)"高斯模糊"："高斯模糊"滤镜可以对图像进行模糊，而且模糊的程度可以进行精确的控制。此滤镜的操作演示如图 3-114 所示。

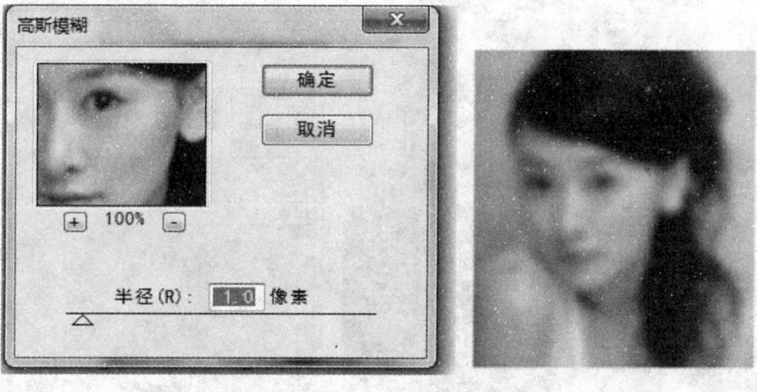

图 3-114

◆"半径"：此参数用于控制图像的模糊程度。数值越大，则模糊程度越大。

(2)"径向模糊"：此滤镜可以将图像旋转成圆形或以从中心向外的方式辐射模糊图像，如图 3-115 所示。

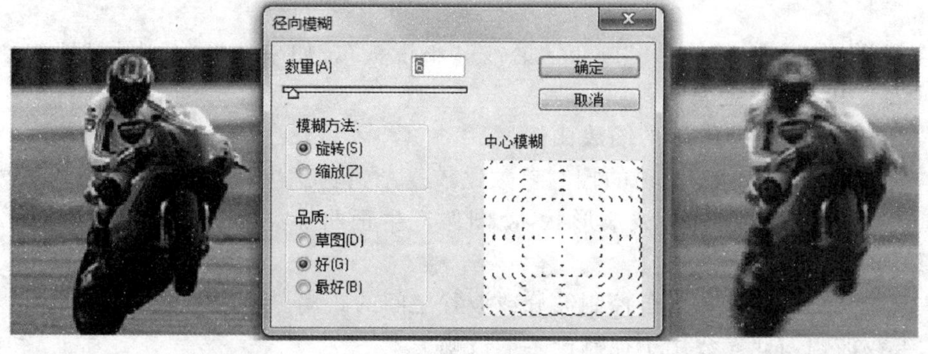

图 3-115

◆"数量"：此参数用于控制当前处理的图像产生模糊效果的强度。数值越大，则模糊的效果越明显,但计算机运算时间也越长。

◆“模糊方法”:在此可以选择两种模糊类型,选择“旋转”类型可以使图像具有旋转模糊效果,选择“缩放”类型可以得到放射状模糊效果。

◆“品质”:在此可以选择模糊的质量,其中有“草图”“好”“最好”3 个选项可选。选“草图”执行速度最快,效果最差;选择“最好”得到的质量最好,但速度最慢。

2. 扭曲

执行“效果”→“扭曲”命令,弹出对话框如图 3 - 116 所示。下面将重点介绍两种扭曲类滤镜的基本属性及特点。

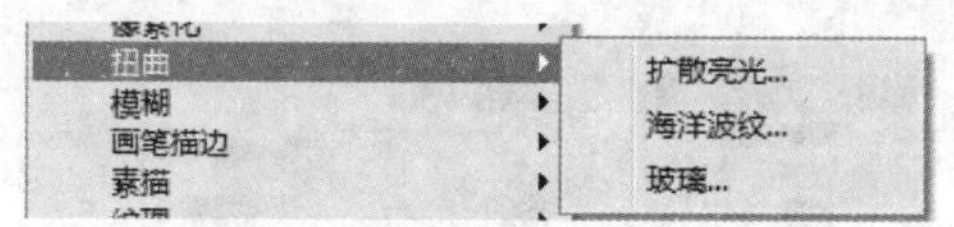

图 3 - 116

(1)“玻璃”:“玻璃”效果可以对图像进行处理,产生一种透过玻璃看图像的效果,如图 3 - 117所示。

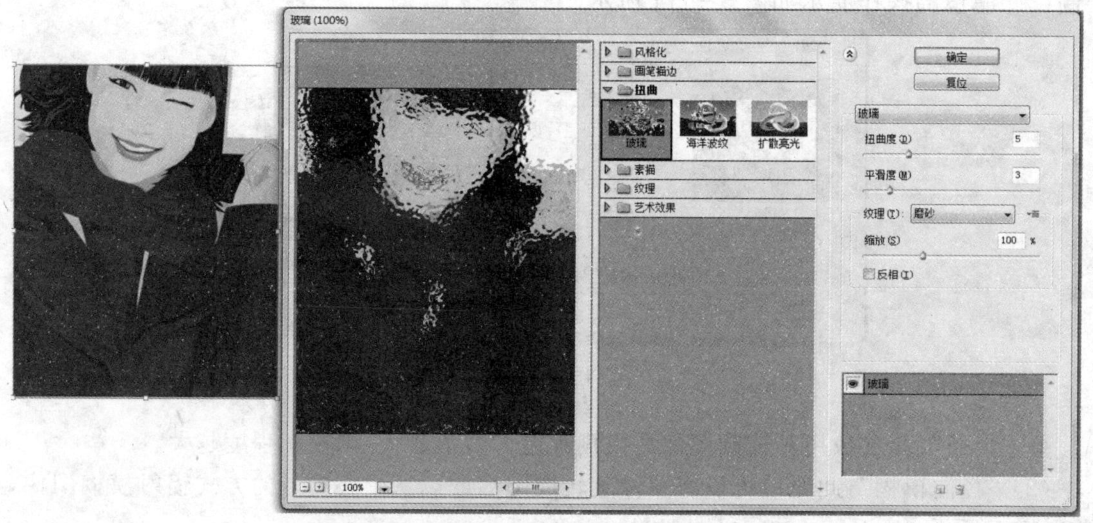

图 3 - 117

◆“纹理”:可以选择“块状”“画布”“磨沙”“小镜头”。如果选择“载入纹理”命令,可以在弹出的对话框中选择自定义的材质纹理。

◆“缩放”:用于调节纹理的缩放比例。

(2)“海洋波纹”:“波浪”滤镜的控制参数比较复杂,包括“生成器数”“波长”“波幅”“类型”等。用户可以选择多种随机的波浪形状,使图像产生歪曲摇晃的效果。如图 3 - 118 所示为“海洋波纹”滤镜对话框。

◆“波纹大小”:此参数用于控制波峰或波谷之间的距离。

◆“波纹波幅”:此参数用于控制产生的波幅。

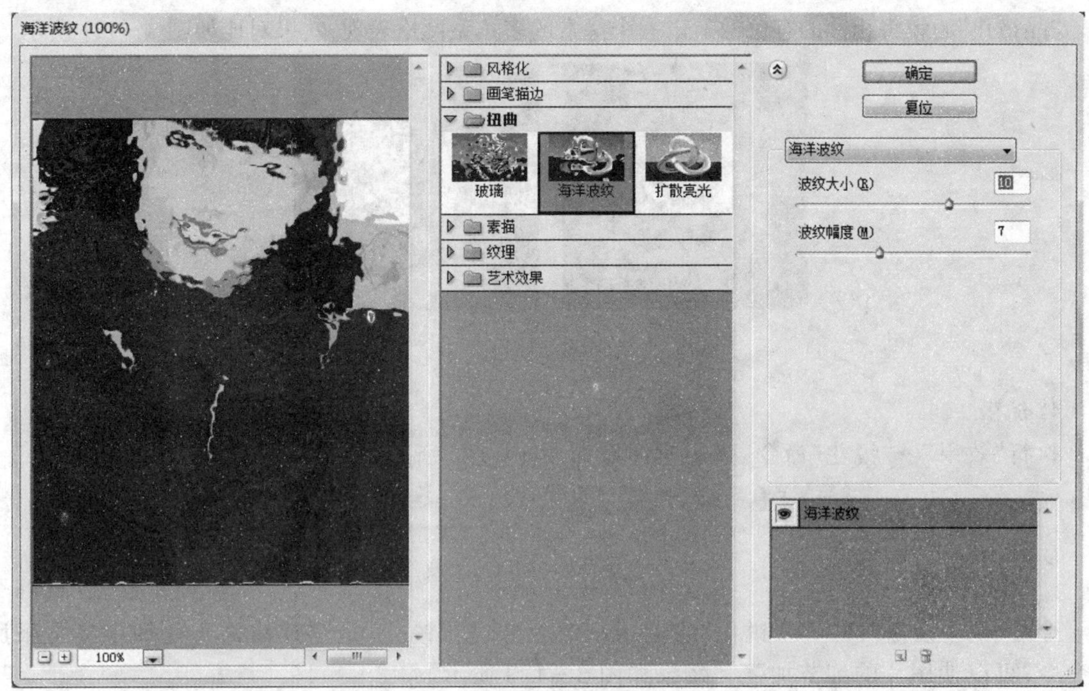

图 3-118

如图 3-119 所示为“海洋波纹”滤镜的操作示例效果对比。

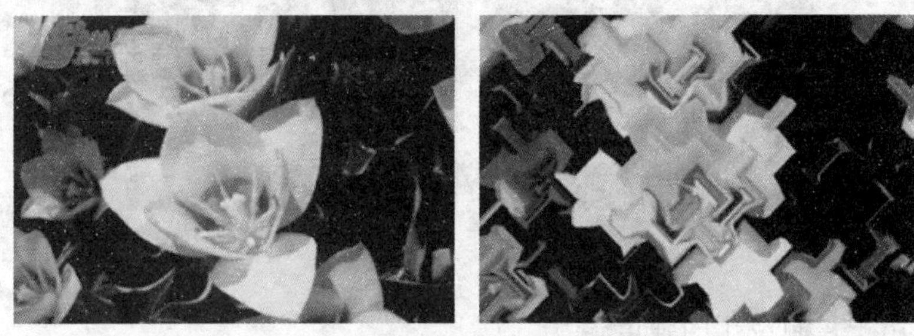

图 3-119

3. 像素化

“像素化”子目录中的滤镜通过使单元格中颜色值相近的像素结成块来定义一个选区，执行“滤镜”→“像素化”命令，弹出对话框如图 3-120 所示。下面将介绍 1 种“晶格化”滤镜的基本属性及特点。

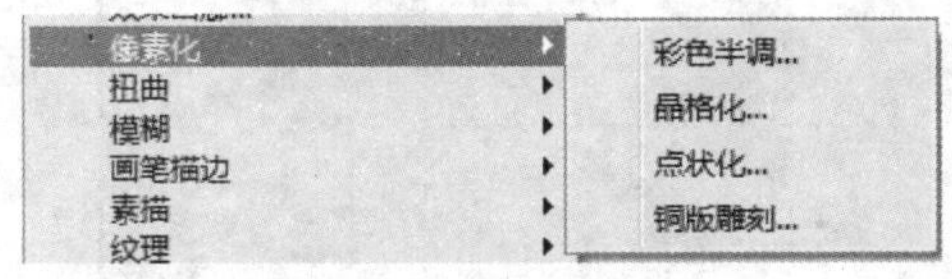

图 3-120

"晶格化"滤镜将相似的有色像素以一个像素的多角型网格表现,效果对比如图 3-121 所示。

图 3-121

4. 锐化

执行"效果"→"锐化"命令,弹出对话框如图 3-122 所示。

图 3-122

◆"USM 锐化":"USM 锐化"滤镜用于对图像进行锐化,是照片修饰与处理中经常采用的命令,可以使图片的细节加强。效果如图 3-123 所示。

图 3-123

◆"数量":用于控制锐化的强度。

◆"半径":用于决定锐化边缘的大小。

◆"阈值":用于确定参与运算的像素之间的最低差值。

5. 素描

执行"效果"→"素描"命令,弹出对话框如图 3-124 所示。

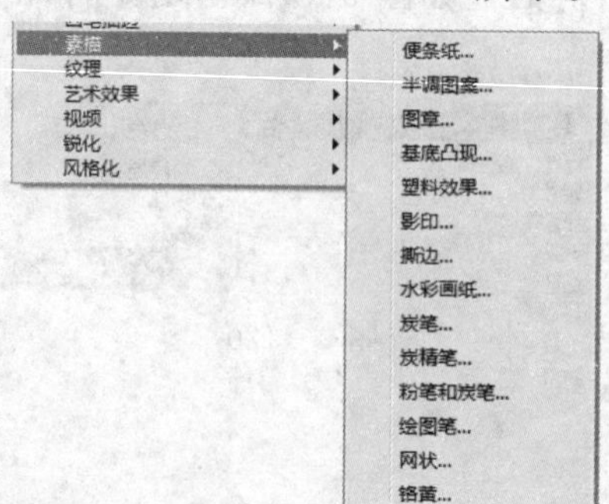

图 3-124

(1)"铬黄":"铬黄" 滤镜产生一种液态的金属效果,通常用于制作金属纹理,如图 3－125 所示。

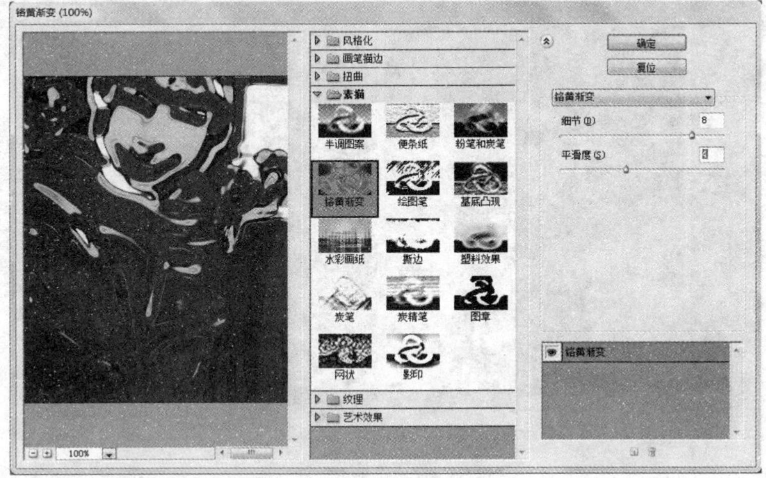

图 3－125

◆"细节":用于调节细节程度。

◆"平滑度":用于控制画面细节的曲度。

(2)"半调图案":"半调图案"命令产生网格状的效果,如图 3－126 所示。

图 3－126

◆"大小":用于控制调整网格点的大小。

◆"对比度":用于加强整幅画面的对比强度。

(3)“绘图笔”:“绘图笔”滤镜产生模拟钢笔画画的效果,如图 3-127 所示。

图 3-127

◆“描边长度”:只要是模拟钢笔描绘的线条的长度。

◆“明/暗平衡”:用于表现画面的细节程度及画面风格效果。

◆“描边方向”:用于控制钢笔绘制线条的方向。

6. 风格

执行“效果”→“风格化”命令,弹出对话框,如图 3-128 所示,下面将介绍“风格”类滤镜的基本属性及特点。

风格化 ▸ 照亮边缘...

图 3-128

◆“照亮边缘”:执行“滤镜”→“风格化”→“照亮边缘”命令,弹出对话框,如图 3-129 所示。

图 3-129

3.5 “视图”菜单

“视图”菜单用于改变文档的视图(放大、缩小或满画布显示)。我们可以通过选择不同的视图显示方式来观察视图。使用“视图”菜单,可以选择显示或隐藏标尺、参考线和网格。“视图”菜单还可以暂时地隐藏选区边缘或目标路径,如图 3-130 所示。

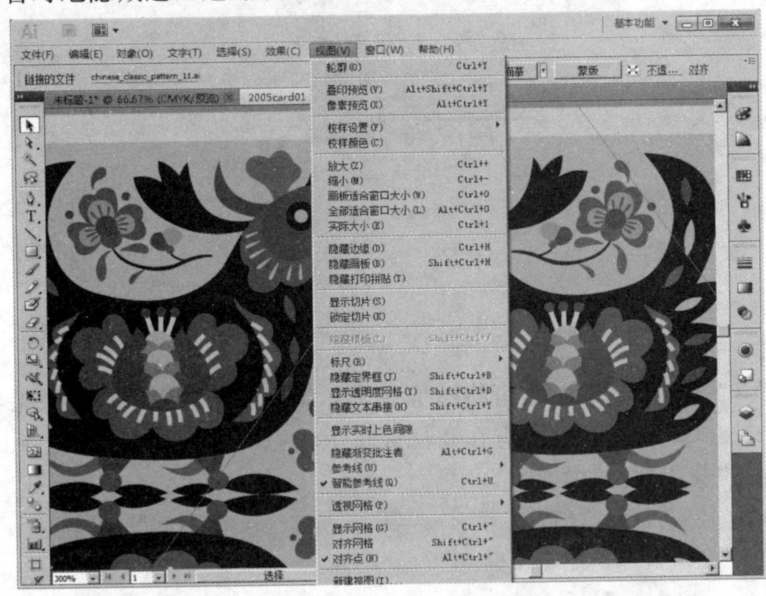

图 3-130

3.5.1 视图图形显示方式

Illustrator CS5 软件提供了 4 种不同的图形显示方式,以用来适应不同作图环境,可以直接选择“视图”菜单下的相应选项来选择所需的显示方式。

1. 预览

这是 Illustrator CS5 软件默认的显示模式,选择“视图”→“预览”命令,在此模式下,可以看到对象上的所有设置,如颜色、画笔、渐变、透明度等,是最常用的操作模式,如图 3-131 所示。

图 3-131

2. 轮廓

选择“视图”→“轮廓”命令，在此模式下只可见到对象的路径，且不包含任何填色属性。这有助于选择复杂图形中的细节路径，且能加快图稿的显示速度，如图 3-132 所示。

图 3-132

3. 叠印预览

选择“视图”→“叠印预览”命令，可将图像在实际印刷时所设置的叠印效果显示在屏幕上，以供预览查看，如图 3-133 所示(只有在属性面板上勾选“叠印”选项，则对象即被设置成“叠印”效果时，才能在“叠印预览”模式下显示)。

图 3-133

4. 像素预览

选择“视图”→“像素预览”命令，可以预先查看所绘制的矢量图形转换为像素图形后的效果，有助于及时修改图形达到将矢量转换为网页图形所需要的效果，如图 3-134 所示(转换为像素图像后边缘在放大的情况下会出现锯齿形态)。

图 3-134

3.5.2 页面显示

在制作矢量图形的过程中，根据设计的需要，要随时地放大或缩小页面显示比例，以观察图形的整体或者是细节。Illustrator 软件提供了多种不同的页面显示方式，已满足对图形的缩放需求。在这里只介绍通过“视图”菜单对图形缩放的命令。

1. 放大

选择“视图”→“放大”命令，即可将页面的显示比例放大，也可使用快捷键“Ctrl＋＋”实现。效果如图 3－135 所示。

图 3－135

2. 缩小

选择“视图”→“缩小”命令，即可将页面的显示比例缩小，也可使用快捷键“Ctrl＋－”实现。效果如图 3－136 所示。

图 3－136

3. 适合窗口大小

选择"视图"→"适合窗口大小"命令，即可将整个页面内容全部显示在窗口中，如图 3－137 所示。

图 3－137

4. 实际大小

选择"视图"→"实际大小"命令，即可将整个页面内容全部显示到 100%比例页面，即实际看到的打印出来的大小，如图 3－138 所示。

图 3－138

5. 新建视图、编辑视图

选择"视图"→"新建视图"命令，可以用来定义特定的窗口比例，快速准确，且可进行编辑或删除。先将页面显示为所需要的比例大小，再执行“视图”→“新建视图”命令，弹出“新建视图”对话框，如图 3-139 所示。输入需要视图窗口的名称，点击“确定”。

图 3-139

完成设置后可以在“视图”菜单列表下看到新增加的视图窗口名称，选择该视图窗口，即可快速地显示指定特殊比例，如图 3-140 所示。

图 3-140

若需要编辑或删除所指定的窗口显示，则选择“视图”→“编辑视图”命令，弹出对话框如图 3-141 所示。可以很方便地对自定义的视图进行编辑名称，删除自定义视图操作。

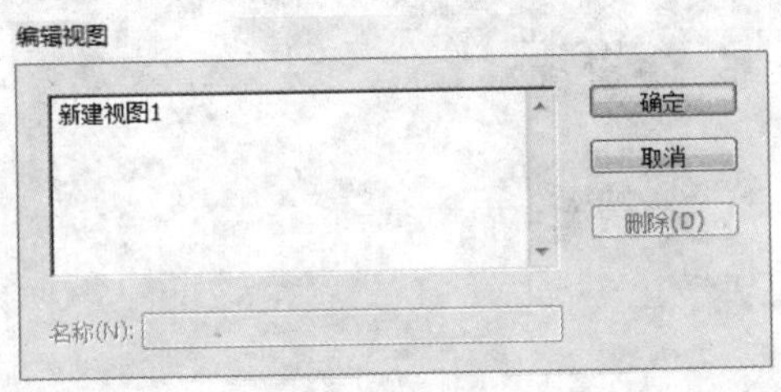

图 3-141

3.5.3 标尺、网格和参考线

Illustrator 视图菜单提供了三种对页面文件或者是对象大小的辅助设计方式。

1. 页面标尺

选择“视图”→“页面标尺”命令或者是按“Ctrl+R”键，可以很方便地帮助用户对齐页面的边缘、设置对象的位置，使设计作品精确整齐。若需要隐藏页面标尺，则只需要执行“视图”→“隐藏标尺”(Ctrl+R)命令即可，如图 3-142 所示。

2. 参考线

在 Illustrator 软件中可以使用两种方法产生参考线，即直接从页面标尺中拖曳，或者利用图形转换。参考线与标尺是需要相互搭配使用的，这样才能准确地制作出所需要的图形，在屏幕上看到的参考线只是作为设计的参考，不会被打印出来。

3. 标尺参考线

选择“视图”→“参考线”→“显示参考线”命令，激活参考线功能。从上(左)方页面标尺中，拖动一参考线到所需要的位置，松开鼠标左键。若要修改参考线的位置，首先执行“视图”→“参考线”→“锁定参考线”命令，使用选择工具即可随时调动参考线的位置。

4. 图形参考线

水平与垂直标尺只能产生“直线”参考线，若需要复杂图形或曲线的参考线，可使用图形转

图 3-142

换的方法。首先选择所需要的曲线或复杂的图形，再执行“视图”→“参考线”→“建立参考线”命令，图形即可转换成为参考线，如图 3-143 所示。

图 3-143

5. 编辑参考线

(1)显示与隐藏参考线:选择“视图”→“参考线”→“隐藏参考线”命令,即可隐藏参考线;选择“视图”→“参考线”→“显示参考线”命令,即可显示参考线。

(2)锁定与解除参考线:选择“视图”→“参考线”→“锁定参考线”命令,即可锁定参考线,参考线不能被任何工具编辑;选择“视图”→“参考线”→“解除参考线”命令,即可解除参考线的锁定状态,使用选择工具即可对参考线进行编辑。

(3)删除参考线:在参考线在接触锁定的情况下,使用选择工具点选需要删除的参考线,按下“Delete”键即可。也可以执行“视图”→“参考线”→“清除参考线”命令,同样也可以清除页面上所有参考线。

6. 网格

选择“视图”→“显示网格”命令,视图形成一种网状的辅助参考线,如图 3-144 所示。网格有助于对齐对象在文件中的位置,或了解对象的大小比例,使用方法与“参考线”类似。

图 3-144

若执行“视图”→“对齐到点”命令,则对象对齐到节点时,光标会显示成白色箭头。若执行“视图”→“对齐到网格”命令,则对象接近网格时,光标会变成黑色箭头,且自动对齐网格线。

7. 智能参考线

选择“视图”→“智能参考线”命令,若在页面执行任何移动、旋转时,会显示对象的中心点、路径及节点等信息。如果需要关闭此功能,再次执行“视图”→“智能参考线”命令即可,快捷方式为“Ctrl+U”。

3.5.4 视图其他命令

1. 显示边缘

选择“视图”→“显示边缘”命令,可以用来查看与画板相关的页面边界。当页面拼贴开启时,会通过窗口最外边缘和页面的可打印区域之间的一系列实线和虚线来表示可打印和打印不出的区域。可打印区域由最里面的虚线定界,并显示为所选打印机可以打印的页面部分。许多打印机不能打印页面的边缘。打印不出的区域位于两组虚线之间,虚线表示打印不出的页面边距。

2. 显示画板

画板由黑色实线定界,并表示最大可打印区域。要隐藏画板边界,可选取“视图”→“隐藏画板”命令。效果如图 3－145 所示。

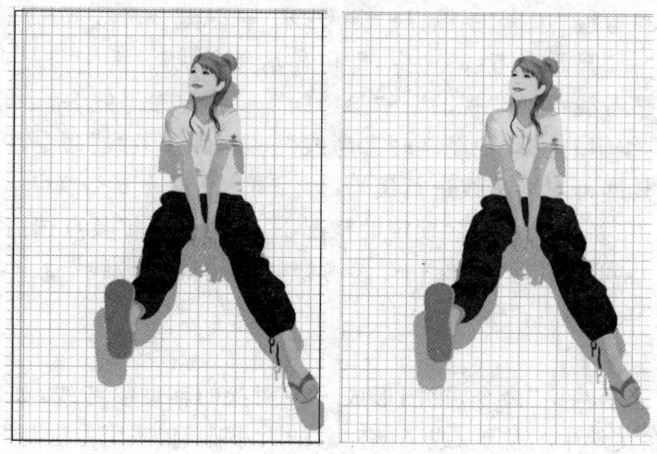

图 3－145

3. 显示页面拼贴

默认情况下，Illustrator 在一张纸上打印图稿。然而，如果图稿超过打印机上的可用页面大小，那么可以将其打印在多个纸张上。分割画板以适合打印机的可用页面大小，这称为拼贴。可以选取“打印”对话框的“设置”部分中的“拼贴”选项。要查看画板上的页面拼贴边界，请选取“视图”→“显示页面拼贴”命令，效果如图 3－146 所示。

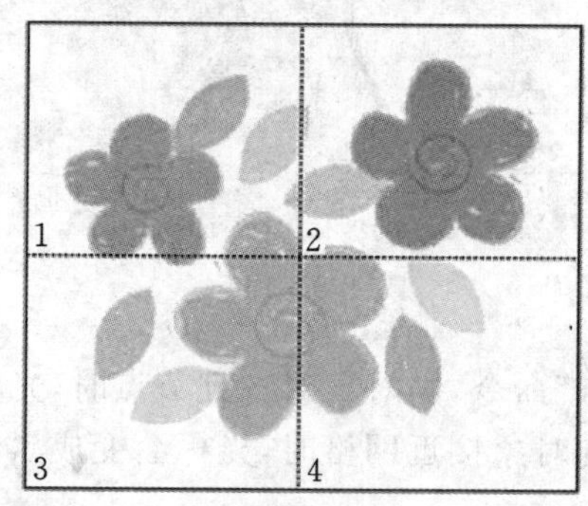

图 3－146

4. 显示实时上色间隙

若要在处理实时上色组时突出显示某些间隙，可选择“视图”→“显示实时上色间隙”命令。此命令会根据当前所选实时上色组中设置的间隙选项，突出显示在该组中发现的间隙。

3.6 综合实例讲解

3.6.1 静物的制作

本实例运用钢笔工具绘制路径线条，然后使用铅笔工具组修改、平滑、祛除命令对路径线条进行编辑，最后调整层次填充合适的颜色并使用效果命令制作特殊的效果。如图 3－147 为制作出的静物效果。

图 3－147

1. 知识难点

(1)钢笔工具绘制路径线条；

(2)图形之间的层级关系；

(3)工具箱多种工具综合使用；

(4)效果命令的运用。

2. 操作步骤

选择“文件”→“新建”(Ctrl＋N)命令，在“新建文档”对话框“名称”中输入“静物”，设置“大小”为 A4，“取向”为竖式，“颜色模式”为 CMYK，单击“确定”按钮，即建成一个新的画布，如图 3－148 所示。

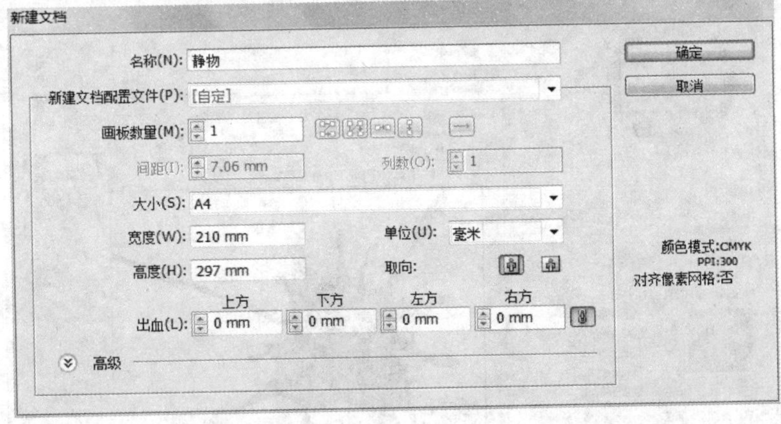

图 3－148

使用钢笔工具绘制出盘子的剖面图，去掉描边，然后填充一个合适的颜色(注意所填充的颜色与执行“3D”命令后添加高光有关，否则高光颜色将不协调)，如图 3－149 所示。

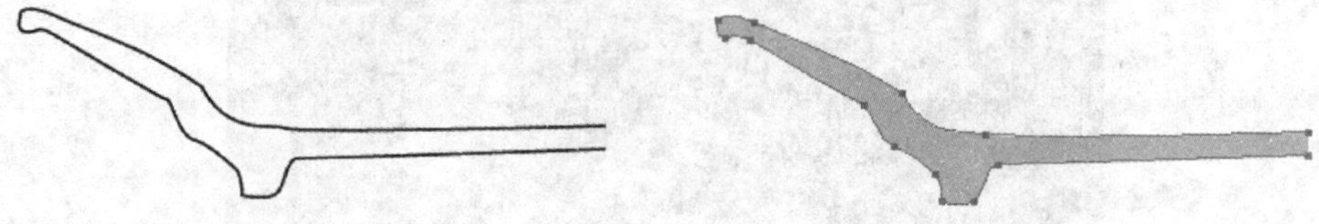

图 3－149

继续使用钢笔工具绘制青花的图案，填充一个合适的颜色。执行“对象”→“路径”→“偏移路径”命令，在“偏移路径”的对话框中设定一个正的数值，将路径的边缘扩大一些，并在透明度调板中，将纹样的不透明度改为 40%。完成后将绘制的纹样拖曳至“符号浮动面板”中，如图 3－150所示。

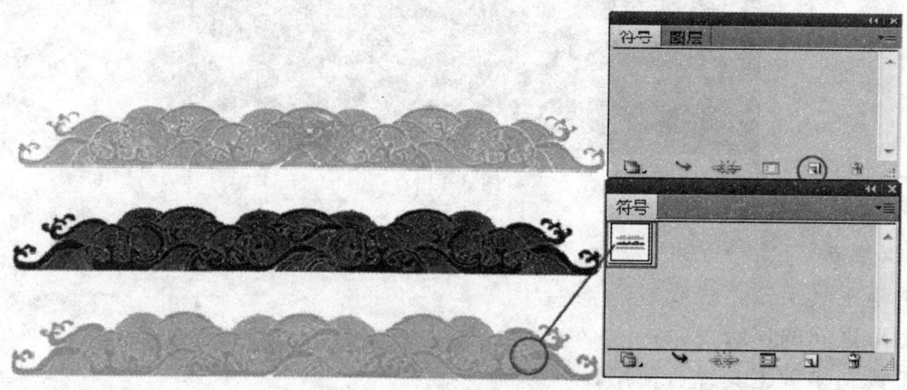

图 3－150

选中盘子的剖面图，执行“效果”→“3D”→“绕转”命令，在对话框中进行设定。接着单击“贴图”按钮，在弹出对话框中设置，如图 3－151 所示。

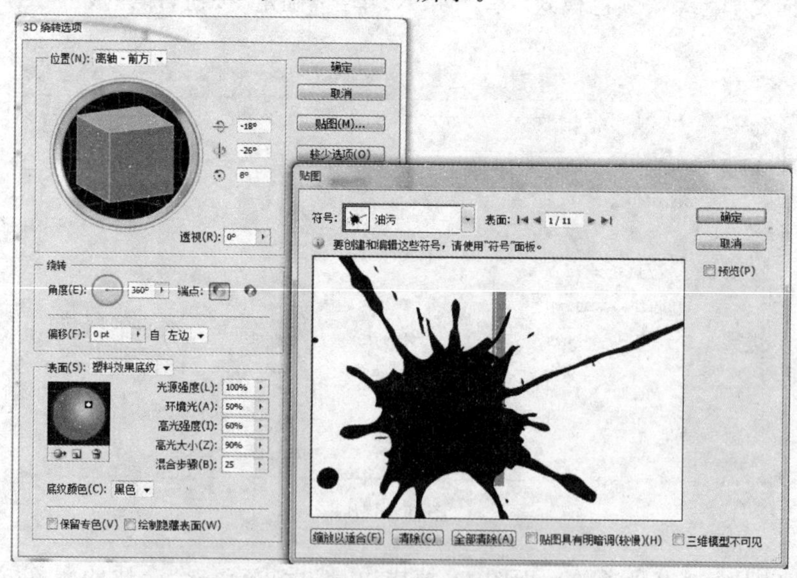

图 3－151

点击“确定”，得到如图3-152所示效果。（若对贴图的制作不满意可以选择“窗口”→“外观”命令，弹出外观浮动调板，双击“3D绕转”，弹出刚才执行的“效果”→“3D”→“绕转”命令在此编辑，以达到需要的效果）

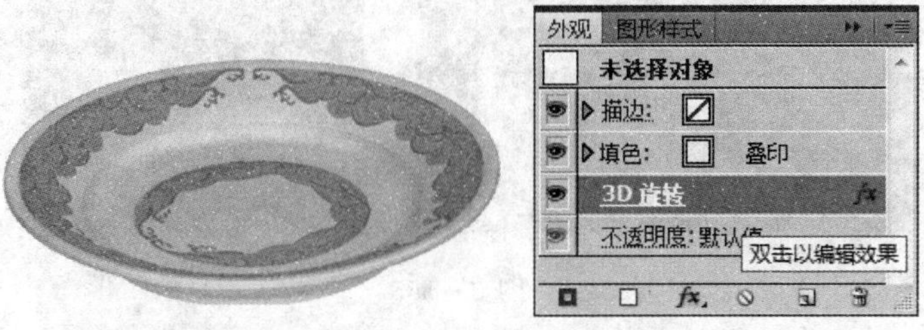

图3-152

选择盘子的路径，再选择“窗口”→“外观”命令，弹出外观浮动调板，双击“3D绕转”，我们需要将盘子的角度调整一下，效果如图3-153所示。

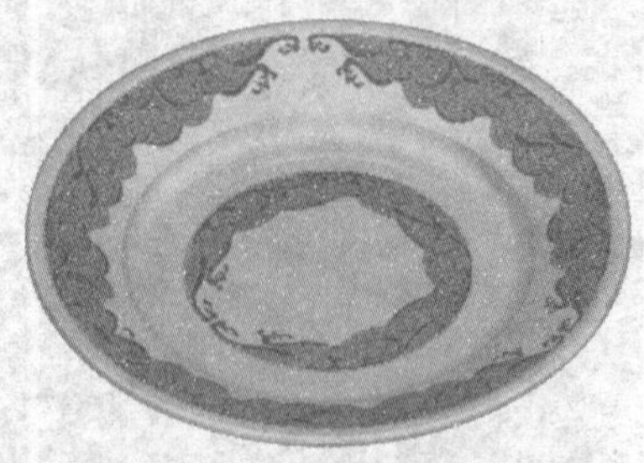

图3-153

接着将使用网格工具制作的苹果拷贝到“静物”文档中，调整大小和位置，如图3-154所示。

图3-154

最后，为了使作品完整，我们给它添加一个衬布。使用“矩形工具”，制作一个长方形，选择工具箱“网格工具”，依照衬布的皱纹添加锚点，然后使用工具箱“直接选择工具”，选择相应的锚点，再选择合适的颜色，并调整锚点的位置，效果如图3-155所示。

图 3 - 155

现在，我们把“静物”放到“衬布”中调整大小和位置。选择“窗口”→“透明度”命令，调用“透明度浮动面板”，将衬布的体积通过“透明度浮动面板”中的蒙版表现出来，效果如图 3 - 156 所示。

图 3 - 156

3.6.2 用网格工具制作阿童木形象

本实例运用矩形工具建立网格，使用网格工具划分面部的明暗，建立面部五官轮廓，再使用钢笔工具绘制脸部外轮廓，将网格所绘制的明暗轮廓解析出来，同样绘制其他部分。最后调整层级关系，将各个部件拼接得到立体人物效果。最终制作效果如图 3 - 157 所示。

图 3 - 157

1. 知识难点

(1)钢笔工具绘制路径线条；

(2)网格工具的运用；

(3)透明蒙版的运用；

(4)多种工具的综合运用。

2. 操作步骤

选择“文件”→“新建”(Ctrl＋N)命令，在“新建文档”对话框“名称”中输入“阿童木”，设置“大小”为 A4，“取向”为竖式，“颜色模式”为 CMYK，单击“确定”按钮，即建成一个新的画布，如图 3－158 所示。

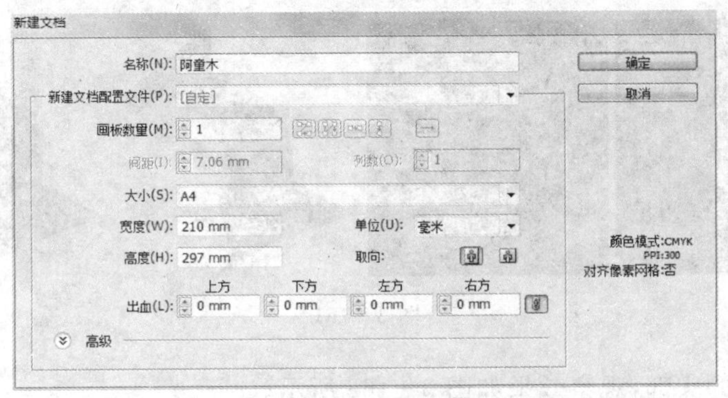

图 3－158

选择“矩形工具”绘制一个长方形，选择“网格工具”在长方形边缘适合的位置增加网格点。大体分出人物面部的明暗，继续使用“网格工具”在合适的位置建立网格，并使用直接选择工具调整网格锚点的位置及线段的弧度，如图 3－159 所示。

图 3－159

选择“钢笔工具”在网格上面绘制人物面部的外轮廓，注意取消填色和描边。选择两个图形执行“对象”→“剪切蒙版”→“建立”命令，即得到脸部轮廓的大致形态，如图 3－160 所示。

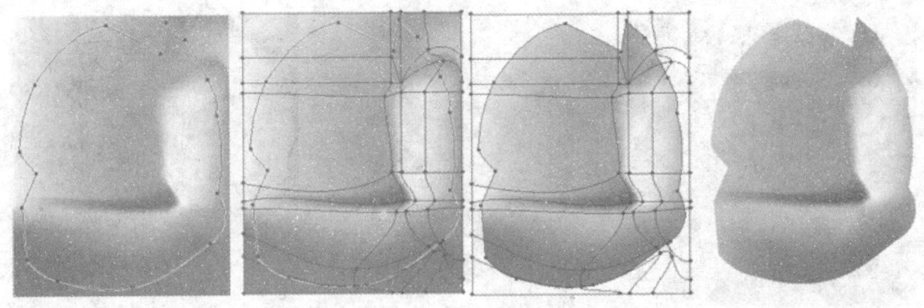

图 3－160

按照以上步骤绘制出头部体积(我们首先将大的形体建立起来再制作小的细节,这样就比较容易把物体的形态抓住)。首先,绘制一个长方形,然后使用“钢笔工具”在网格上面绘制人物头部外轮廓,注意取消填色并选择白色描边(选择“描边”、执行“对象”→“锁定”命令)。再使用“网格工具”在长方形边缘适合的位置增加网格点,大体分出人物头部的体积(选择网格锚点的时候可以使用直接选择工具拖曳或是按住“Ctrl”键加选需要的锚点)。最后,选择两个图形(白色路径线需要解除锁定),执行“对象”→“剪切蒙版”→“建立”命令,即得到头部轮廓的大致形态,如图 3-161 所示。

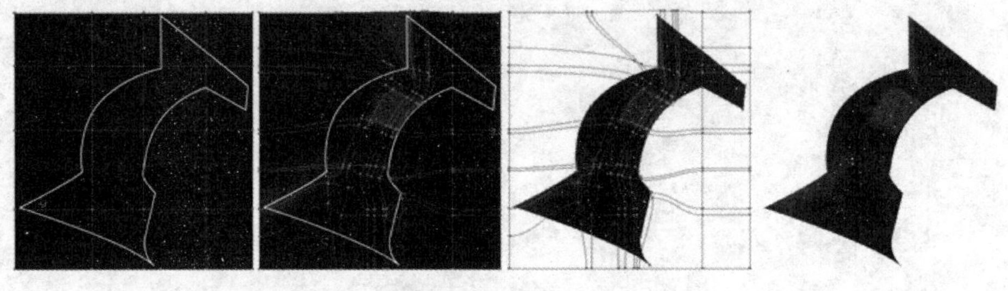

图 3-161

组合已经绘制的头部,观察效果如图 3-162 所示。

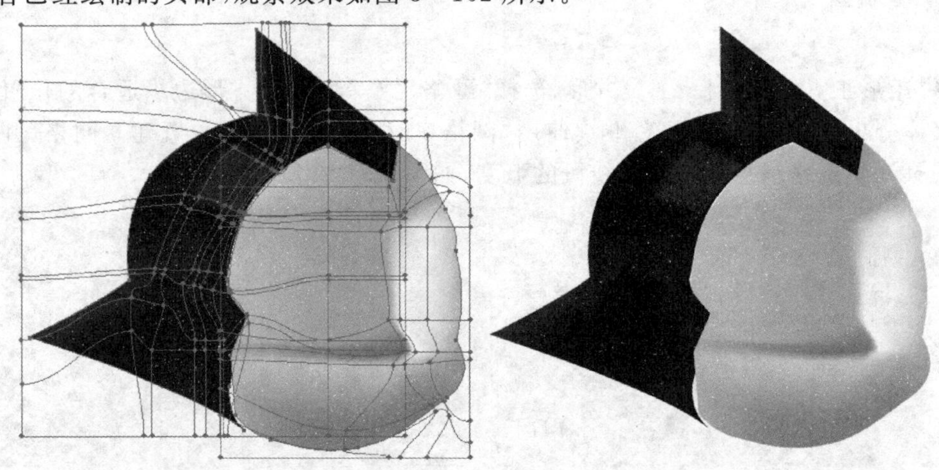

图 3-162

接下来制作耳朵,然后把耳朵拼接到脸部上。我们发现耳根处接痕明显,这时需要使用“透明度浮动图层蒙版”来对此处进行编辑,如图 3-163 所示。

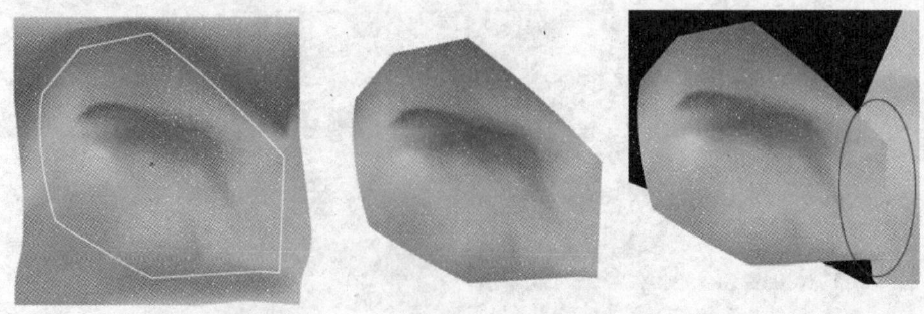

图 3-163

选择“窗口”→“透明度”命令，弹出“透明度浮动图层蒙版”，选择耳朵，点击“透明度浮动图层蒙版”右上方的小三角按钮，弹出关联菜单，选择“建立不透明蒙版”，其余的全部取消选择。这时“透明度浮动图层蒙版”会出现两个方框，选择后一个（激活），在耳根处建立一个过渡区域。选择工具箱渐变工具，在“渐变浮动面板”调整参数为线性，过渡为黑白过渡，在已经绘制的过渡区域内拖曳，即得到如图 3－164 所示效果。

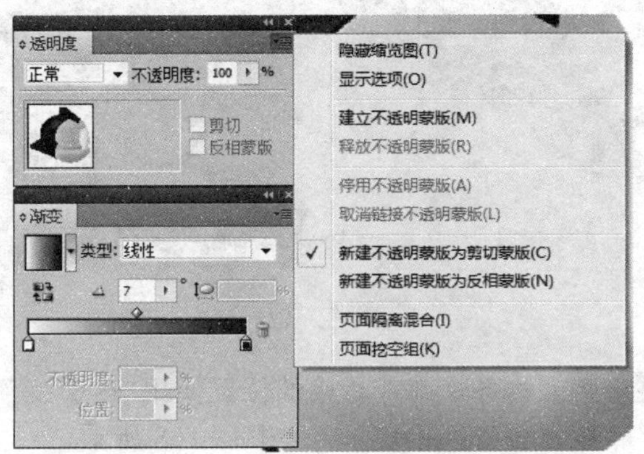

图 3－164

接着绘制眼睛、眉毛、鼻子、嘴巴。首先是眼睛，选择工具箱椭圆工具直接拖曳，建立两个眼白，再使用渐变工具，选择“窗口”→“渐变”命令中命令调用“渐变浮动图层面板”，选择参数为径向，选择合适的颜色，使用渐变工具在眼白拖曳即可建立由白到蓝的过渡色，再绘制椭圆建立瞳孔和高光；鼻子绘制圆，然后使用网格工具制作过渡效果；眉毛使用钢笔工具直接勾出填充描边色；最后还是使用钢笔工具，勾出嘴巴的轮廓并填色。绘制过程中的效果如图 3－165 所示。

图 3－165

接着使用钢笔工具在网格上面绘制脖子，然后使用网格工具制作出体积，接着绘制出躯干，如图 3－166 所示。

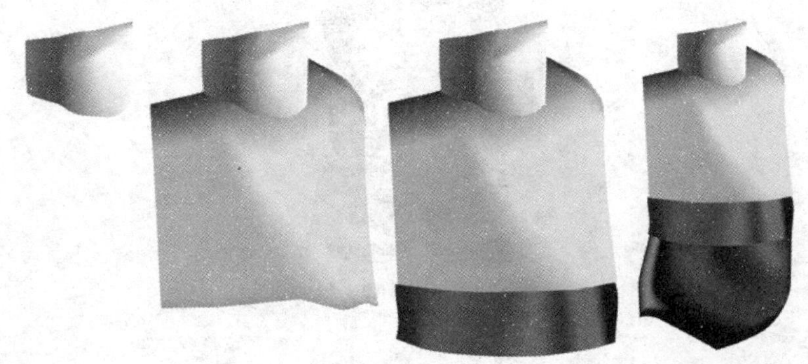

图 3－166

继续绘制四肢，这时需要的是细心和耐心，用使用钢笔工具在网格上面绘制形状，然后使用网格工具制作出体积，再使用直接选择工具选择相关锚点填充合适的颜色。最后将所有部件拼起来，如图 3－167 所示。

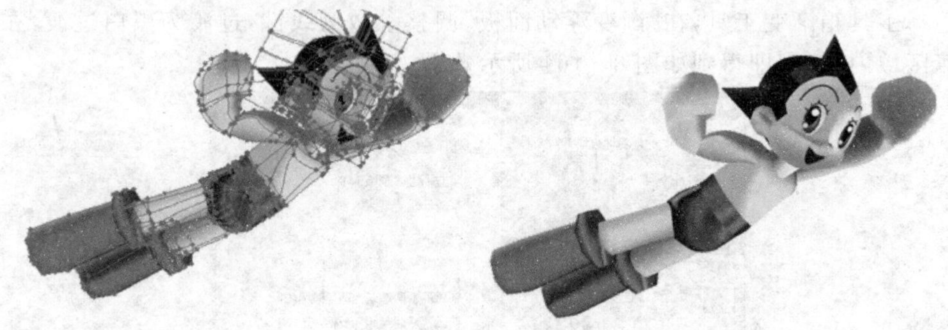

图 3－167

最后是调整阶段，将整个人物各个部件相接的位置使用“透明度浮动面板”中的图层蒙版进行过渡遮挡，力求完整。接着建立一个背景，如图 3－168 所示。

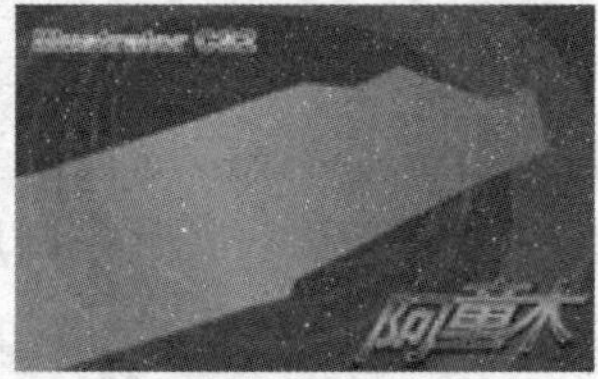

图 3－168

3.6.3 用时实描摹时实上色制作黑猫警长

本实例主要运用钢笔工具造型、直接选择工具修改形状、用时实描摹时实上色命令配合钢笔工具完成细节明暗刻画。

通过钢笔工具、直接选择工具绘制具体图像的外形特征，选择颜色，然后在时实描摹状态下使用钢笔工具绘制出暗部路径线并使用时实上色工具进行暗部颜色填充，最终达到我们需要设计的效果。最终实例效果如图 3－169 所示。

图 3－169

1. 知识难点

(1)钢笔工具的运用；

(2)直接选择工具的运用；

(3)时实描摹时实上色命令的理解。

2.操作步骤

选择“文件”→“新建”(Ctrl+N)命令，在“新建文档”对话框“名称”中输入“黑猫警长”，设置“大小”为297mm×310mm，“取向”为竖式，“颜色模式”为RGB，单击“确定”按钮，即建成一个新的画布，如图3-67所示，如图3-170所示。

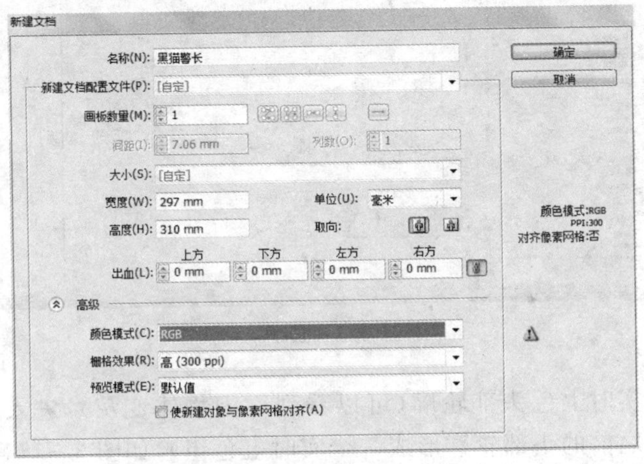

图3-170

选择钢笔工具，勾画出头部轮廓，在属性栏填色选择“无”，“描边”选择黑色，“描边粗细”选择0.5pt，“不透明度”选择100，如图3-171所示。

图3-171

完成设置后，使用钢笔工具，绘制黑猫警长头部外轮廓，如图3-172所示。(注意使用钢笔工具的时候主要按住鼠标左键拖曳，可以拖曳出线条曲度调整的滑竿，从而调整线条的形态)，如图3-172所示。

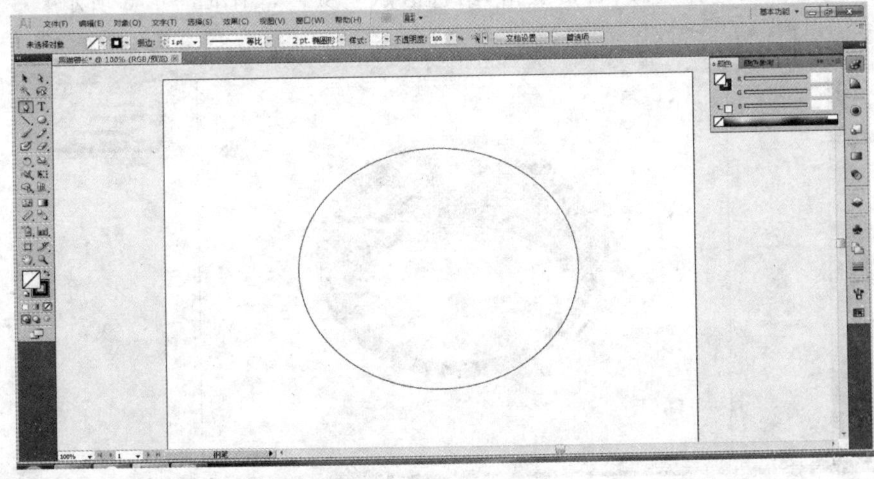

图3-172

使用“直接选择工具”选择头部轮廓，选择菜单“命令”→“对象”→“实时上色”命令建立实时上色头部轮廓，将头部轮廓设置为实时上色（类似于 Flash 绘图），如图 3－173 所示。

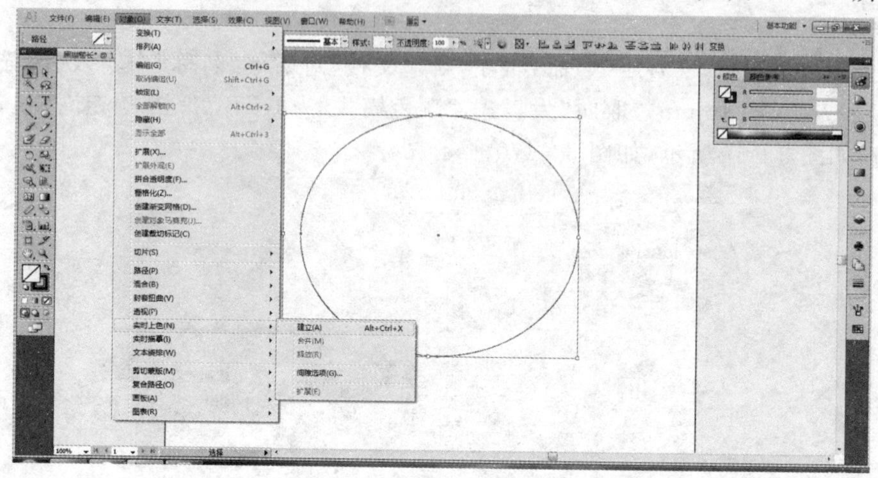

图 3－173

双击刚才建立的实时上色头部轮廓（可以看到周围物体变灰），进入后直接使用“钢笔工具”绘制脸部形态（与之前的头部轮廓形成一个实时上色组），如图 3－174 所示。

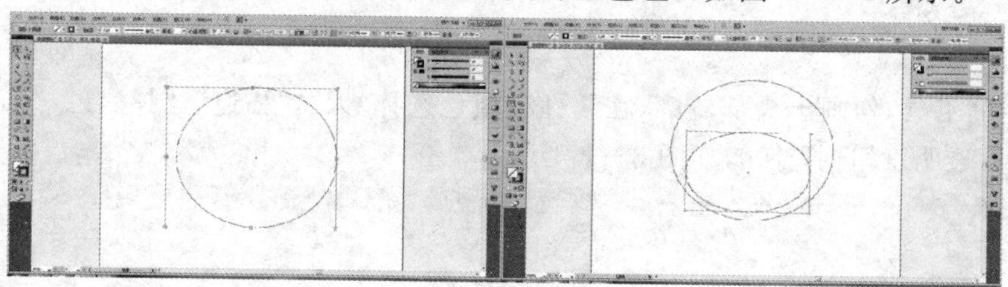

图 3－174

可以观察一下效果，使用工具箱实时上色工具，选择一个颜色直接放到刚才建立的轮廓上面，会出现红色的自动选择区域，直接点击，给选区赋予颜色，如图 3－175 所示。

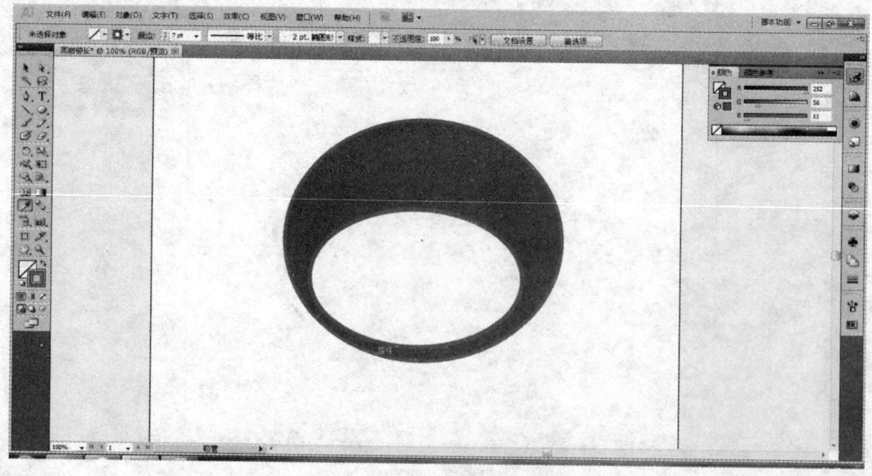

图 3－175

接着刻画细节，绘制帽子。先绘制一个基本形态，处理成实时上色，然后选择钢笔工具绘制细节，如图 3－176 所示。

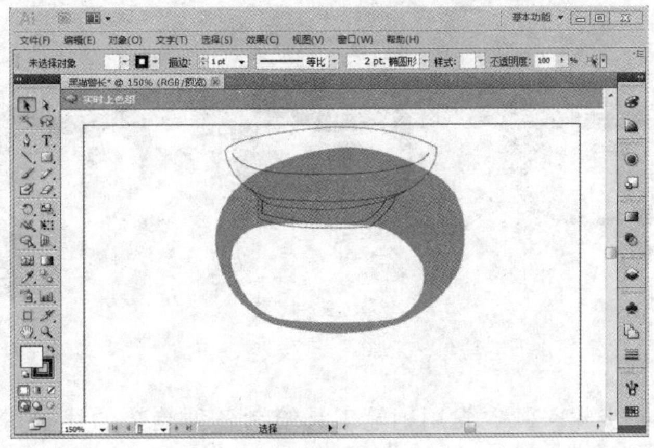

图 3－176

选择工具箱实时上色工具，设定颜色填充，如图 3－177 所示。

图 3－177

接下来使用同样的方式建立实时上色组，逐步完成脸部细节刻画，如图 3－178 所示。

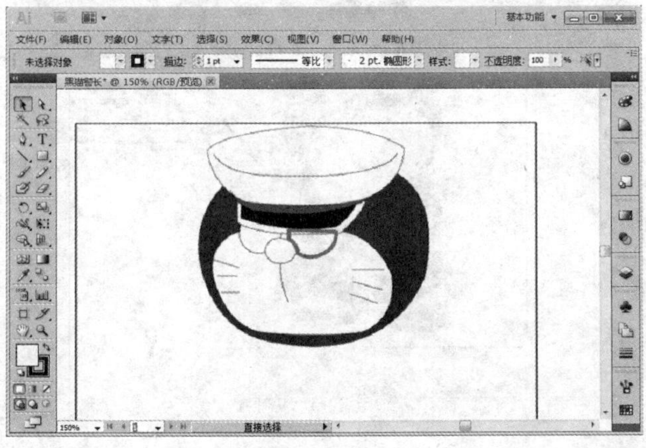

图 3－178

开始绘制身体。使用钢笔工具绘制路径线，选择菜单“对象”→“实时上色”命令，建立身体实时上色，将身体轮廓设置成为实时上色。选择工具箱实时上色工具，设定颜色填充，如图3－179所示。

图 3－179

绘制腿部。与先前步骤一致。先用钢笔工具绘制各种趋势的线条，按住“Shift”键选择身体，然后选择菜单“对象”→“实时上色”命令，设置成为实时上色。选择工具箱实时上色工具，设定颜色填充，如图 3－180 所示。

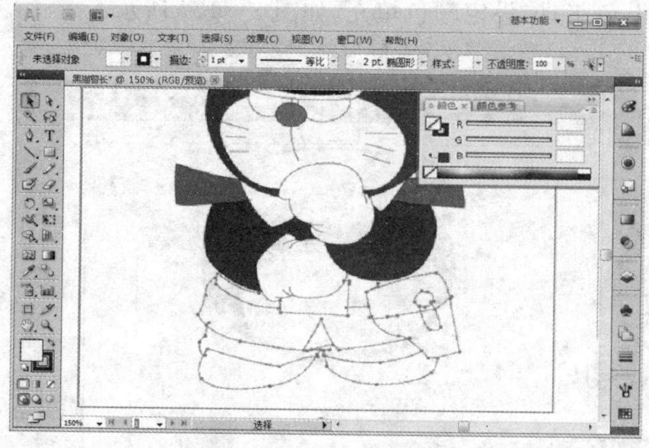

图 3－180

颜色填充完成，效果如图 3－181 所示。

图 3－181

最后进行体积感觉塑造，制作出物体的明暗效果。先选择帽子，双击进入帽子的实时上色编组状态，使用钢笔工具勾画出帽子阴影的交界线。双击画面空白处回到画面整体状态下，选择工具箱实时上色工具，选择阴影区域填充颜色。帽子完成，如图 3－182 所示。

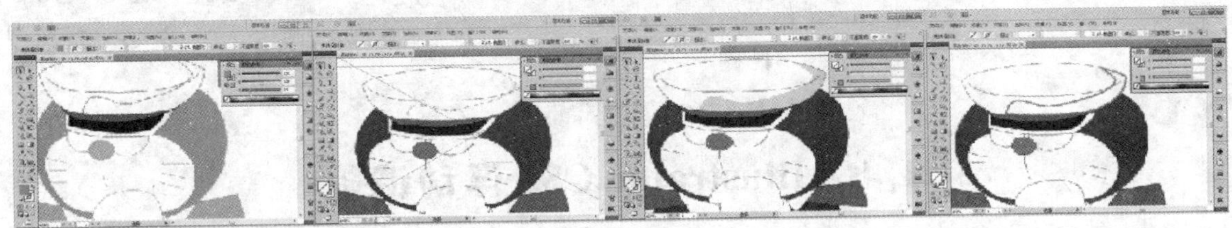

图 3－182

接着绘制脸部明暗。双击进入脸部的实时上色编组状态，使用钢笔工具勾画出脸部阴影的交界线。双击画面空白处回到画面整体状态下，选择工具箱实时上色工具，选择阴影区域填充颜色。脸部完成，如图 3－183 所示。

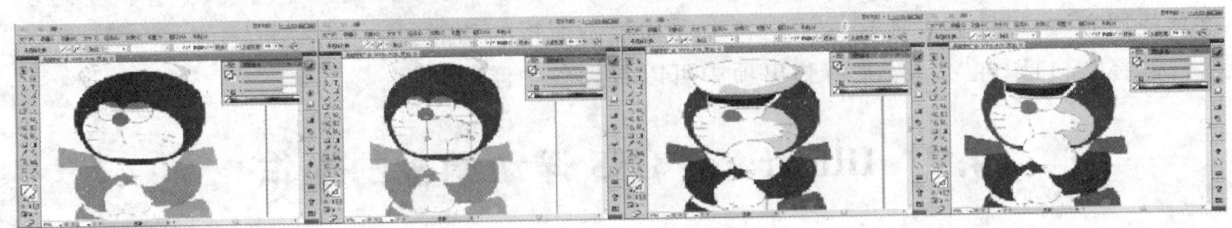

图 3－183

按照同样的方法绘制身体其他部分的明暗，调整细节完成，如图 3－184 所示。

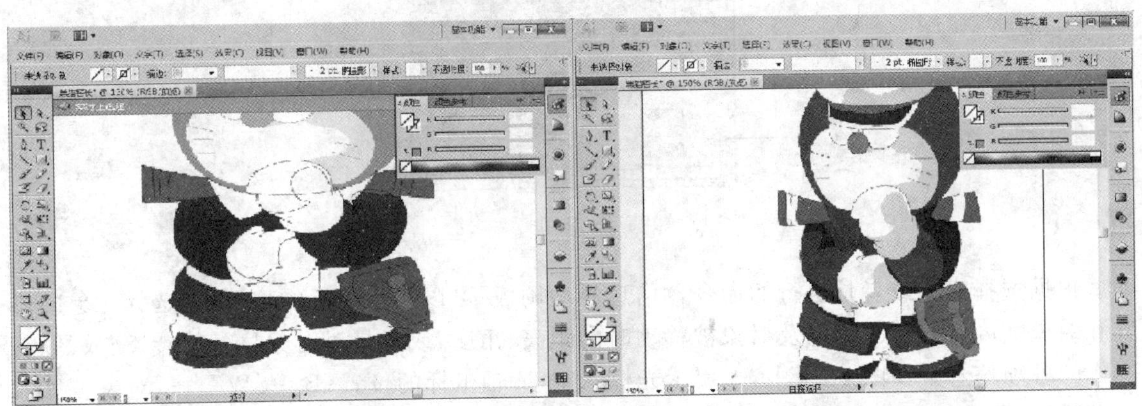

图 3－184

第 4 章　Illustrator CS5 浮动调板操作与运用

4.1　Illustrator CS5 浮动调板

浮动调板指的是打开 Illustrator CS5 软件后在桌面可以移动、可以随时关闭且具有不同功能的各种控制调板。当按住键盘上的“Tab”键时，可将包括工具箱在内的所有调板关闭，再按住“Tab”键，可恢复关闭前的状态。如果按住“Shift＋Tab”键，就会关闭除工具箱以外的其他调板。在绘制矢量图形的过程中，灵活地运用浮动控制面板可以快速地组织建立编辑图形。Illustrator 的浮动控制面板种类繁多，以下详细地整理各个浮动控制面板的功能，并清楚地示范其使用方法，以使读者能轻松活用各个浮动控制面板的功能。

选择“窗口”，在“窗口”菜单弹出项中可以看到各种浮动调板。

4.2　Illustrator CS5 浮动调板的操作

4.2.1　信息浮动调板

选择“窗口”→“信息”命令，弹出信息浮动调板，如图 4－1 所示。

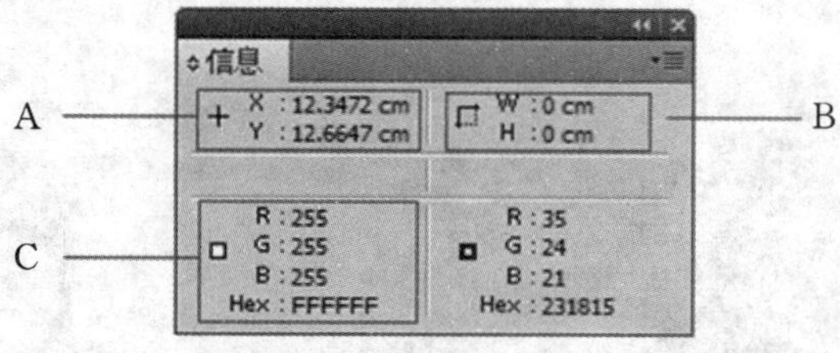

图 4－1

根据选择对象或者是执行的命令，“信息浮动调板”可以显示光标的位置，被选择对象的位置和对象宽度、高度尺寸，以及对象被移动时的距离、角度，或者是对对象执行旋转、缩放、倾斜操作的各项信息。在图 4－1 中，A 表示光标 X 与 Y 轴坐标的位置；B 中“W”表示对象宽度大小，“H”表示对象高度大小；C 表示对象的颜色信息。

4.2.2　导航器浮动调板

选择“窗口”→“导航器”命令，弹出导航器浮动调板，如图 4－2 所示。

导航器调板是用来观察图像的，通过鼠标拖动导航器下方的三角划块来进行图像比例的缩放，滑动栏两边有两个形状像山的小图标，用鼠标单击左边图像缩小，鼠标单击右边图像放大，便于我们整体局部观察图像。同时也可按住鼠标左键将导航器中的“显示框”移动到任意位置。当按住“Ctrl”键时，鼠标在导航器中就变成放大镜的形状，此时可以用鼠标拉出任意大

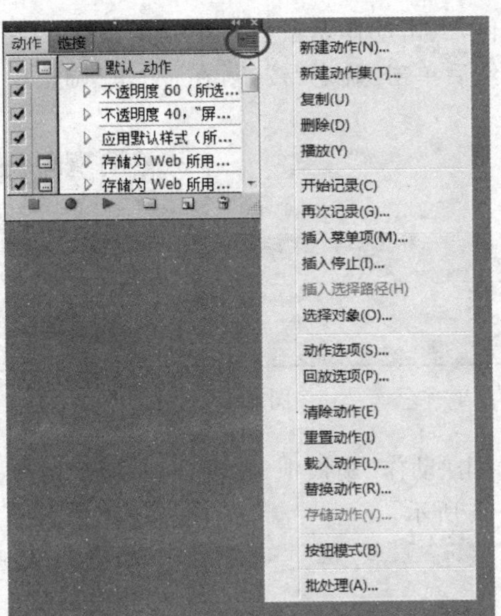

图 4-2

小的方框来对图形进行局部的观察。

4.2.3 动作浮动调板

“动作”是多个按顺序执行的命令的集合体。通过运行动作，Illustrator CS5 可以快速自动地执行多个录制在动作中的命令，从而大大提高工作效率。通过点击扩展按钮调入相应预设动作，利用这些动作可以快速得到各种字体、纹理、边框效果。在一个动作中，可跳过一些命令不执行，其方法是只要将图标关掉即可。同时“批处理”命令可以调用相关动作，对大量图形用同一种特效动作进行处理，图 4-3 所示为动作浮动调板对话框。

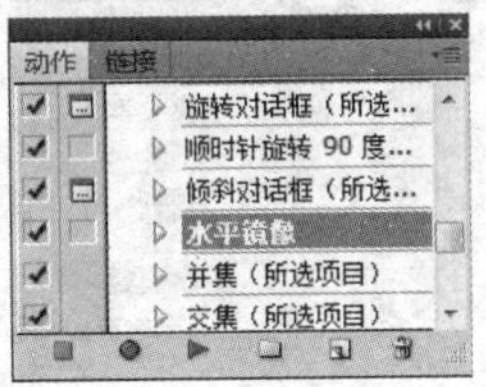

图 4-3

单击“默认动作”→“水平镜像”命令，再单击执行该命令按钮，Illustrator CS5 自动执行当前选择动作中的命令，如图 4-4 所示。

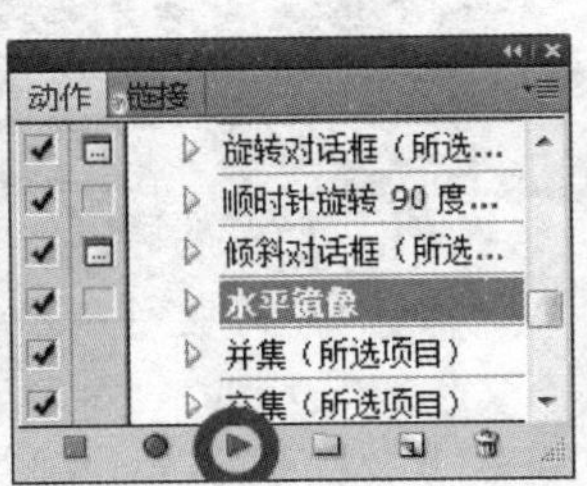

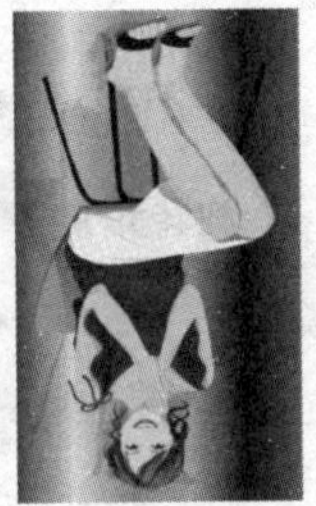

图 4-4

同时,也可以自定义动作,点击动作调板上的小三角按钮,在弹出的对话框中选择"新建动作集",设置新组的名称,然后单击"确定"按钮,在"动作"调板中增加一个新动作序列组,如图4-5所示。

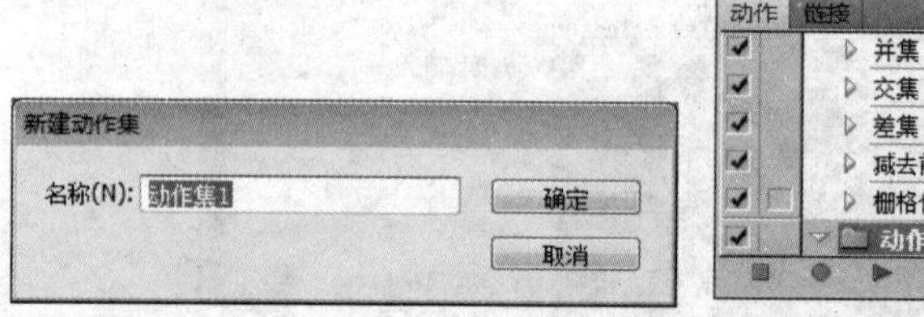

图4-5

然后选择"动作集1",单击"动作"调板中的"创建新动作"命令按钮,在弹出的对话框中设置新动作的名称,如图4-6所示。

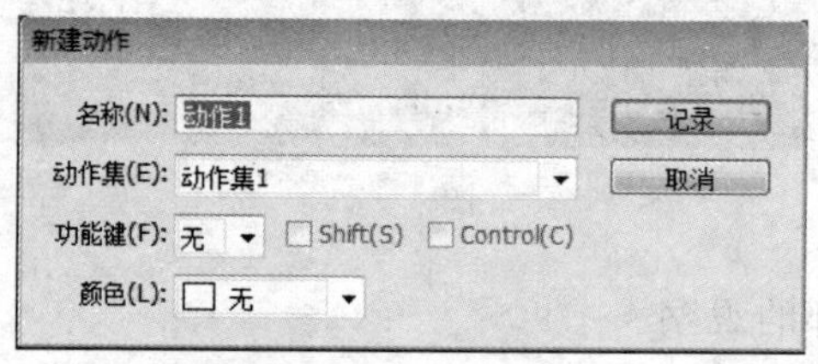

图4-6

单击"记录"按钮,此时"动作"调板中的"开始记录"命令按钮显示为红色。进行图形编辑的操作完成后,单击"动作"调板中的"停止播放/记录"命令按钮,即可完整地录制一个动作。若想删除动作,可以直接将该动作拖曳至垃圾桶图标上,即可删除该动作,如图4-7所示。

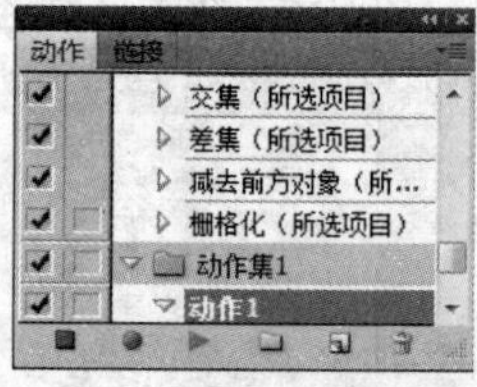

图4-7

4.2.4 变换浮动调板

选择"窗口"→"变换"命令,弹出变换浮动调板,如图4-8所示。

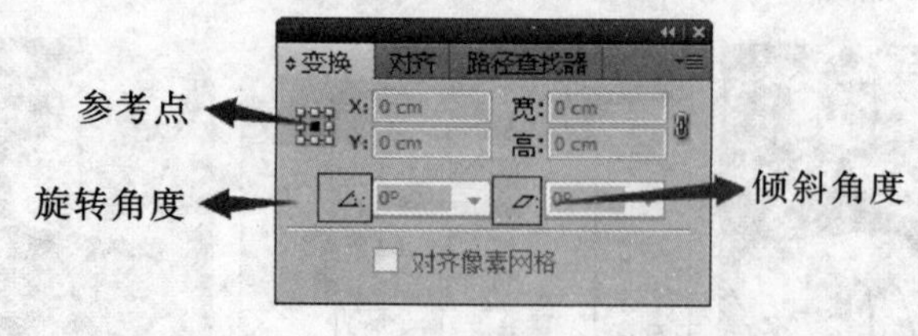

图4-8

变换浮动调板,可以显示对象参考线的位置及宽高尺寸,并可设置对象的移动、缩放、旋转、倾斜等变形操作。

◆ “参考点”:可以通过单击参考点设置变形时的基准点的位置。

◆ “X”:显示或者是输入数值以设置参考点的水平坐标。

◆ “Y”:显示或者是输入数值以设置参考点的垂直坐标。

◆ “W”:显示或者是输入数值以设置对象的宽度。

◆ “H”:显示或者是输入数值以设置对象的高度。

◆ “旋转角度”:输入数值或者是选择弹出的数据,设置对象的旋转角度。

◆ “倾斜角度”:输入数值或者是选择弹出的数据,设置对象的倾斜角度。

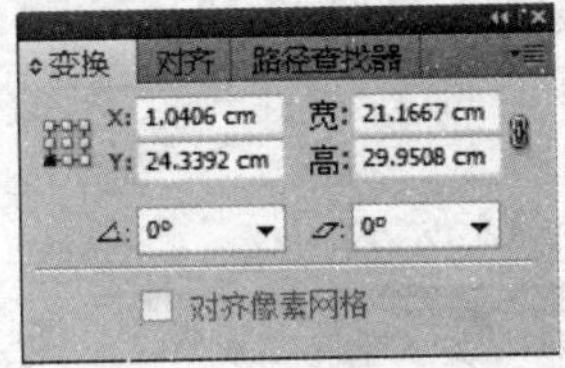

图 4－9

4.2.5 路径查找器浮动调板

选择“窗口”→“路径查找器”命令,弹出路径查找器浮动调板,如图 4－10 所示。

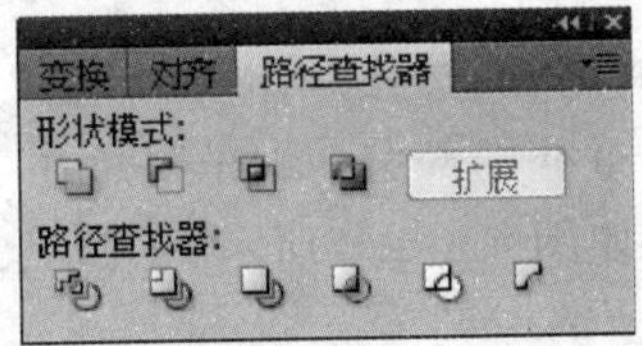

图 4－10

路径查找器浮动调板是最常用的浮动调板之一,提供对图形之间的相加、减去、交错、分割、合并、裁减等 10 种路径之间的组合方式。

1. 与形状区域相加

与形状区域相加对话框如图 4－11 所示。

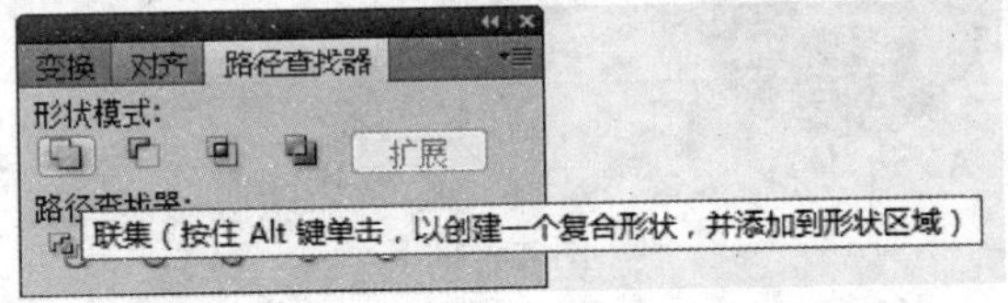

图 4－11

通过选择两个或者两个以上的路径,按住“Alt”键单击“与形状区域相加”按钮。即可以删除重叠部分,使选择的路径形成一个整体,如图 4－12 图 B 所示(若直接单击“与形状区域相加”按钮,形成一个整体但是还保留原路径,如图 4－12C 所示)。且执行后的路径属性(填色与画笔)会以最上面的路径属性为准。

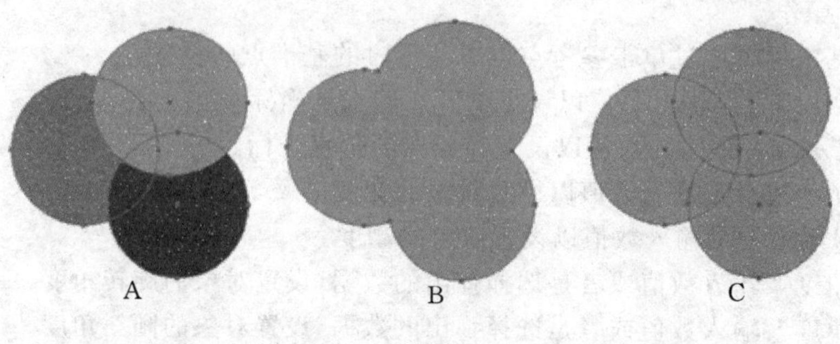

图 4－12

2. 与形状区域相减

与形状区域相减对话框如图 4－13 所示。

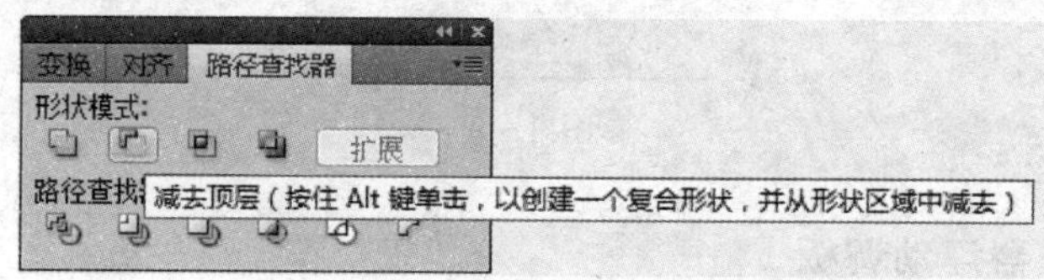

图 4－13

通过选择两个或者两个以上的路径，按住“Alt”键单击“与形状区域相减”按钮，将以最上面的路径为依据，删除下方路径重叠的部分，如图 4－14C 所示（若直接单击“与形状区域相减”按钮，则保持以前图形路径，如图 4－14B 所示）。执行后的路径属性会以最下方的路径属性为依据。

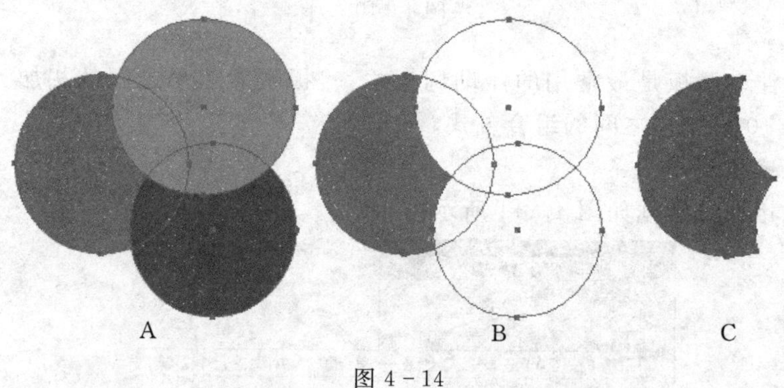

图 4－14

3. 与形状区域相交

与形状区域相交对话框如图 4－15 所示。

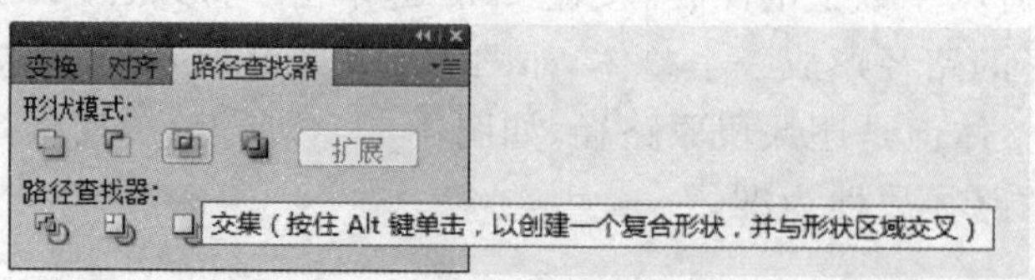

图 4－15

通过选择两个或者两个以上的路径，按住“Alt”键单击“与形状区域相交”按钮，将以最上面的路径为依据，删除下方路径没有重叠的部分，如图 4-16C 所示（若直接单击“与形状区域相减”按钮所示，则保持以前图形路径，如图 4-16B 所示）。执行后的路径属性会以最上方的路径属性为依据。

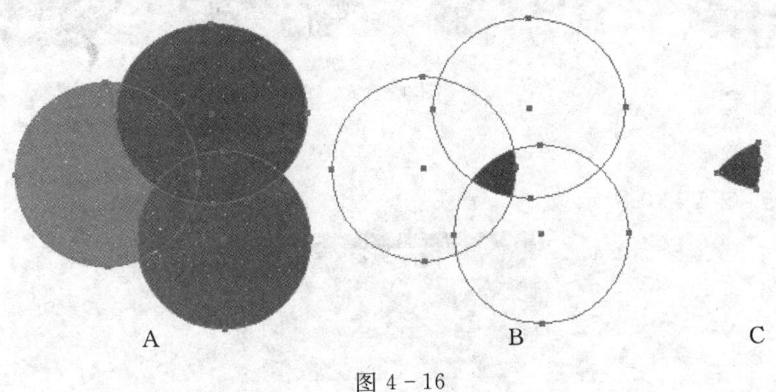

图 4-16

4. 排除重叠形状区域

排除重叠形状区域对话框如图 4-17 所示。

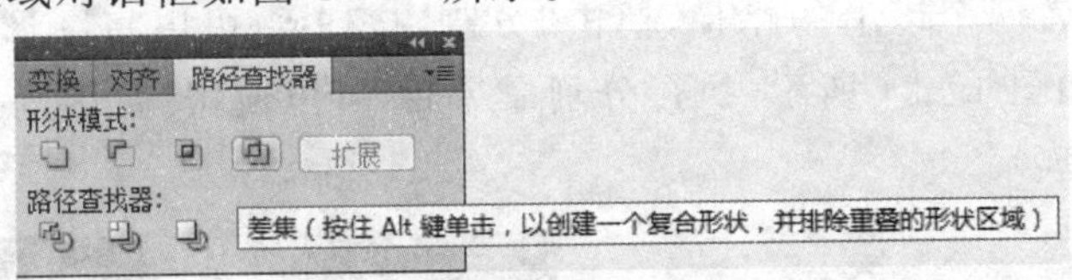

图 4-17

通过选择两个或者两个以上的路径，按住“Alt”键单击“排除重叠形状区域”按钮，将挖空重叠部分，并保留未重叠部分，选择其中一个路径拖动，重叠的部分产生如图 4-18C 所示的效果（若直接单击“与形状区域相减”按钮，选择其中一个路径拖动，重叠的部分产生如图 4-18B 所示的效果）。

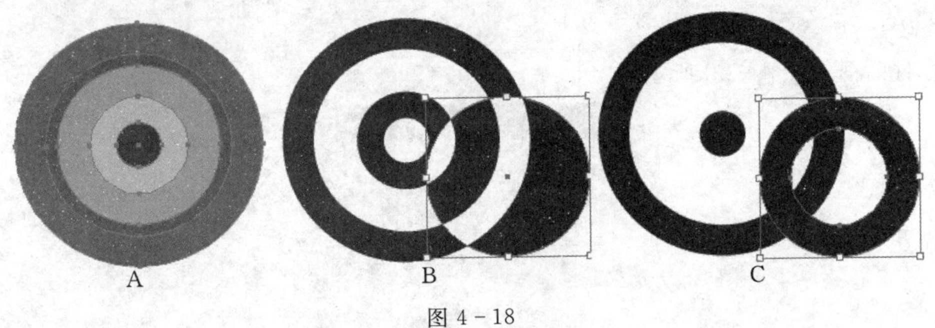

图 4-18

若重叠路径对象为偶数个时，产生挖空的效果；若重叠路径对象为奇数个时，产生填充的效果，效果如图 4-19 所示。

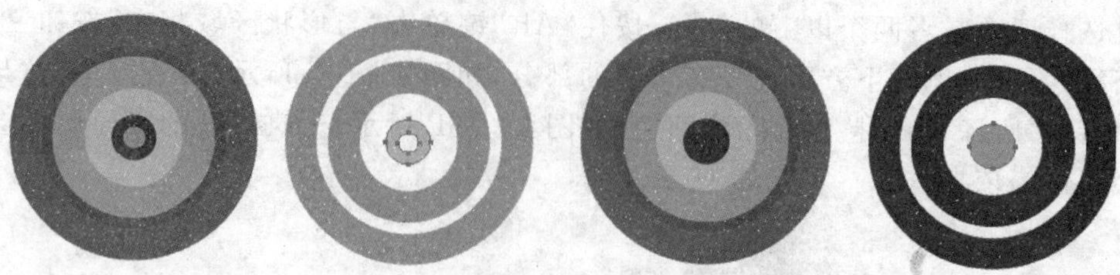

图 4-19

5. **分割**

分割对话框如图 4-20 所示。

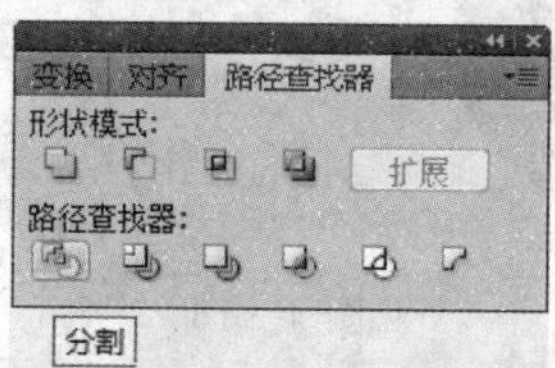

图 4-20

通过选择两个或者两个以上的路径,单击“分割”按钮可以将图形相交的位置切割开,便于对图形的休整,如图 4-21 所示(执行分割命令后,可以使用“直接选择工具”,选取适当的图形路径将图形分离)。

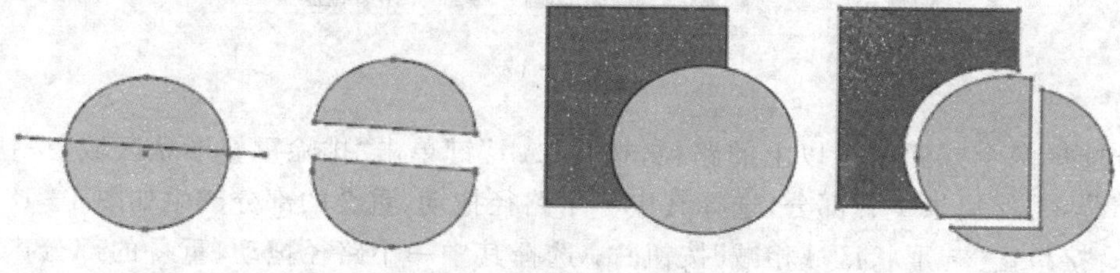

图 4-21

6. **修边**

修边对话框如图 4-22 所示。

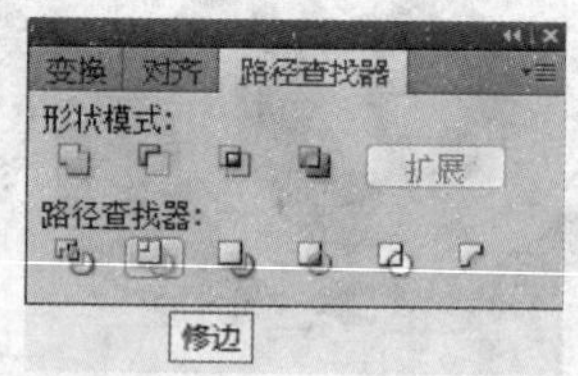

图 4-22

通过选择两个或者两个以上的路径,单击“修边”按钮可以将图形相交的位置切割开,以产生一个个分开的封闭路径,而且所有路径都不会被设置笔画属性,分割开的图形各自保留各自独立的属性,切割后的路径会组成一组路径群,使用“直接选择工具”选取适当的图形路径可将图形分离,如图 4-23 所示。(与分割的区别是修边保留最上面路径图形的完整性,而分割相交部分则独立分离出来。)

图 4 - 23

7. 合并

合并对话框如图 4 - 24 所示。

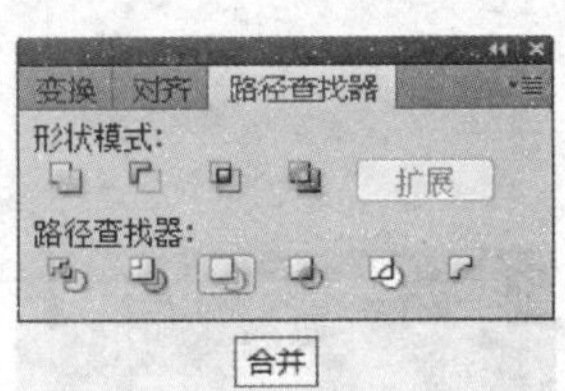

图 4 - 24

通过选择两个或者两个以上的路径，单击“合并”按钮。可以将下面路径被覆盖的部分删除，产生一个个分割的路径，且各部分的路径都保留原来颜色属性，切割后的路径会组成一组路径群，使用“直接选择工具”选取适当的图形路径可将图形分离(合并与修边的区别是，填色颜色相同的路径重叠时，在执行“合并”后会被合并成一条路径，如图 4 - 25A 所示，但执行“修边”则仍为独立路径，如图 4 - 25B 所示)。

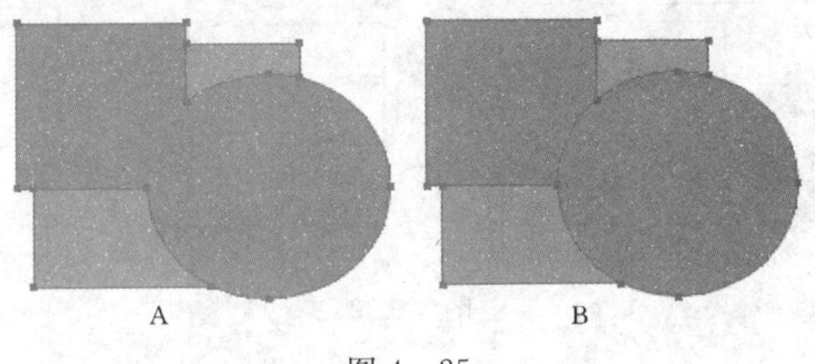

A B

图 4 - 25

8. 裁切

裁切对话框如图 4 - 26 所示。

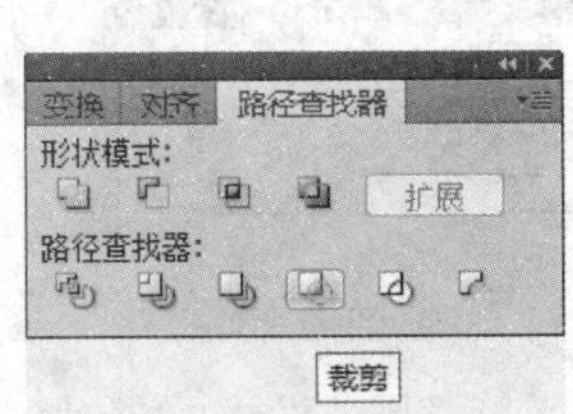

图 4 - 26

通过选择两个或者两个以上的路径，单击“裁切”按钮，将会以最上面的路径为依据，将最上面的路径图形删除，且只保留路径之间重叠的区域。执行“裁切”命令后，且各部分的路径都保留原来颜色属性，切割后的路径会组成一组路径群，使用直接选择工具选取适当的图形路径可将图形分离。

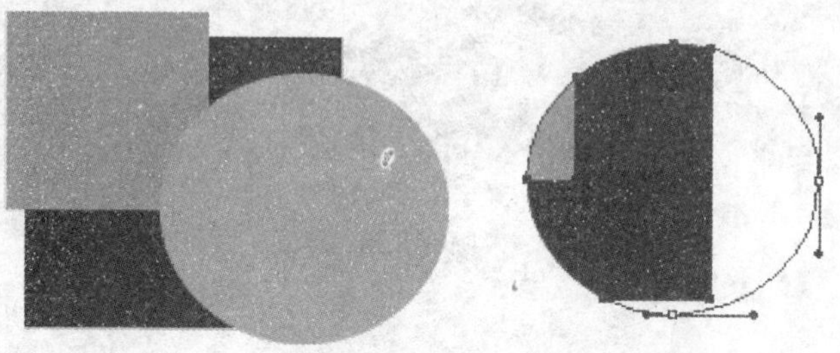

图 4-27

9. **轮廓**

轮廓对话框如图 4-28 所示。

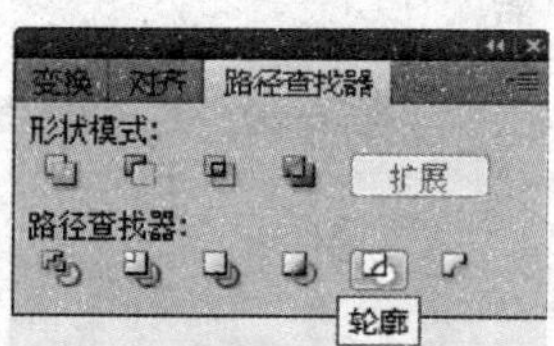

图 4-28

通过选择两个或者两个以上的路径，单击“轮廓”按钮，则会依照画笔线段重叠的位置，产生一个个分段的开放路径，而且会依照填充颜色为路径轮廓上色，如图 4-29 所示。

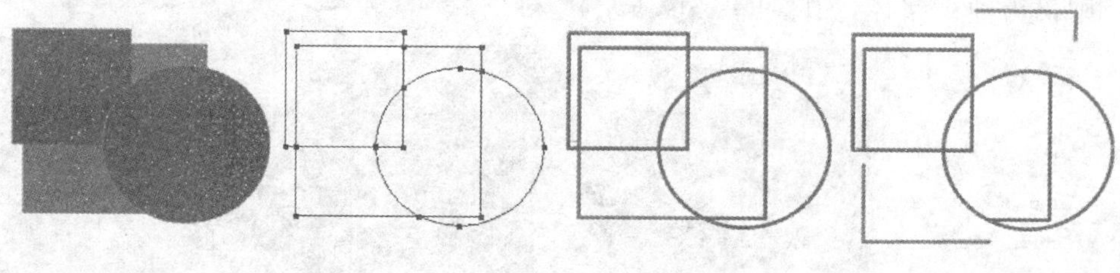

图 4-29

10. **减去后方对象**

减去后方对象对话框如图 4-30 所示。

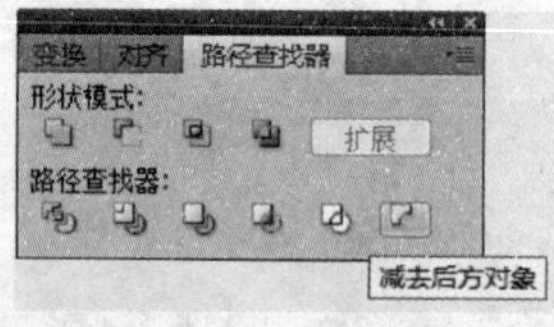

图 4-30

通过选择两个或者两个以上的路径，单击“减去后方对象”按钮，则上面的对象会依照下面对象的属性(形状、颜色、画笔等)为依据，删除与上方路径重叠的部分，如图 4-31 所示。

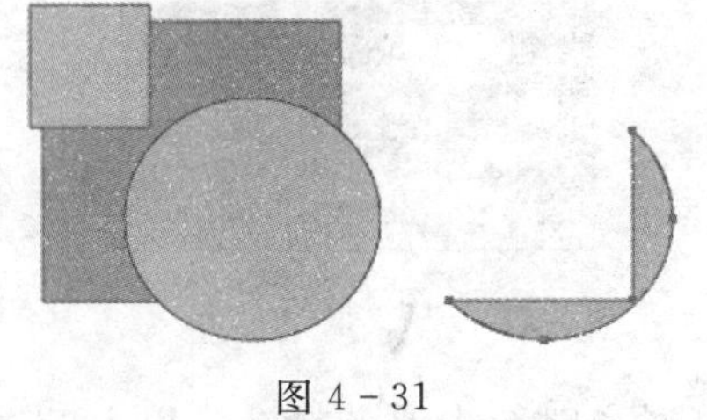

图 4－31

11. 陷印

陷印对话框如图 4－32 所示。

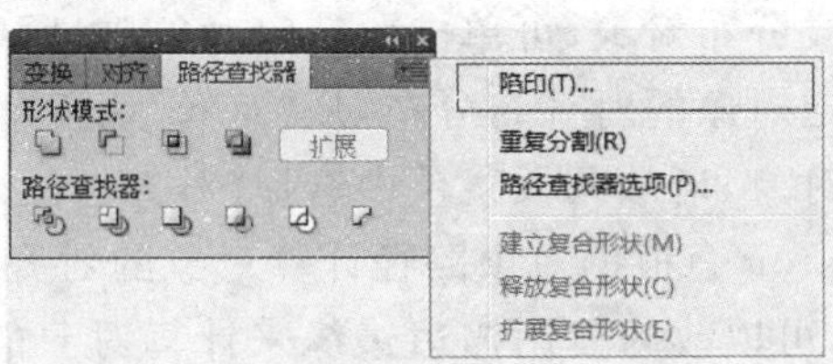

图 4－32

当颜色重叠时可能会在印刷过程中产生间隙，这就是陷印的情况。为了避免这种情况的发生，就需要对对象进行陷印处理，以让填色之间产生重叠的部分，不产生陷印的误差。选择“陷印”命令，弹出对话框，如图 4－33 所示。

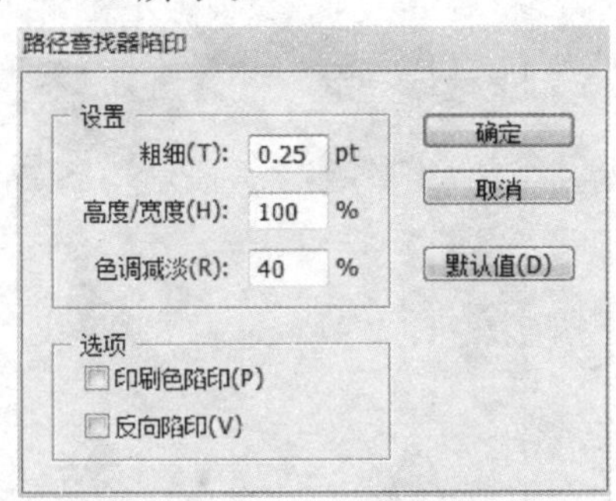

图 4－33

◆“粗细”：设置陷印的厚度。

◆“高度/宽度”：设置陷印时的宽、高百分比。

◆“色调减淡”：设置减低颜色饱和度的百分比。

◆“印刷色陷印”：可以设置印刷色作为陷印的颜色。

◆“反向陷印”：可以产生反转补陷印的效果。

◆“默认”：可以将对话框中的设置恢复到默认的数据。

4.2.6 对齐浮动调板

选择“窗口”→“对齐”命令，弹出对齐浮动调板。默认情况下，“对齐”调板中仅显示最常使用的选项。若要显示所有选项，请从调板菜单中选择“显示”选项，或者单击调板选项卡上的双三角形，对显示大小进行循环切换。对齐浮动调板对话框如图 4－34 所示。

图 4－34

选择要对齐或分布的对象(对齐时至少要选择 2 个以上的对象,分布时至少要选择 3 个以上对象)。在“对齐”调板中执行下列操作:

若要根据所有选定对象的定界框对齐或分布对象,可单击所需类型的对齐按钮或分布按钮。若要根据特定对象对齐或分布对象,可单击此特定对象,然后单击所需类型的对齐按钮或分布按钮。若要停止针对特定对象的对齐与分布,从“对齐”调板菜单中选择“取消关键对象”。

若要根据画板位置对齐对象,请从调板菜单中选择“对齐到画板”,然后单击所需类型的对齐按钮。默认情况下,Illustrator 会根据对象路径计算对象的对齐和分布情况。不过,当处理具有不同描边粗细的对象时,可以改为使用描边边缘来计算对象的对齐和分布情况。要执行此操作,从“对齐”调板菜单中选择“使用预览边界”。

对齐对象:水平左对齐如图 4－35A 所示,水平居中对齐如图 4－35B 所示、水平右对齐如图 4－35C 所示,垂直顶对齐如图 4－36D 所示,垂直居中对齐如图 4－36E 所示,垂直底对齐如图 4－36F 所示。

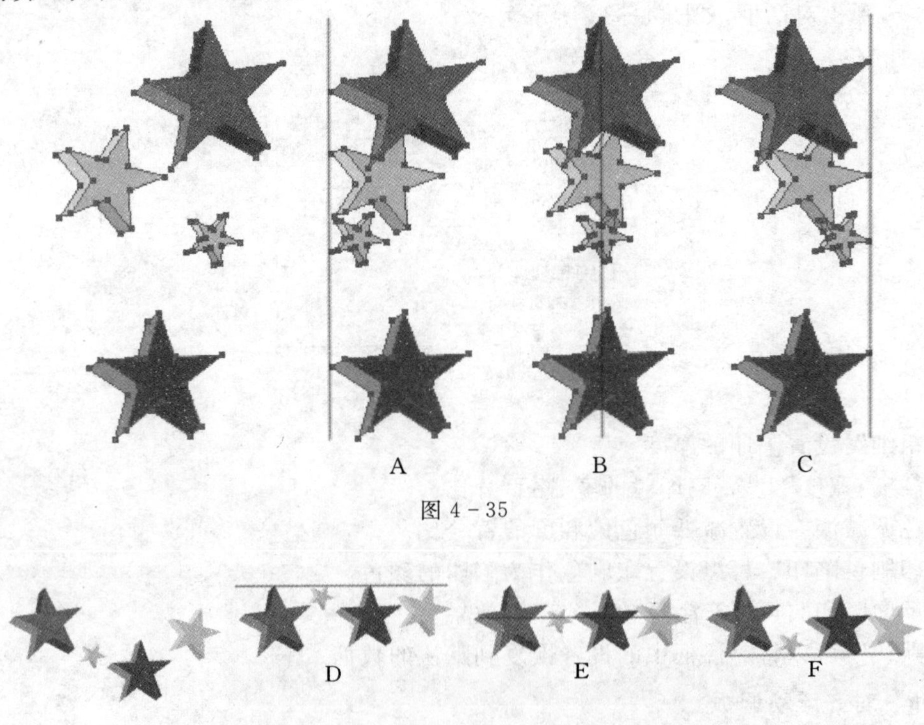

图 4－35

图 4－36

分布对象:垂直顶分布如图 4－37A 所示,垂直居中分布如图 4－37B 所示,垂直底分布如图 4－37C 所示,水平左分布如图 4－37D 所示,水平居中分布如图 4－37E 所示,水平右分布如图 4－37F 所示。

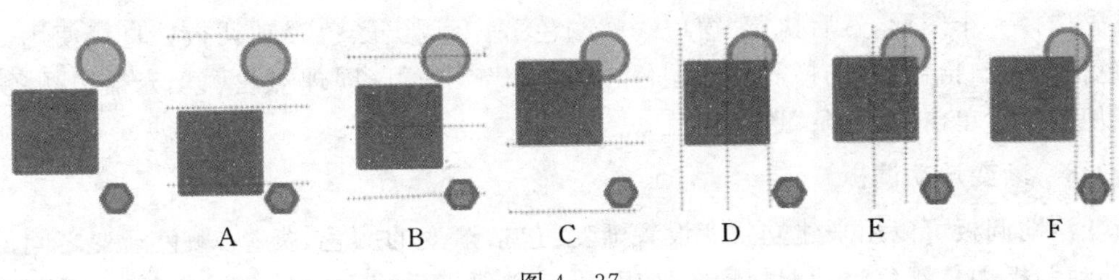

图 4-37

分布间距：垂直分布间距 如图 4-38A 所示，水平分布间距 如图 4-38B 所示。

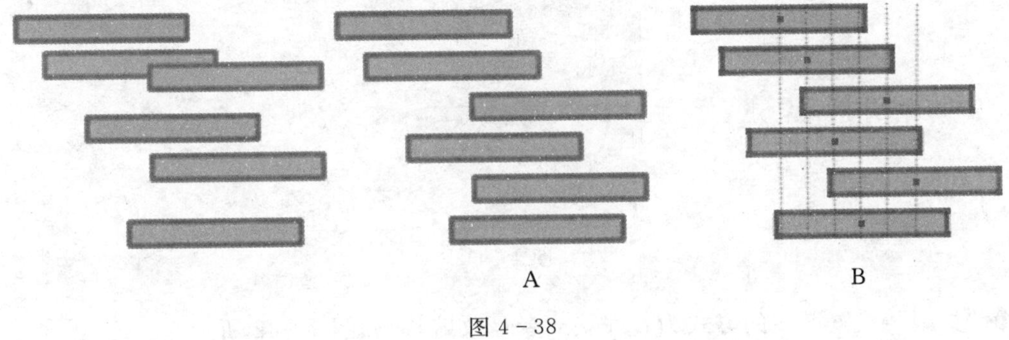

图 4-38

4.2.7 颜色浮动调板

选择“窗口”→“颜色”命令，弹出颜色浮动调板，如图 4-39 所示。可以通过调整划快、输入数值或者是点击“颜色条”方式选择颜色。

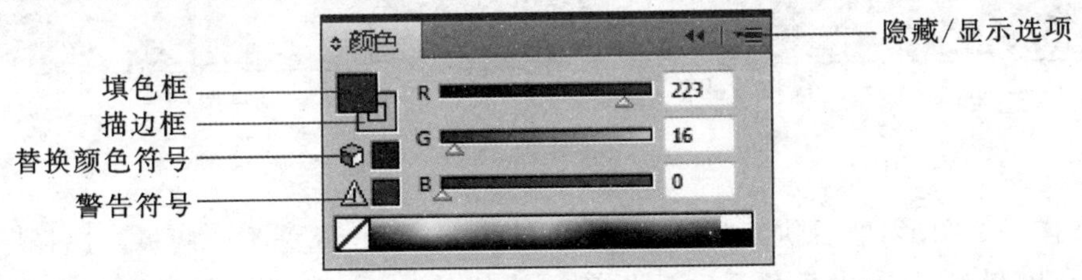

图 4-39

色彩的模式包括灰度、RGB、HSB、CMYK 及 Web Safe RGB 共 5 种，如图 4-40 所示。(若在使用 RGB 或 HSB 的色彩模式时，浮动调板面版中出现“警告”符号，则表示该选择颜色无法实际印刷出来。此时可以通过单击警告符号，则 Illustrator CS5 软件会自动查找最类似的可以印刷出来的颜色替换。)

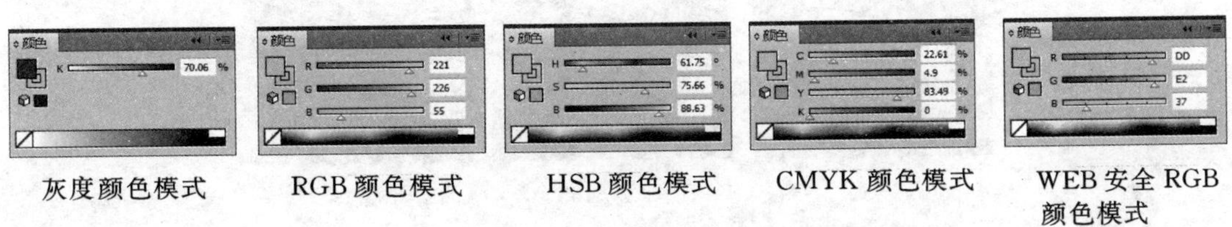

图 4-40

首先选择一个图形,然后执行“窗口”→“颜色”命令调出颜色浮动调板。直接使用鼠标双击“填色框”,弹出拾色器,选择需要的颜色,点击“确定”即可(同理对轮廓填充描边颜色)。或者直接使用鼠标单击“颜色条”选择颜色。

4.2.8 渐变浮动调板

渐变浮动调板可以用来建立或者设置渐变,包括渐变的颜色、类型、颜色渐变之间的距离(渐变浮动调板需与颜色浮动调板配合使用,可以创建出千变万化的色彩变化)。渐变浮动调板对话框如图 4-41 所示。

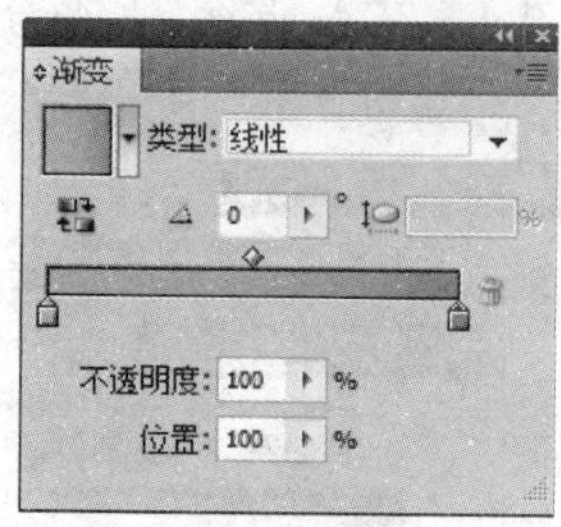

图 4-41

- “类型”:设置渐变的方式为直线状或者是放射状,如图 4-42 所示。
- “角度”:当渐变的方式为直线状时,可以通过输入数值来调整渐变的方向。
- “位置”:输入数值,可以设定中点位置与颜色间距的百分比。

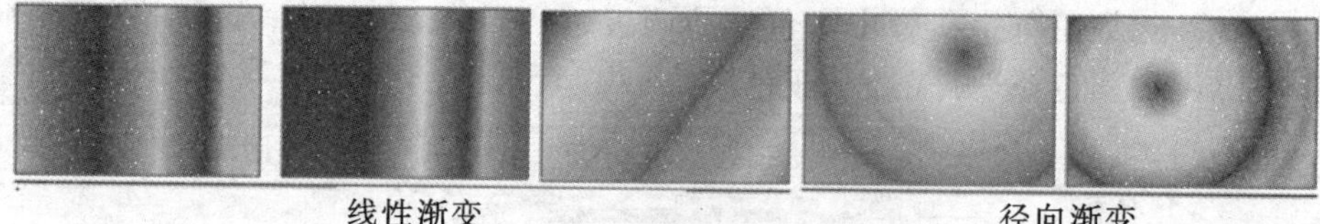

图 4-42

首先选择一个图形,然后执行“窗口”→“渐变”命令调出渐变浮动调板。选择一种渐变类型,单击色彩控制按钮,弹出颜色浮动调板,在“颜色条”上点击选择需要的颜色(可以通过在“渐变”浮动调板中“色彩控制按钮”之间的空白处单击来增加含有其他颜色信息的“色彩控制按钮”)。然后选择工具箱“渐变工具■”,直接在图形中拖曳即可完成一个渐变效果(使用“渐变工具■”拖曳可以很好地控制渐变效果的起点和结束点)。效果如图 4-43 所示。

图 4-43

4.2.9 描边浮动调板

使用描边浮动调板可控制线段为实线还是虚线、为虚线时的虚线次序、描边的粗细、斜接限制，以及线段连接和线段端点的样式。若要显示调板，可选择“窗口”→“描边”命令(默认情况下，“描边”调板中只显示“粗细”选项。若要显示所有选项，可从调板菜单中选择“显示”选项，也可以单击调板选项卡上的双三角形来循环切换显示大小)。描边浮动调板对话框如图 4 - 44 所示。

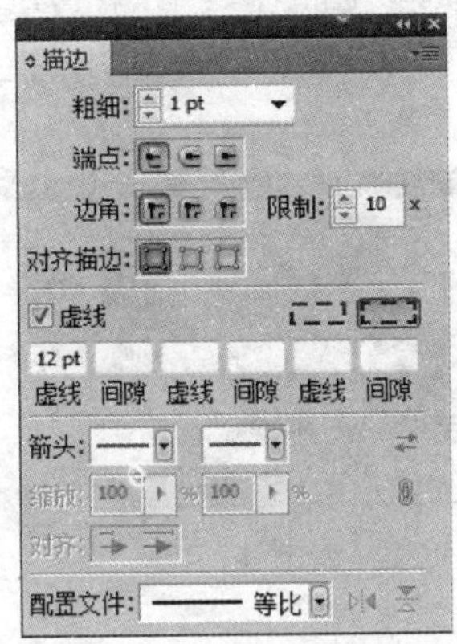

图 4 - 44

首先选择一个路径线段，然后执行“窗口”→“描边”命令调出描边浮动调板。通过设定相关数据制作出描边的各种预设效果，如图 4 - 45 所示。

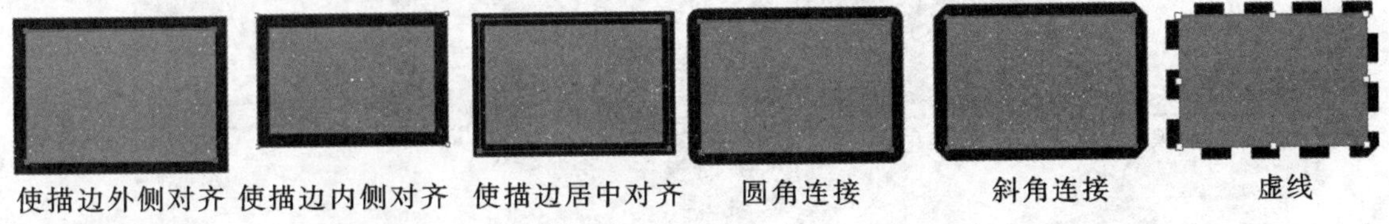

图 4 - 45

◆“粗细”：可以输入数值以自定义描边的宽度，或选择弹出式菜单选择默认宽度大小。

◆“斜接限制”：设置画笔宽度与斜角结合长度间的比例。

◆“平头端点”：创建具有方形端点的描边线。

◆“圆头端点”：创建具有半圆形端点的描边线。

◆“方头端点”：创建具有方形端点且在线段端点之外延伸出线条宽度的一半的描边线。此选项使线段的粗细沿线段各方向均匀延伸出去。

◆“斜接连接”：创建具有点式拐角的描边线。介于 1～500 的斜接限制。斜接限制值可以控制程序在何种情形下由斜接连接切换成斜角连接。默认的斜接限制是 4，这表示当连接点的长度达到描边粗细的 4 倍时，程序会将其从斜接连接切换为斜角连接。若斜接限制为 1，则直接生成斜角连接。

◆“圆角连接”：创建具有圆角的描边线。

◆“斜角连接”：创建具有方形拐角的描边线。

◆“对齐描边”：如果对象是一条闭合路径，从以下选项中选择一个选项来确定描边与路径的对齐方式：“使描边居中对齐”“使描边内侧对齐”“使描边外侧对齐”。(对使用不同描边对齐选项的路径，可能很难做到精确对齐。例如，如果复制一条现有的路径，改变副本的描边对齐选项，然后试着将两条路径对齐，那么路径的边上可能会显示一些离散的像素。这是因为描边对齐的视觉结果是原始路径的近似结果，而不是精确的副本。）

4.2.10 色板浮动调板

可以使用“色板”调板设置对象的颜色、渐变、图案和色调。当选择的对象的填色或描边包含从“色板”调板应用的颜色、渐变、图案或色调时，应用的色板在“色板”调板中突出显示，如图 4－46 所示。

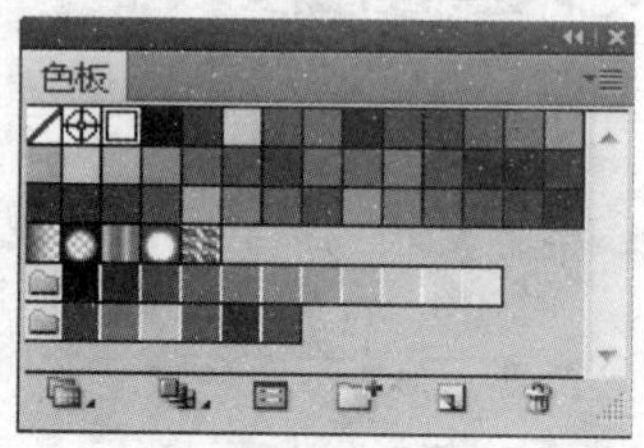

图 4－46

首先选择一个图形，然后执行“窗口”→“色板”命令调出色板浮动调板。直接使用鼠标点击色板中的颜色块即可对图形对象填充相关颜色，如图 4－47 所示。

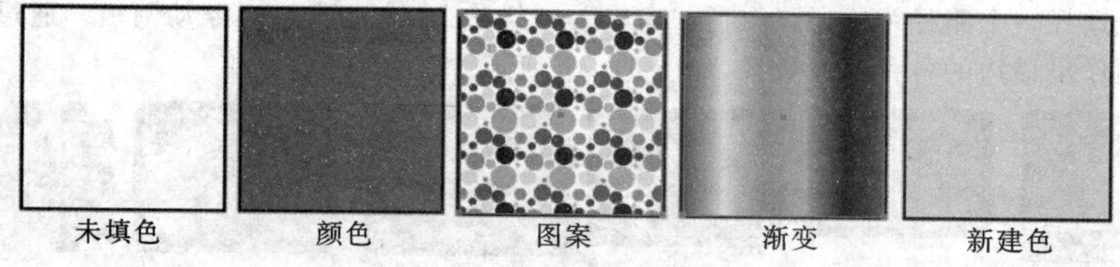

图 4－47

点击色板右上角，弹出关联菜单，如图 4－48 所示。

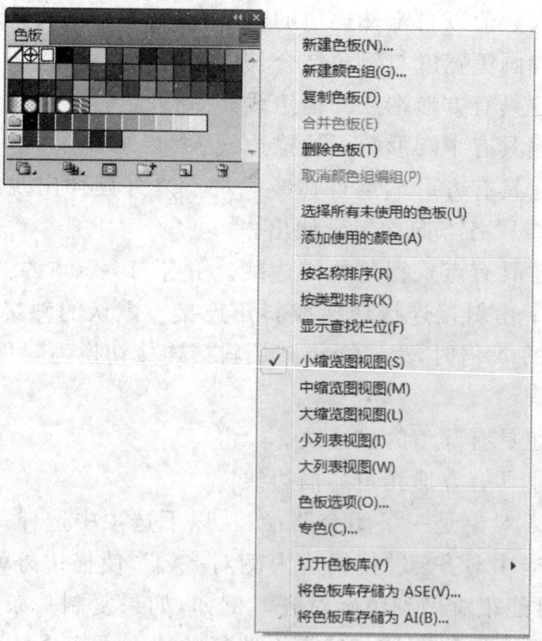

图 4－48

◆“新增色板”:根据当前选择的图形中的颜色,在色板浮动调板中增加。

◆“复制色板”:在色板中选择一个颜色,执行“复制色板”命令可以将该颜色复制一个且放在“色板浮动调板”中所有颜色的后面。

◆“删除色板”:在色板中选择一个颜色,执行“删除色板”命令可以将该颜色删除。

◆“合并色板”:可以将相同成分但不同名称的特别色色板进行合并。

◆“选择所有未使用的色板”:将没有被使用的色板全部选择。

◆“排序”:可以显示特定类型色板,并进行排列。

◆“视图”:更改色板的显示情况。

◆“色板选项”:可以编辑色板的名称、颜色模式、颜色类型、颜色成分比例。

◆“打开色板库”:提供了多种颜色模式,可以根据后期输出的需要,选择合适的色板类型。

4.2.11 画笔浮动调板

选择“窗口”→“画笔”命令,弹出“画笔”对话框,点击色板右上的小三角符,可以看到有4种画笔类型,即散点画笔、书法画笔、图案画笔、艺术画笔。通过选择不同类型画笔可以使对象产生不同的效果,如图 4-49 所示。

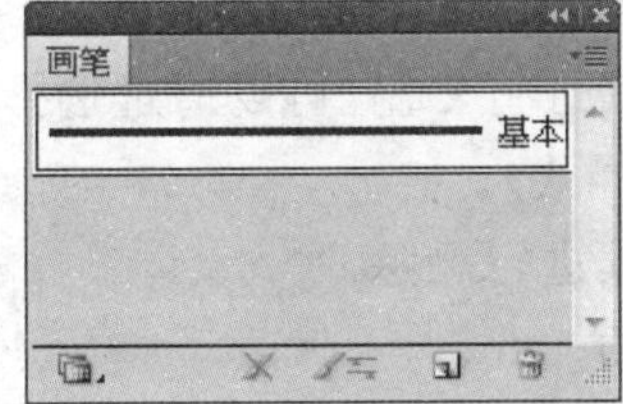

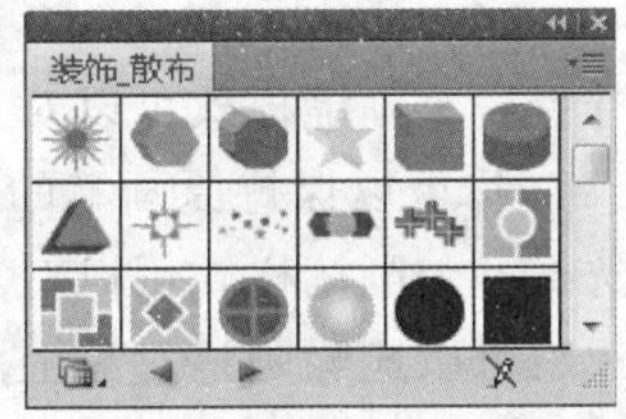

图 4-49

◆“书法画笔”:所创建的描边,类似于用笔尖呈某个角度的书法笔,沿着路径的中心绘制出来。

◆“散点画笔”:将一个对象(如一只瓢虫或一片树叶)的许多副本沿着路径分布。

◆“艺术画笔”:沿路径长度均匀拉伸画笔形状(如粗炭笔)或对象形状。

◆“图案画笔”:绘制一种图案,该图案由沿路径重复的各个拼贴组成。图案画笔最多可以包括5种拼贴,即图案的边线、内角、外角、起点和终点。不同画笔绘制效果如图 4-50 所示。

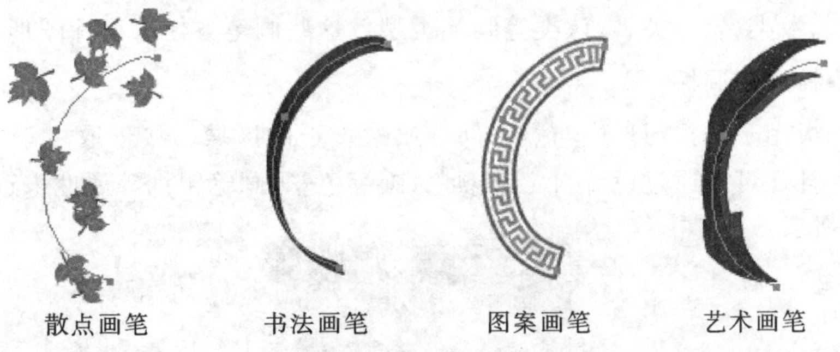

图 4-50

点击色板右上角,弹出关联菜单,如图 4-51 所示。

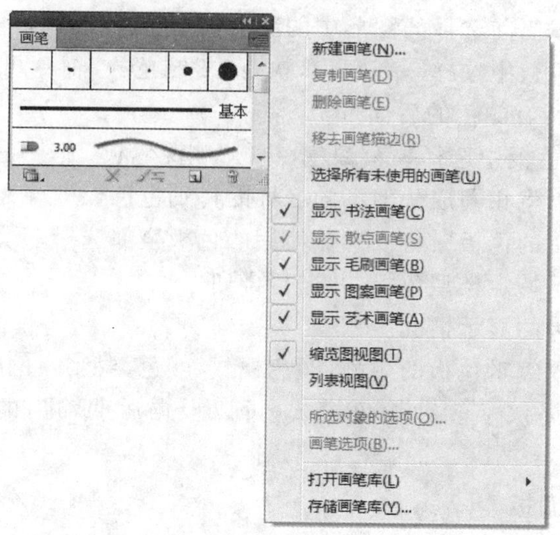

图 4－51

◆“新增画笔”:可以新建一个画笔。选择“新增画笔”,显示新增加画笔的高级对话框,通过设置相关数据,建立一个新画笔。

◆“复制画笔”:选择一个画笔样式可以对其进行复制(可以通过选择复制的画笔使用“新增画笔”命令对其进行编辑,可以保持原画笔的样式)。

◆“删除画笔”:选择一个画笔样式可以对其进行删除。

◆“移去画笔描边”:可以删除画笔对象上的样式。

◆“选择未使用的画笔”:可以选择没有使用过的画笔。

◆“显示……”:可以通过勾选相关项目,显示或者隐藏相关画笔样式并在画笔浮动调板上显示相关选择的画笔样式内容。

◆“……视图”:通过选择不同的视图,在画笔浮动调板上显示画笔的样式。

◆“画笔选项”:选择画笔浮动调板中任意一个画笔样式。选择“画笔选项”可以对当前选择的画笔进行编辑。

◆“画笔库”:默认情况下,Illustrator 提供了多种画笔样式可供选择,并可从其他文件中加载画笔来使用。选择画笔浮动调板右上小三角符号,弹出关联菜单,选择“打开画笔库”即可以看到箭头类、艺术类、装饰类、默认类等画笔类型。这些画笔方便了设计图形时调用。

4.2.12 魔棒浮动调板

魔棒浮动调板用于选择图形中与点击部分属性接近的区域。接近取决于图形对象的“容差”数值的设置,且还可以通过设计自定义颜色、画笔色彩、画笔粗细等属性来选择相近似的对象,如图 4－52 所示。

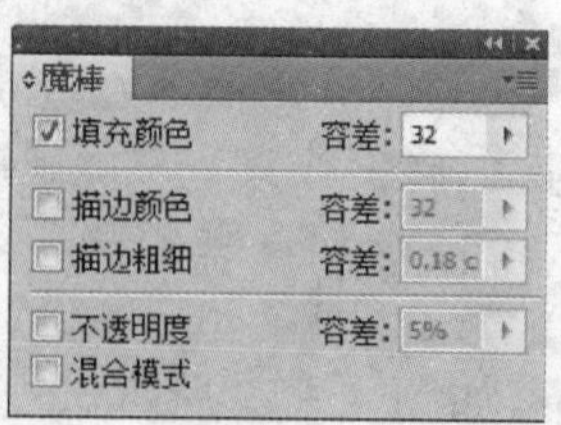

图 4－52

选择“窗口”→“魔棒”命令，或者双击工具箱中的“魔棒”工具符号，弹出魔棒浮动调板。

◆ “填充颜色”：若要根据对象的填充颜色选择对象，请选择“填充颜色”，然后输入“容差”值，对于 RGB 模式，该值应介于 0～255 像素；对于 CMYK 模式，该值应介于 0～100 像素。容差值越低，所选的对象与单击的对象就越相似；容差值越高，所选的对象所具有的属性范围就越广。

◆ “描边颜色”：若要根据对象的描边颜色选择对象，可选择“描边颜色”，然后输入“容差值”。对于 RGB 模式，该值应介于 0～255 像素之间；对于 CMYK 模式，该值应介于0～100像素。

◆ “描边粗细”：若要根据对象的描边粗细选择对象，可选择“描边粗细”，然后输入“容差”值。该值应介于 0～1000 点。

◆ “不透明度”：若要根据对象的透明度或混合模式选择对象，可选择“不透明度”，然后输入“容差”值。该值应介于 0～100％。

◆ “混合模式”：若要根据对象的混合模式选择对象，可选择“混合模式”。

4.2.13 图形样式浮动调板

使用图形样式浮动调板来创建、命名及应用外观属性集。创建一个新文档时，调板会列出默认的图形样式集。当文档处于打开状态且正在被使用时，与现用文档一同存储的图形样式将显示在调板中。若要显示图形样式调板，可选择“窗口”→“图形样式”命令。在图形样式浮动调板中可以首先通过选择图形样式浮动调板右上角的小三角，在弹出的关联菜单中选择观察方式，即“缩略图视图”“小列表视图”“大列表视图”三种视图的观察方式，如图 4－53 所示。

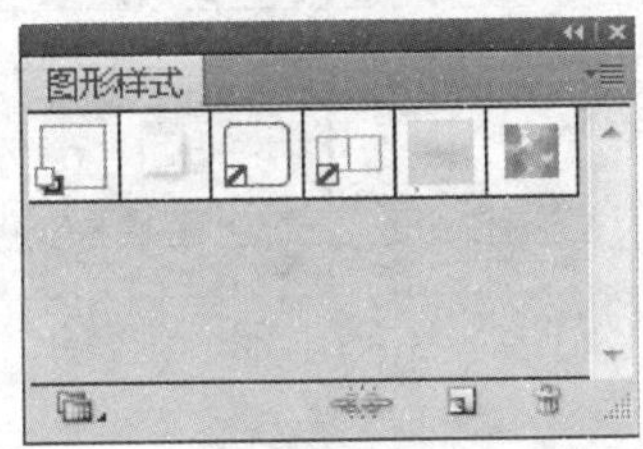

图 4－53

点击图形样式浮动调板右上角的三角按钮弹出关联菜单，如图 4－54 所示。

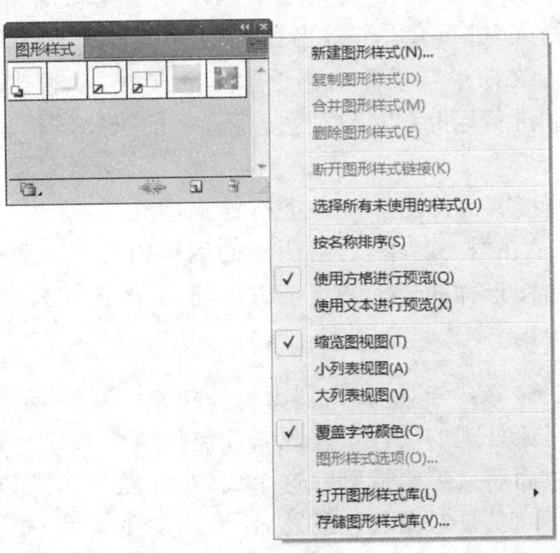

图 4－54

◆“新建图形样式”：选择一个对象并对其应用任意外观属性组合，包括填色和描边、效果和透明度设置。创建多种填色和描边。例如，可以在一种图形样式中包含三种填色，每种填色均带有不同的不透明度和混合模式（用于定义不同颜色之间如何相互作用）。

选择“图形样式”调板中的“新建图形样式”按钮 或者从调板菜单中选择“新建图形样式”命令。按住“Alt”键并双击该图形样式即可对其重新命名，然后单击“确定”按钮，如图4－55所示。

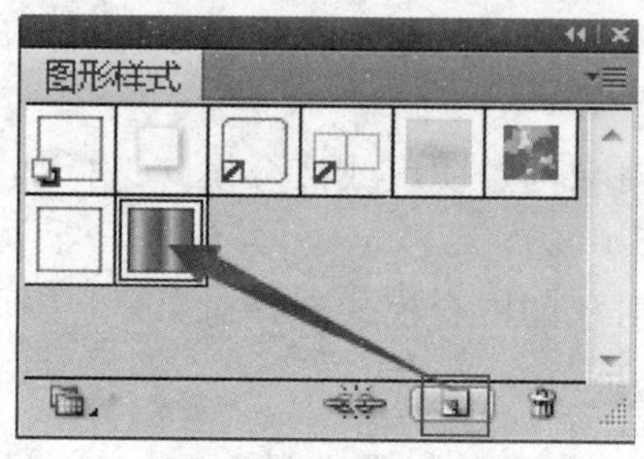

图 4－55

选择“窗口”→“外观”命令，弹出外观浮动调板，选择相关图形进行编辑，然后直接从外观浮动调板中拖曳至图形样式浮动调板，如图 4－56 所示。

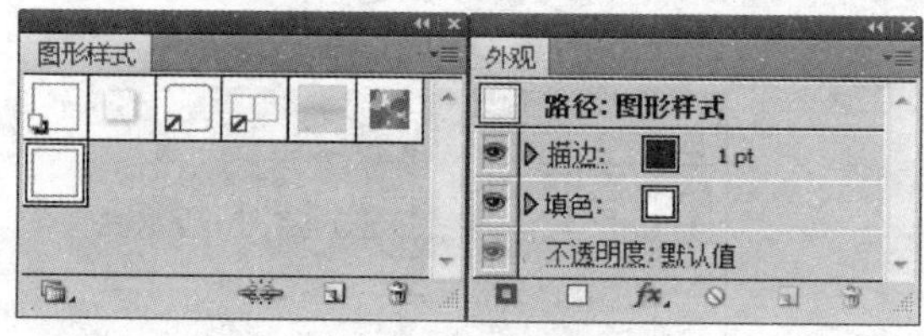

图 4－56

◆“复制图形样式”：在图形样式浮动调板中选择一个样式，然后执行“复制图形样式”命令，可以对当前选择的“样式”进行复制（可复制后再编辑形成一个新的“样式”）。

◆“合并图形样式”：在图形样式浮动调板中选择多个样式，然后执行“合并图形样式”命令，可以对当前选择的“样式”进行合并并改名称。“合并图形样式”可以产生新的“样式”。

◆“删除图形样式”：在图形样式浮动调板中选择样式，然后执行“删除图形样式”命令，可以对当前选择的“样式”进行删除（也可以直接将选择的“样式”拖曳至图形样式浮动调板右下角的垃圾桶处）。

◆“断开图形样式链接”：选择图形对齐进行样式填充后，会形成一个图形与“样式”的衔接，在图形中的编辑都记录在“样式”中，若对图形的编辑内容不想被记录可以执行“断开图形样式链接”命令，或者点击图形样式浮动调板下方的“断开图形样式链接”按钮 。

4.2.14 外观浮动调板

选择“窗口”→“外观”命令，“外观”调板列出了外观属性。（外观属性是一组在不改变对象基础结构的前提下影响对象外观的属性。外观属性包括填色、描边、透明度和效果。如果把一个外观属性应用于某对象而后又编辑或删除这个属性，该基本对象以及任何应用于该对象的其他属性都不会改变。）“外观”是对象属性的总管，对对象的填色、描边、透明度和效果进行管理，是 Illustrator 软件使用特点之一。

1. 记录对象的“外观”

选择“窗口”→“外观”命令打开一个图形，在图层浮动调板中选择一个对象组件，可以在外观浮动调板中查看并且选择相应的属性并编辑路径组件的各项数据（外观属性与图层相搭配的，图层的基本元素是“对象”，所以可在图层中选择相应的对象，使用外观浮动调板对其进行编辑），如图 4－57 所示。

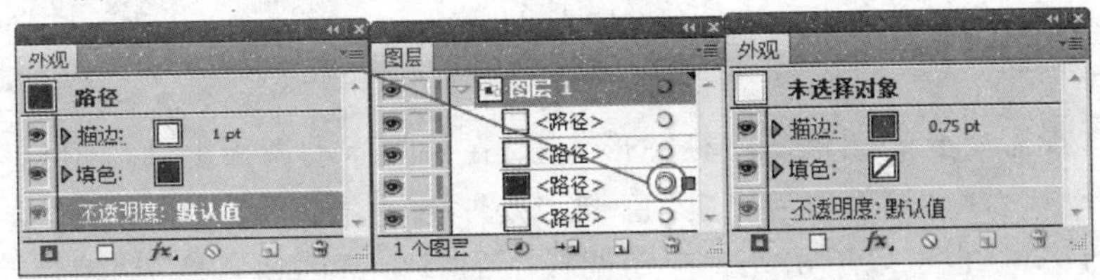

图 4－57

选择“窗口”→“外观”命令，弹出外观浮动调板。再选择“窗口”→“图层”命令，弹出图层浮动调板。在图层浮动调板上选择需要修改的对象，单击对象后的属性目标按钮○，则图标变成◎形状，表示可以对对象属性进行编辑了。对对象属性进行的编辑都会记录在外观浮动调板中，如图 4－58 所示。

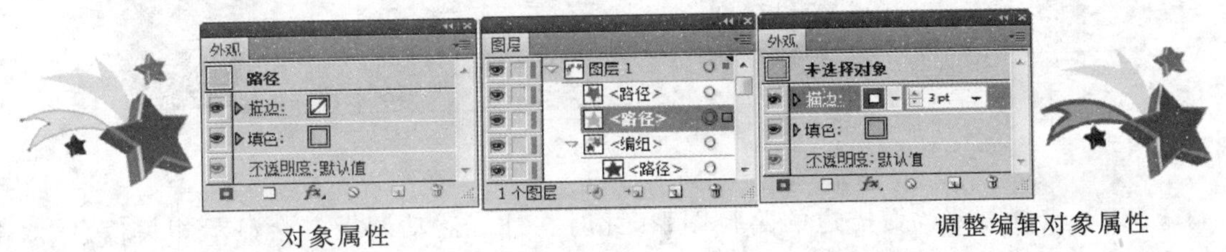

图 4－58

(1)记录编组对象的“外观”。

对象被群组后，会形成编组对象，选择该编组对象，可以在外观浮动调板查看到相应的编组属性，并可重新设置（单击对象后的属性目标按钮○，则图标变成◎形状，表示可以对对象属性进行编辑了），如图 4－59 所示。

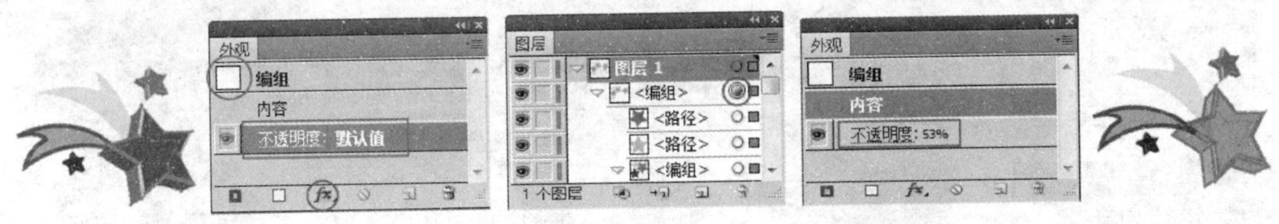

图 4－59

(2)记录图层对象的“外观”。

选择对象所在的图层，调用外观浮动调板仍可以对该图层对象作编辑。首先选择显示外观浮动调板，并选择需要编辑的图层。将光标移至图层上，单击对象后的属性目标按钮○，则图标变成◎形状，表示可以对对象属性进行编辑了。再设置填色、透明度及效果等属性，属性会记录在外观浮动调板上。完成设置后，所设置的属性会施用于该图层所有对象上，如图 4－60所示。

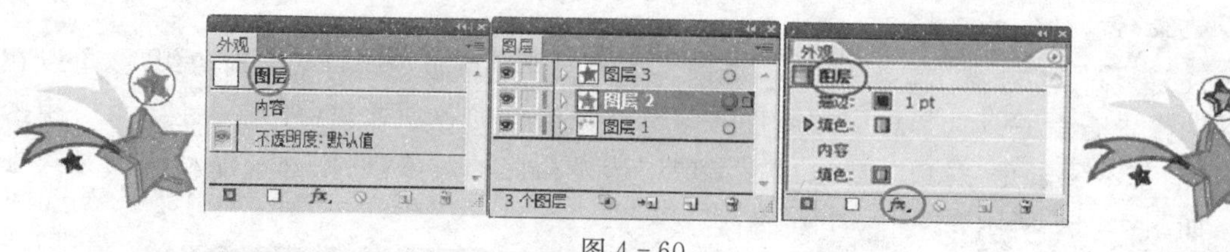

图 4－60

(3)编辑“外观”。

①填色。选择需要改变颜色的路径图形,此时在外观浮动调板上会显示相关信息,再双击“填色”即可打开颜色浮动调板直接在“颜色条”上选择颜色,如图 4－61 所示,选择蓝色即可以对图形颜色进行编辑(也可以单击外观浮动调板上的“填色”再到属性栏“填色”中选择自己喜欢的颜色予以替换)。

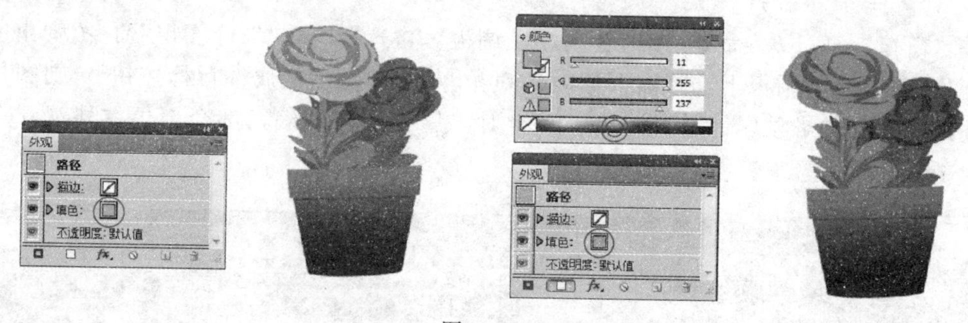

图 4－61

②描边。选择需要改变描边的路径图形,此时在外观浮动调板上会显示相关信息,双击“描边”即可打开颜色浮动调板。直接在“颜色条”上选择颜色,选择红色即可以对图形路径进行描边颜色选择。再选择“窗口”→“描边”命令调出描边浮动调板对描边进行编辑,如图4－62所示。(也可以单击外观浮动调板上的“描边”,再到属性栏“描边”中选择自己喜欢的颜色予以替换,在“描边粗细”对话框中选择合适的描边粗细。)

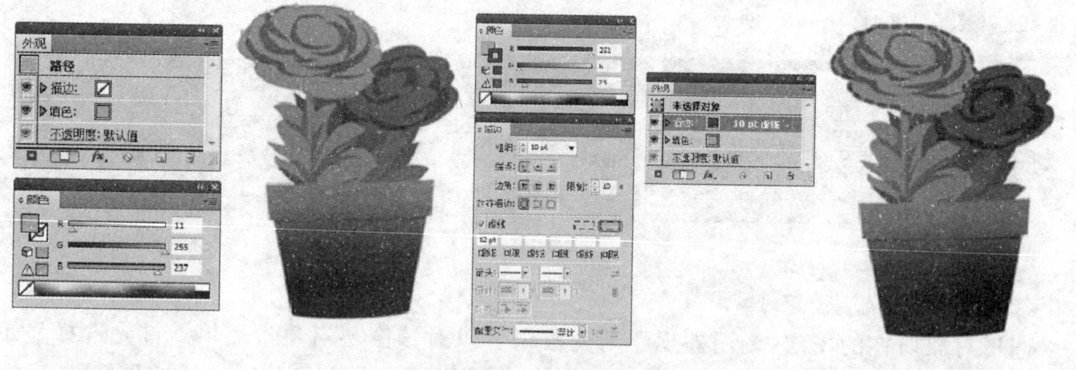

图 4－62

③透明度。选择需要改变透明度的路径图形,此时在外观浮动调板上会显示相关信息,双击“透明度”即可打开透明度浮动调板,直接在透明度浮动调板上修改数值,如图4－63所示,选择透明度“80%”,模式“强光”(也可以单击外观浮动调板上的“默认透明度”,再到属性栏“不透

明度”中输入一个数值，即可改变其透明度）。

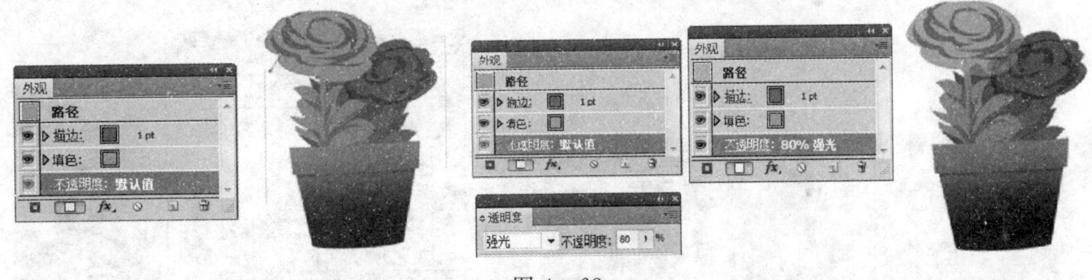

图 4－63

④样式。实现编辑需要改变路径图形的“样式”，选择外观浮动调板上“填色”，再选择“窗口”→“图形样式”命令，弹出图形样式浮动调板，如图 4－64 所示，选择一个样式即可。（也可以单击外观浮动调板上的“填色”后，再到属性栏“样式”中选择一个样式，即可对其附加图形样式）。

图 4－64

2. 外观浮动调板菜单关联栏

点击外观浮动调板右上角的小三角形符号，弹出关联菜单，如图 4－65 所示。

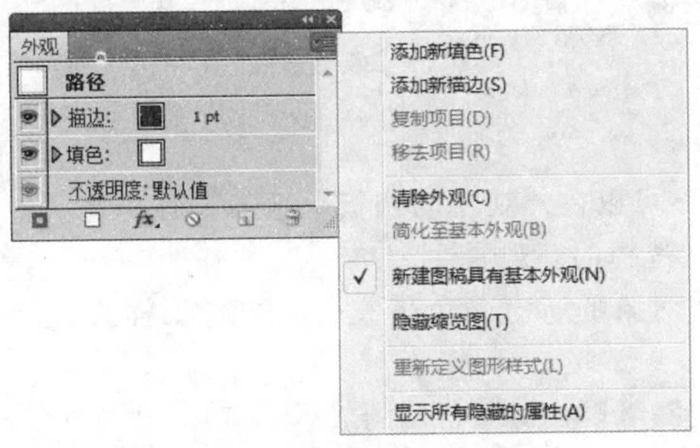

图 4－65

◆“添加新填色”：在 Illustrator 软件属性栏选择填色、不透明度、样式等任意属性，如图 4－66 所示。接下来先选择一个图形对象（见图 4－67B），再选择“填加新填色”命令（见图4－67C）。即可为对象增加一个新的外观属性。再在外观浮动调板上选择新建立的填色，如图4－67C所示。

图 4－66

即可以在外观浮动调板显示出来，如图 4－67D 所示。最后图形效果如图 4－67E 所示。

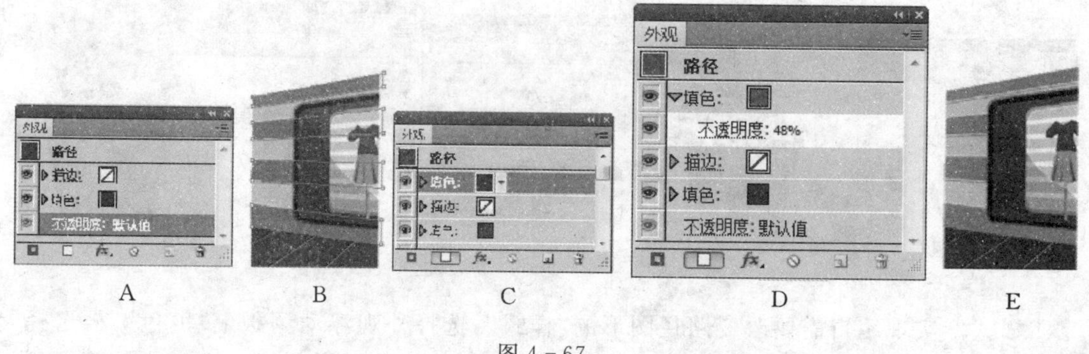

图 4－67

◆“添加新描边”：在 Illustrator 软件属性栏选择描写、不透明度、样式等任意属性，如图 4－68 所示。接下来先选择一个路径图形对象（见图 4－69B），再选择“填加新描边”命令（见图4－69C），即可为对象增加一个新的描边。再在外观浮动调板上选择新建立的描边，如图4－69C所示。

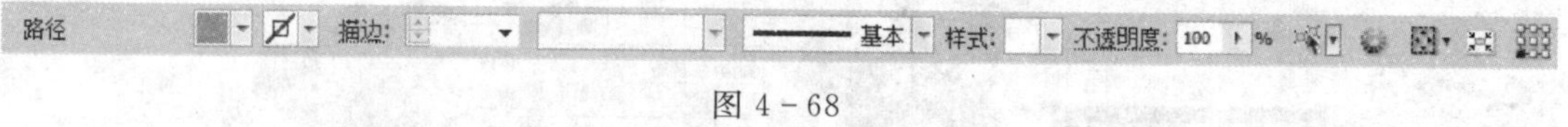

图 4－68

即可以在外观浮动调板显示出来，如图 4－69D 所示。最后图形效果如图 4－69E 所示。

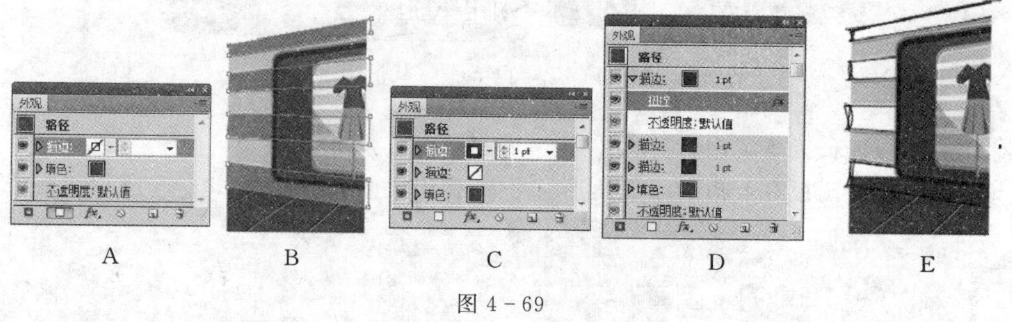

图 4－69

◆“复制/移去项目”：可以在外观浮动调板上选择一种外观属性，执行“复制/移去项目”命令即可复制或者删除所选择的外观属性。

◆“清除外观”：可将对象的所有颜色填充、描边填充、样式、透明度等完全去掉，只剩下路径。

◆“简化至基本外观”：可以将对象复制的或者是填加的“外观”删除，保留原始外观属性。

◆“新建图稿具有基本外观”：勾选即可以在使用外观浮动调板编辑对象外观时自动保留编辑信息。

4.2.15　透明度浮动调板

透明度浮动调板可用来设置矢量图形对象及位图图象对象的透明程度，如图 4－70 所示。

选择一个对象，再执行“窗口”→“透明度”命令，调出透明度浮动调板，可以对对象的混合模式及不透明度值进行设定，如图 4－71 所示。

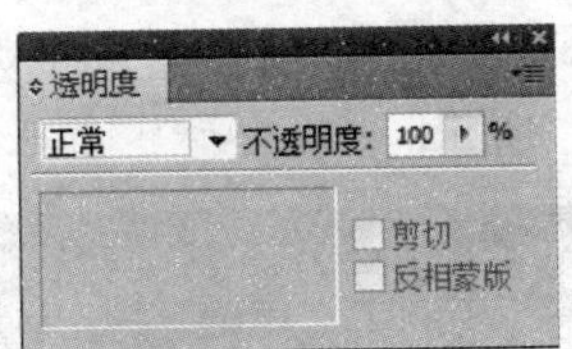

图 4－70

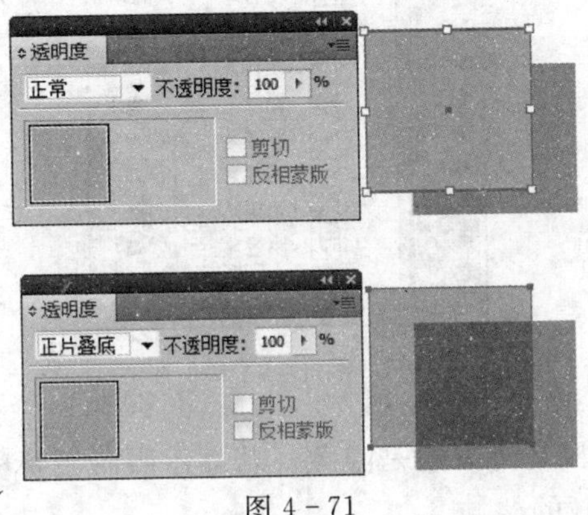

图 4－71

不透明度可以控制对象的清晰程度，数值越小，透出的底色越清晰；数值越大，底下对象被遮盖越明显，如图 4－72 所示。

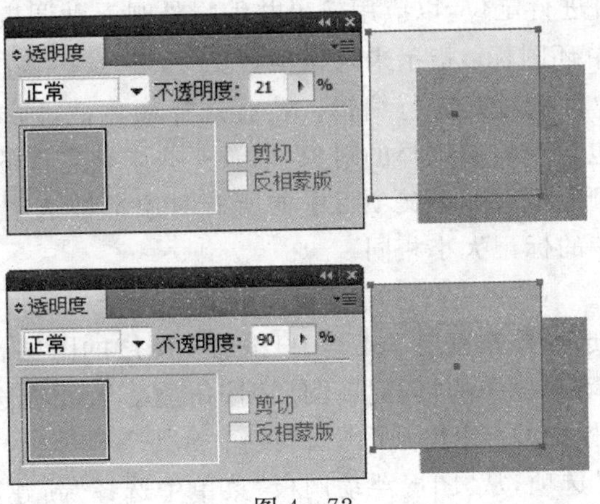

图 4－72

4.2.16 图层浮动调板

图层浮动调板可用于列出、组织和编辑文档中的对象。默认情况下，每个新建的文档都包含一个图层，而每个创建的对象都在该图层之下列出。根据设计的需求可以创建新的图层，并以最适合的方式对项目进行重排。

选择"窗口"→"图层"命令显示图层浮动调板。默认情况下，Illustrator 为图层浮动调板的每个图层分配一个唯一的颜色。当选择图层中的一个或多个对象时，图层的选择列中便会显示相应颜色，同时该颜色也会显示在所选对象的选择列中。此外，所选对象的定界框、路径、锚点及中心点也会在文档窗口显示与此相同的颜色。可以使用该颜色在图层浮动调板中快速定位对象的相应图层，并根据需求更改此图层颜色。

当图层浮动调板的项目包含其他项目时，项目名称的左侧会出现一个三角形。单击此三角形可显示或隐藏内容，如图 4－73 所示。

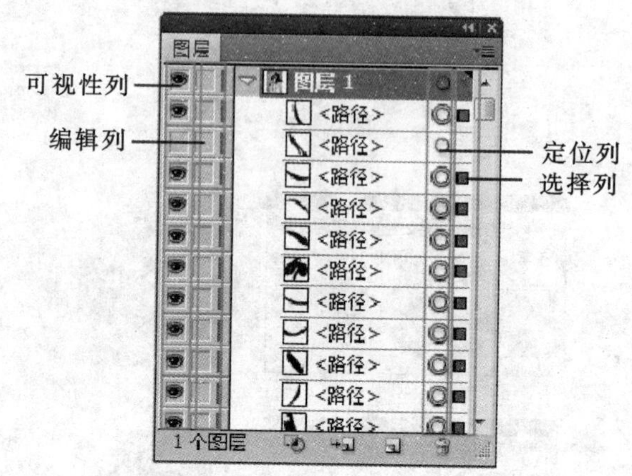

图 4－73

◆“可视性列”：控制项目是可见还是隐藏。若显示眼睛图标，则指示项目是可见的；若为空白，则指示项目是隐藏的。

◆“编辑列”：控制项目是锁定还是非锁定。若显示锁状图标，则指示项目为锁定状态，不可编辑；若为空白，则指示项目为非锁定状态，可以进行编辑。

◆“定位列”：对项目进行定位，以应用效果并编辑外观浮动调板中的属性。双环图标（或）指示已定位项目；单环图标指示未定位项目。

◆“选择列”：选择项目以对其进行编辑。若有选择颜色框，则指示项目已被选中。如果一个项目（如图层或组）包含一些被选择的对象，以及一些未被选择的其他对象，则会在父项目旁出现一个较小的选择颜色框。如果父项目中的所有对象都被选中，则父项目旁选择颜色框的大小将与选中的对象旁的标记大小相同。

1. 创建新图层

在图层浮动调板中，选择要在其上（或其中）添加新图层的图层。若要在选中的图层之上新建图层，可单击图层浮动调板中的“创建新图层”按钮。若要在选中的图层的内部创建新子图层，单击图层浮动调板中的“创建新子图层”按钮。

在创建新图层时设置选项，从“图层浮动调板”菜单中选择“新建图层”或“新建子图层”选项，弹出对话框如图 4－74 所示（对图层的属性进行设置）。

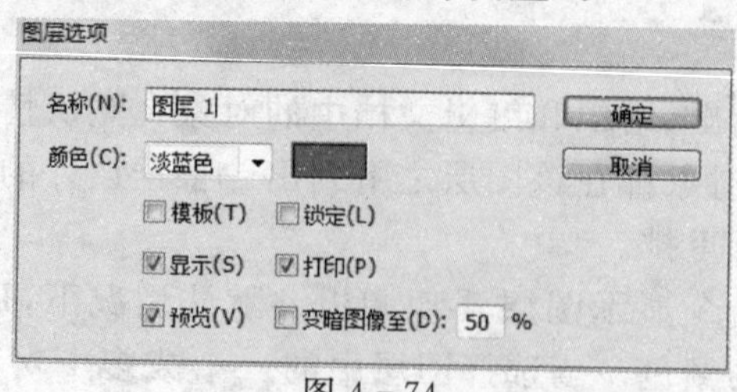

图 4－74

◆“名称”：指定“图层”调板中显示的项目名称。

◆“颜色”：（仅适用于图层）指定图层的颜色设置。用户可以从菜单中选择颜色，或双击颜色色板以选择颜色。

◆“模板”:(仅适用于图层)将图层设为模板图层。

◆“锁定”:禁止对项目进行更改。

◆“显示”:显示画板图层中包含的所有图稿。

◆“打印”:(仅适用于图层)使图层中所含的图稿可供打印。

◆“预览”:(仅适用于图层)以颜色而不是按轮廓来显示图层中包含的图稿。

◆“变暗图像至”:(仅适用于图层)将图层中所包含的链接图像和位图图像的强度降低到指定的百分比。

2.合并图层和组

合并图层的功能与拼合图层的功能类似,二者都可以将对象、组合子图层合并到同一图层或组中。使用合并功能,可以选择要合并哪些项目;使用拼合功能,则将图稿中的所有可见项目都合并到同一图层中。无论使用哪种功能,图稿的堆栈顺序都将保持不变,但其他的图层级属性(如剪切蒙版属性)将不会保留。

(1)合并可选图层。

按住“Ctrl”键点击需要拼合的图层,如图 4-75A 所示,再点击图层浮动调板右上角的小三角按钮在弹出的关联菜单中选择“合并可选图层”即可将所选图层合并,如图 4-76B 所示。图层合并后图层里面的对象顺序未发生改变。

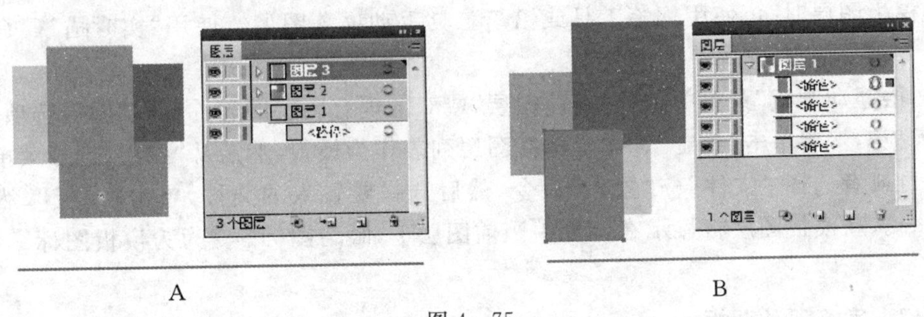

A B

图 4-75

(2)拼合图稿。

直接点击图层浮动调板右上角的小三角按钮在弹出的关联菜单中选择“拼合图稿”即可将所选图层(见图 4-76A),合并成为一个单一图层,合并后的图层的名称使用先前选择的图层的名称来命名,如图 4-76B 所示。

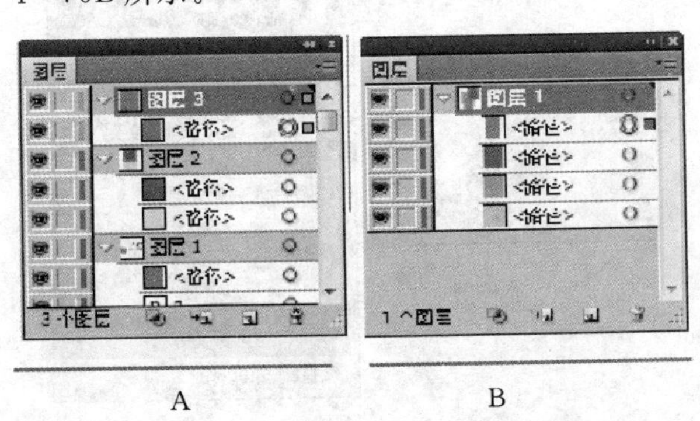

A B

图 4-76

(3)收集到新图层中。

按住“Ctrl”键点击需要拼合成为图层的对象(见图 4－77A),再点击图层浮动调板右上角的小三角按钮,在弹出的关联菜单中选择“收集到新图层中”即可将所选对象合并成为图层的对象,如图 4－77B 所示。图层合并后图层里面的对象顺序未发生改变。

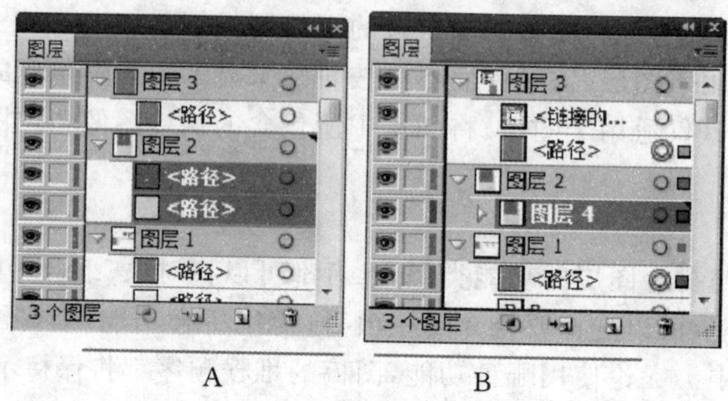

图 4－77

3. **制作模板图层**

模板图层是锁定的非打印图层,可用于手动描摹图像。模板图层可减暗 50%,可轻松看到图层前绘制的任何路径。可以在置入图像时创建模板图层,也可以从现有图像创建模板图层。创建模板图层时,可使用钢笔工具或铅笔工具手动描摹图像。使用“实时描摹”命令自动描摹图像将容易得多。

从“图层浮动调板”菜单中选择“新建图层”或双击现有图层的名称。在“图层选项”对话框中选择“模板”,然后单击“确定”。或者选择图层列表作为模板,然后从“图层”调板菜单中选择“模板”。再或者选择“文件”→“置入”命令,然后选择要置入的文件,单击“模板”,然后单击“置入”命令。新模板图层将显示在调板中当前图层下,眼睛图标变为为模板图标,然后图层被锁定。

4.2.17　字符浮动调板

字符浮动调板用来设置字体、字型、字号、特殊字距、垂直缩放、基线微调、行距、字距微调、水平缩放、使用语言、文字方向等属性。执行“窗口”→“文字”→“字符”命令,弹出字符浮动调板。在弹出的字符浮动调板中点击扩展按钮,显示字符浮动调板全部属性,如图 4－78 所示。

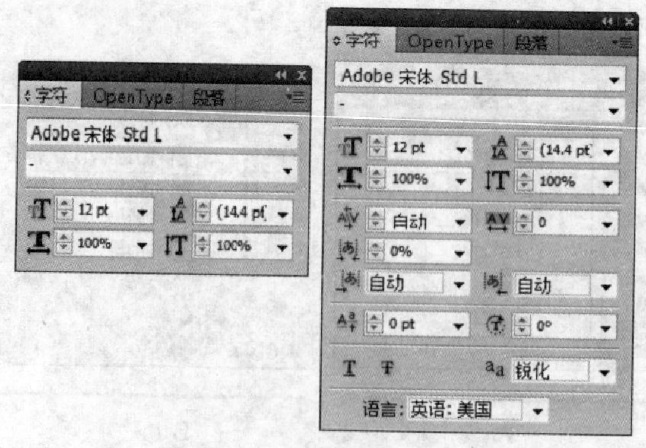

图 4－78

◆ :可由弹出式菜单中选择默认的字号，或直接键入数值以自定义大小。

◆ :可由弹出式菜单中选择默认的行距，或直接键入数值以自定义行距大小。如果选择“自动”，则 Illustrator 会自动依照默认值来调整。默认的行距为字号的 120%，如果字号为 10pt，则行距为 12pt，如果同一行内的字号大小不同，则以最大的字号来设置该行行距。

◆ :可由弹出式菜单中设置字符间的距离，正数会使字距加大，负数会使字距缩小。如果选择“自动”，则 Illustrator 会依照默认值来调整。

◆ :可由弹出式菜单中设置字符间的平均距离。正数使字距加大，负数则使字距缩小。

◆ :可由弹出式菜单中选择默认的垂直缩放比例，或直接键入数值以自定义比例。

◆ :可由弹出式菜单中选择默认的水平缩放比例，或直接输入数值以自定义比例。

◆ :可由弹出式菜单中选择默认的基线位置，或直接键入所需数值。

◆ :可以设置文字之间的间距。

◆ :插入空格的控制。

◆ :字符的旋转角度设置。

4.2.18 段落浮动调板

段落浮动调板用来设置对齐、缩排、单词间距、字母间距、自动连字等段落属性。执行“窗口”→“文字”→“段落”命令，弹出段落浮动调板。在弹出的段落浮动调板中点击扩展按钮 ，显示段落浮动调板全部属性，如图 4－79 所示。

图 4－79

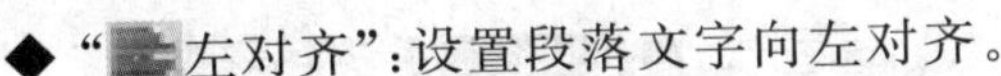

◆ “左对齐”:设置段落文字向左对齐。

◆ “居中”:设置段落文字向中央对齐。

◆ “右对齐”:设置段落文字向右对齐。

◆ “两端对齐”，末行左对齐:设置段落文字向左右对齐，而且最后一行向左对齐。

◆ “两端对齐”，末行居中对齐:设置段落文字向左右对齐，而且最后一行居中对齐。

◆ “两端对齐”，末行右对齐:设置段落文字向左右对齐，而且最后一行向右对齐。

◆ “两端对齐”:设置段落文字向左右对齐，而且最后一行两边强制对齐。

◆ “右边缩进”:设置段落文字与文字框的左缘距离。

◆ “右边缩进”:设置段落文字与文字框的右缘距离。

◆ “首行左缩进”:设置段落第一行缩进或悬挂缩进的距离。

◆ “段前间距”:设置段落间的距离。

◆ “连字 自动连字”:选择后可让 Illustrator 在罗马字符单词换行时，自动产生一个连字符号。

4.2.19 符号浮动调板

符号浮动调板可以对任何绘图对象、文字、图形等保存为“符号”组件。执行“窗口”→“符号”命令，弹出符号浮动调板，如图 4－80 所示。

首先在符号浮动调板上选择一个默认符号，再单击工具箱“符号喷枪工具图标 ”，在页面上拖曳即可制作出符号图形出来(可以通过键盘上“[”与“]”键来控制“符号喷枪工具 ”笔触的大小)，如图 4－81 所示。

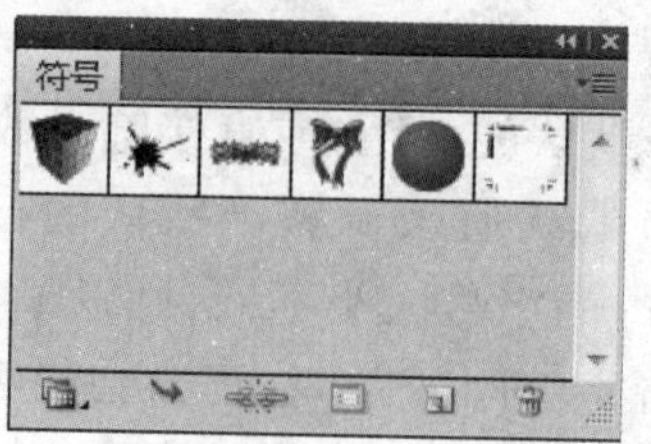

图 4－80

图 4－81

要定义新的符号图标，可以先选择一个已经绘制好的图形，再回到符号浮动调板上，选择符号浮动调板右上角的小三角形按钮，弹出的关联菜单中选择“新建符号”，则显示“符号选项”对话框，修改名称点击“确定”即可，如图 4－82 所示。可以在符号浮动调板观察到新建立的符号。

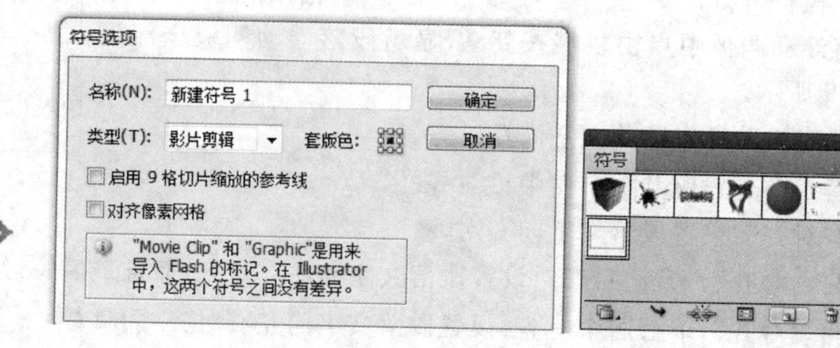

图 4－82

若想调用软件默认的更多类型的符号，可以选择“打开符号库”里面有软件自带的各式各样的符号可供选择，如图 4－83 所示。

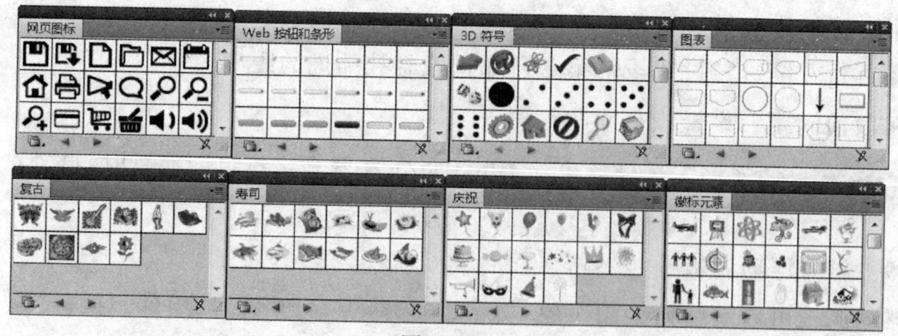

图 4－83

4.3 综合实例讲解

4.3.1 招贴的绘制

本实例运用钢笔工具绘制路径线条，然后使用铅笔工具组修改、平滑、去除，对路径线条进行编辑，最后调整层次并填充合适的颜色，最终效果如图 4－84 所示最终效果。

图 4－84

1. 知识难点

(1)钢笔工具绘制路径线条；

(2)铅笔工具组的运用；

(3)图形之间的层级关系；

(4)工具箱多种工具的综合使用。

2. 操作步骤

选择“文件”→“新建”(Ctrl＋N)命令，在“新建文档”对话框“名称”中输入“海报”，设置“大小”为 A4，“取向”为竖式，“颜色模式”为 CMYK，单击“确定”按钮，即建成一个新的画布，如图 4－85 所示。

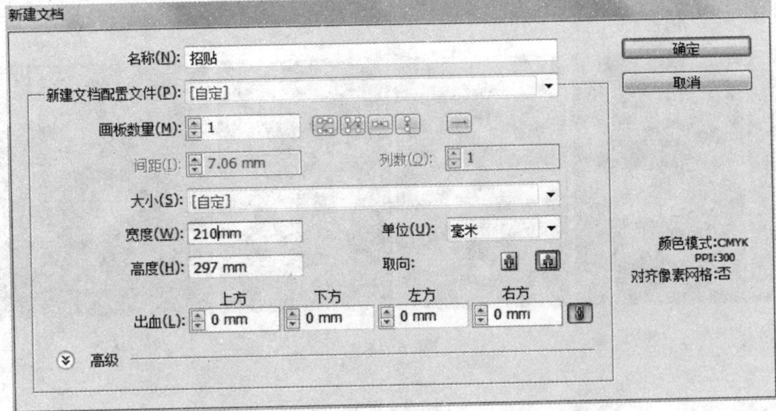

图 4－85

选择工具箱矩形工具拖曳建立一个页面，在属性栏填色中选择一个适合的颜色填充，如图 4－86 所示。

图 4－86

选择钢笔工具绘制毛笔的形状，注意在属性栏将填色选择“无”，然后在属性栏填色中选择一个适合的颜色，地行填充。再选择工具箱网格工具点击路径边缘建立网格，使用工具箱直接选择工具选择相应的锚点填充，如图 4－87 所示。

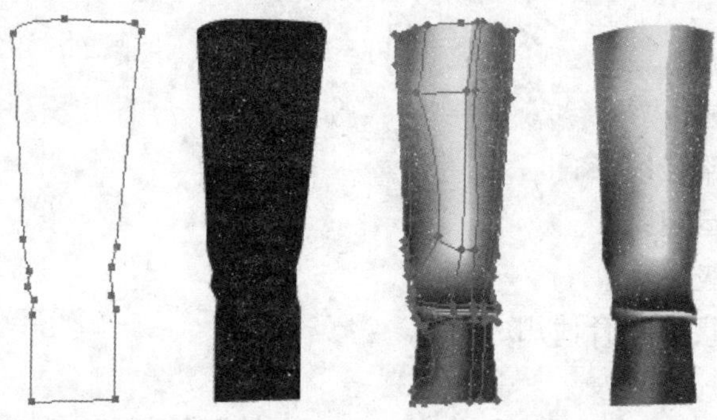

图 4－87

使用选择钢笔工具绘制毛笔笔尖的形状，勾出路径，然后填充颜色。最后调整图形之间的层级关系，如图 4－88 所示。

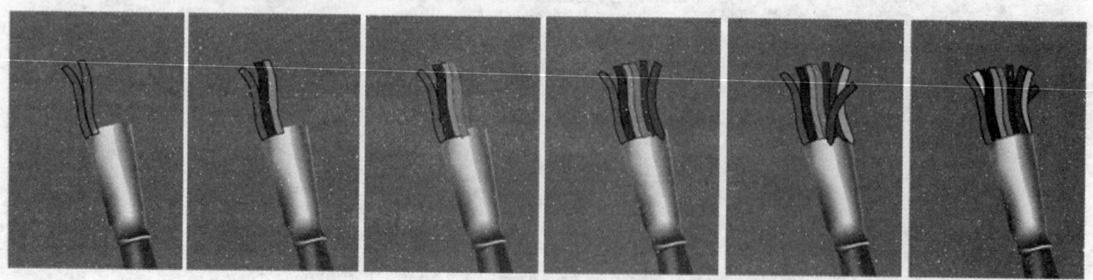

图 4－88

现在我们制作颜料的效果。先使用椭圆工具绘制大小两个圆(按住"Shift"键绘制正圆)；选择"窗口"→"对齐"命令弹出"对齐浮动调板"，将两个圆中心对齐；选择工具箱混合工具，由大圆边缘拖曳至小圆边缘混合，然后双击工具箱混合工具，弹出对话框修改设置，如图 4-89 所示。

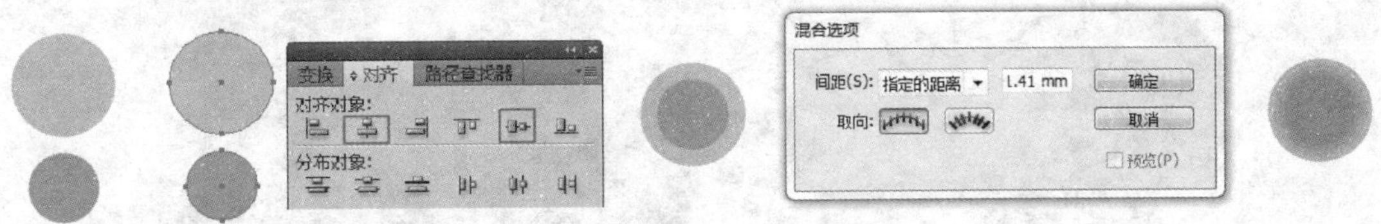

图 4-89

然后选择晶格化工具，在大圆的边缘点击(按住"Alt"键在页面空白出拖曳可以调整笔触大小)，得到如图 4-90 左图所示效果；再选择"窗口"→"画笔"命令，弹出"画笔浮动调板"，选择右上角的小三角按钮，在弹出的菜单中选择"打开画笔库"→"艺术效果画笔"命令，得到效果如图 4-90 右图所示。

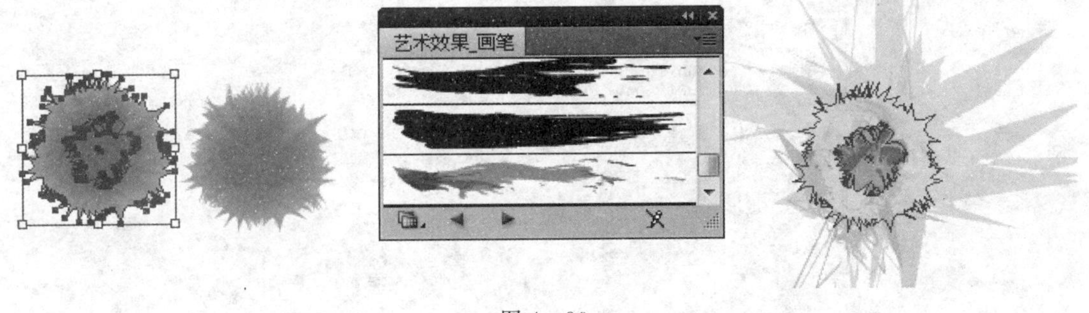

图 4-90

将各个组件放到背景适合的位置并调整大小，最后写上文字充实画面效果，如图 4-91 所示。

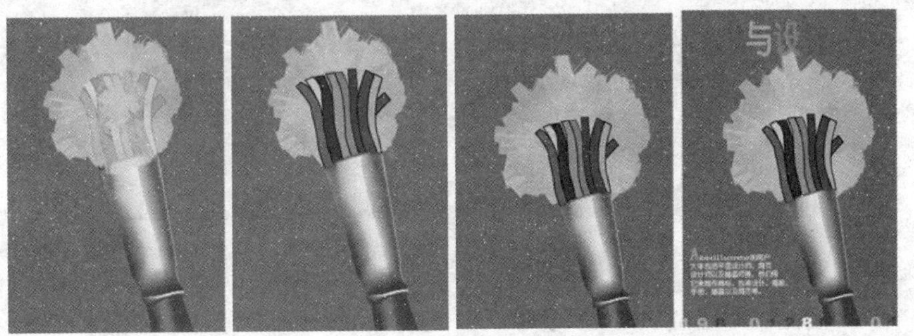

图 4-91

4.3.2　钢笔工具绘制矢量插画

本实例首先要求具有一定的手绘能力。在软件操作上需掌握基本的钢笔工具用法、选择工具的使用、填色操作及渐变工具的使用。在 Illustrator CS5 中钢笔工具绘图是最基本也是最容易上手的一种作图方式，用处很广。从开始的直接用钢笔工具勾线上色，到最后钢笔工具配合时实描摹工具，配合网格工具，从浅到深逐步深入掌握 Illustrator CS5 图形制作的方法。图 4－92 所示为手绘的线稿和完成的矢量插画效果图。

图 4－92

选择“文件”→“打开”(Ctrl＋O)命令，打开刚才扫描处理过的线描稿，点击“打开”，如图 4－93所示。

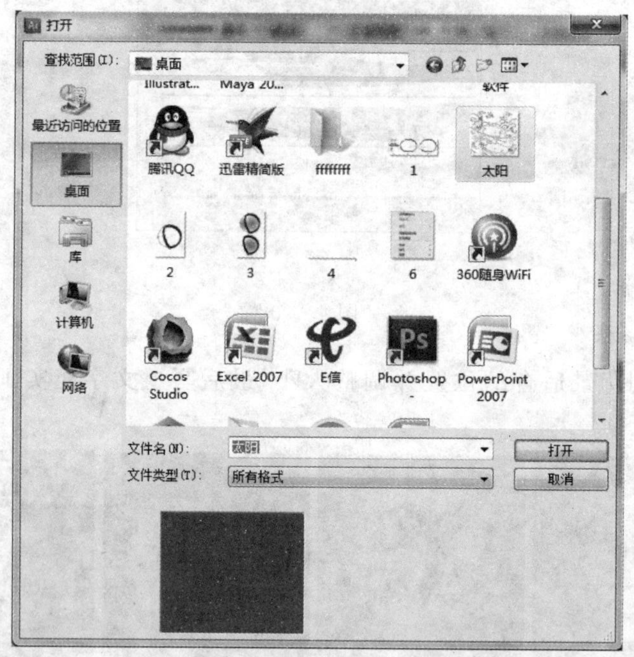

图 4－93

单击“打开”按钮，即建成一个新的画布。(在 Illustrator CS5 中，画布任意区域都可以进行绘图设计，黑色实线表示打印区域，只有在黑色实线内的图形才可以打印出来。)用工具箱选择工具选择图片，选择菜单栏“对象”→“锁定”→“所选对象”将图片锁定，如图 4－94 所示。

图 4－94

选择“钢笔工具”，在属性栏填色选择“无”，“描边”选择黑色，“描边粗细”选择 1pt，“不透明度”选择 100，如图 4－95 所示。

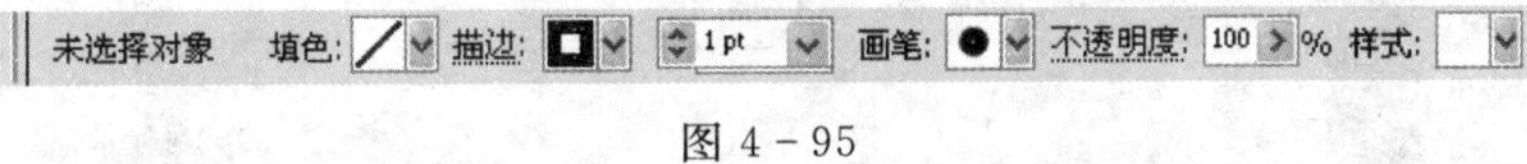

图 4－95

完成设置后，使用“钢笔工具”，从最远处图形开始绘制，如图 4－96 所示。（注意，使用钢笔工具的时候主要按住鼠标左键拖曳，可以拖曳出线条曲度调整的滑竿，从而调整线条的形态，若要改变路径线弯曲的方向，按住“Alt”键点击方格锚点红圈处，指定下一点拖曳即改变线的方向）

图 4－96

对路径的调停位置进行微控，可以选择该路径，使用键盘上、下、左、右键进行调停。在绘制的过程中使用键盘“Ctrl＋”或者“Ctrl－”来控制画面的大小，空格键切换为抓手工具来负责画面的移动。

继续使用钢笔工具顺着手绘线进行描摹钩线。绘制的原则是从远到近、从大到小，如图 4－97所示。

图 4－97

使用选择工具拖曳选择绘制的钢笔路径，执行“菜单”→“对象”→“编组”命令，将路径线拖曳到旁边观察并调整画面关系，绘制完成后如图 4－98 所示。

图 4－98

完成后选择菜单栏“对象”→“全部解锁”命令将图片解除锁定，使用工具箱直接选择工具选择线描稿，按住“Delete”键删除背景线稿，如图 4－99 所示。

图 4－99

分选区填充颜色，选择工具箱矩形工具拖曳出方框并填充背景颜色，选择菜单栏“对象”→“排列”→“置于底层”命令，作为画面天空的背景，如图 4－100 所示。

图 4 - 100

双击工具箱“描边”，弹出拾色器选项，选择适合的描边颜色，在对象类型属性栏中关闭填充颜色选项。

使用工具箱钢笔工具拖曳并配合键盘“Alt”键，绘制海水波纹，闭合路径选择对象类型属性栏填充进行颜色填充或者直接双击工具箱填色，选择海水蓝，在弹出的对话框中点击“确定”，填充颜色。将图层放置到天空图层上，如图 4 - 101 所示。

图 4 - 101

对太阳开始填色，使用工具箱选择工具选择太阳路径，双击工具箱“填色”选择黄色，在弹出的对话框中点击“确定”填充颜色，如图 4 - 102 所示。

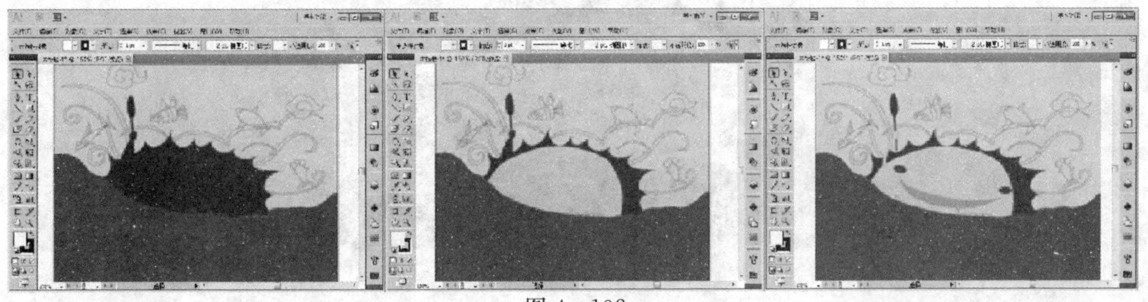

图 4 - 102

使用同样的方法继续给其他的图形填充颜色，注意从后往前、从大到小，同时考虑描边颜色的填充，如图 4－103 所示。

图 4－103

现在画面图形完整、位置适当，接下来开始绘制图形的明暗，给图形增加细节，使形象生动、立体、耐看。

从大的图形着手，先从太阳入手。调整对象类型菜单，设置描边色为黑，填色为无，如图 4－104所示。

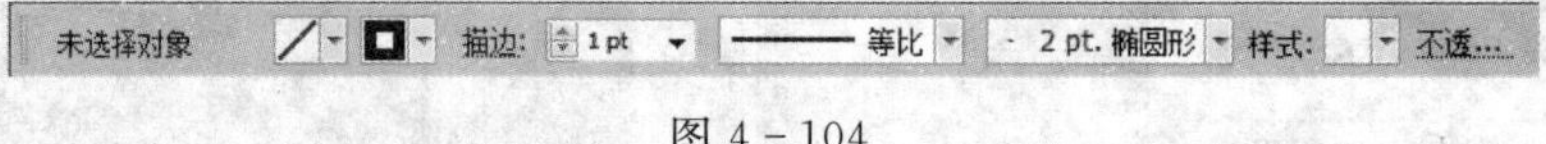

图 4－104

继续使用工具箱钢笔工具拖曳并配合“Alt”键，绘制太阳的明暗关系，如图 4－105 所示。(这个阶段主要是锻炼大家的钢笔手绘能力，下一阶段可以采取实时上色，在绘制明暗的时候更加简单迅速。)

图 4－105

接下来双击工具箱“填色”选择玫瑰红，在弹出的对话框中点击“确定”填充颜色，如图 4－106所示。

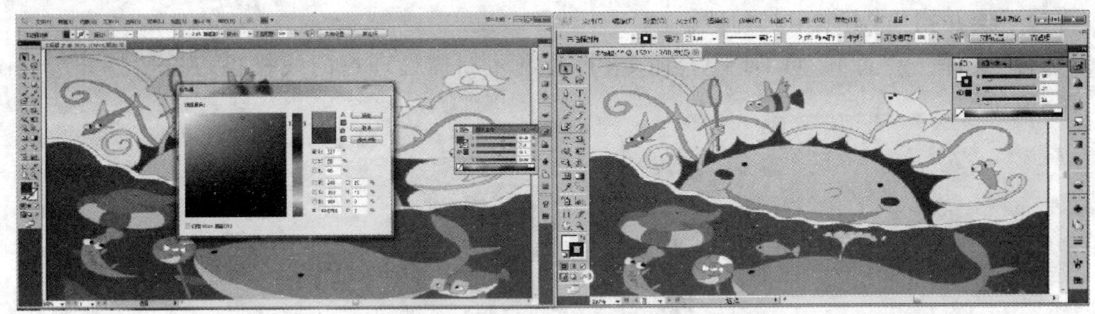

图 4－106

4.3.3 用实时上色方式绘制矢量人物

首先展示手绘的线稿及完成的矢量插画，如图 4－107 所示。整个画面细节刻画生动，造型简洁，颜色明快，各组成对象形象生动，画面内容丰富饱满。该矢量插画比较复杂，都是先使用钢笔工具勾形，然后成为实时上色组，再在实时上色组的情况下使用钢笔工具绘制细节，最后使用实时上色工具组对线条、颜色等进行编辑调整。

图 4－107

本实例首先要求具有一定的手绘能力。在软件操作上需掌握基本的钢笔工具的用法、选择工具的使用、实时上色工具及命令的理解。在 Illustrator CS5 中钢笔工具绘图是最基本也是最容易上手的一种作图方式，用处很广。钢笔工具配合时实描摹工具是目前使用 Illustrator CS5 绘制二维图形最方便、最快速、最容易出效果的一种综合制作矢量插画的一种方式。

考察的重点是初步掌握钢笔工具与实时上色工具相互配合的用法。通过绘制理解并掌握钢笔工具与实时上色工具相互配合的用法。在接下来的矢量插画的设计绘制中才能举一反三，掌握正确的制作步骤及工具的使用方法。

1. 知识难点

(1)钢笔工具绘制路径线条；

(2)铅笔工具组的运用；

(3)图形之间的层级关系；

(4)工具箱多种工具综合使用；

(5)时实上色。

2. **操作步骤**

(1)手绘并扫描,画笔工具勾线。

选择“文件”→“打开”(Ctrl＋O)命令,打开刚才扫描处理过的线描稿,点击“打开”,如图4－108所示。

图 4－108

单击“打开”按钮,即建成一个新的画布。(在 Illustrator CS5 中画布任意区域都可以进行绘图设计,黑色实线表示打印区域,只有在黑色实线内的图形才可以打印出来。)使用工具箱选择工具选择图片,选择菜单栏“对象”→“锁定”→“所选对象”命令将图片锁定,如图 4－109所示。

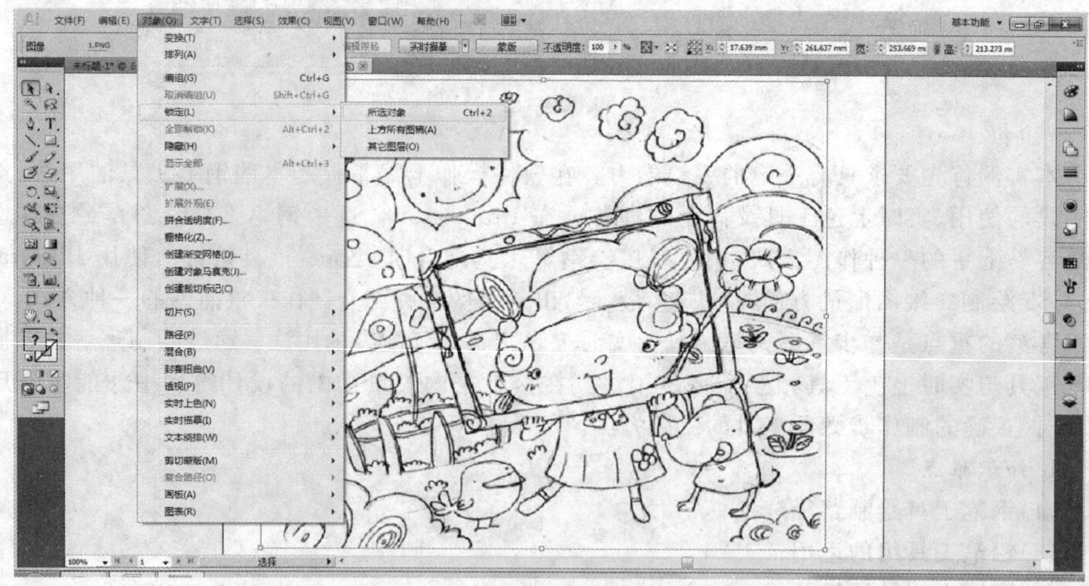

图 4－109

选择钢笔工具，在属性栏“填色”选择“无”，“描边”选择黑色，“描边粗细”选择 0.5pt，“不透明度”选择 100，如图 4－110 所示。

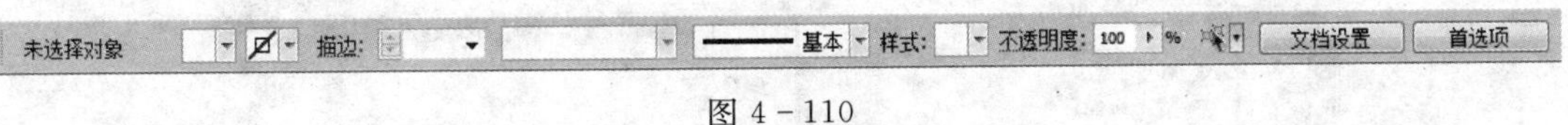

图 4－110

完成设置后开始使用钢笔工具，从最远处图形开始绘制，如图 4－111 所示。(注意使用钢笔工具时主要按住鼠标左键拖曳，可以拖曳出线条曲度调整的滑竿，从而调整线条的形态，若要改变路径线弯曲的方向，按住“Alt”键点击方格锚点红圈处，指定下一点拖曳即改变线的方向。)

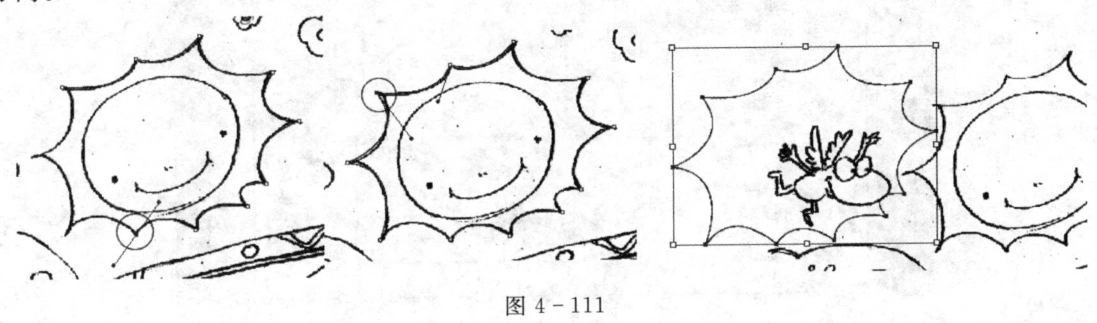

图 4－111

对路径的调停位置进行微控，可以选择该路径，使用键盘上、下、左、右键进行调停。在绘制的过程中使用键盘“Ctrl＋”或者“Ctrl－”来控制画面的大小，空格键切换为抓手工具来负责画面的移动。继续使用钢笔工具顺着手绘线进行描摹勾线。绘制的原则是从远到近、从大到小，如图 4－112 所示。

图 4－112

(2)绘制背景，实时上色。

使用工具箱选择工具，选择背景所有钢笔线条，然后选择菜单“命令”→“对象”→“实时上色”建立，设置为实时上色，如图 4－113 所示。

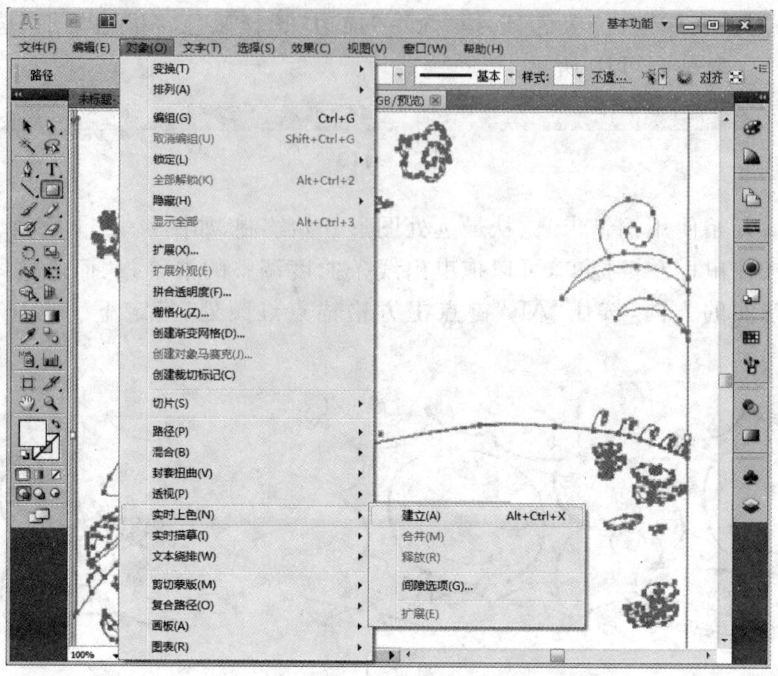

图 4 - 113

选择工具箱实时上色选择工具，查看选区情况，如图 4 - 114 所示。

图 4 - 114

使用工具箱实时上色工具开始填充颜色，背景渐变部分需要在实时上色选择工具选择的状态下，调出窗口渐变对话框对过渡颜色进行设定，如图 4 - 115 所示。

图 4 - 115

接着使用工具箱实时上色工具填充其他背景颜色，如图 4－116 所示。

图 4－116

刻画细节，选择工具箱钢笔工具开始绘制背景白云效果。在选择工具状态下双击背景天空进入到实时上色组中，如图 4－117 所示。

图 4－117

选择钢笔工具，直接绘制背景白云形态。注意线与线之间要形成一个闭合的状态，这样才可以形成一个选区，使用实时上色工具进行填颜色处理，如图 4－118 所示。

图 4－118

接下来在工具箱中选择一个白色进行填色，直接使用工具箱实时上色工具填充白色，如图4－119所示。

图4－119

需要将白云的线去掉，使用工具箱直接选择工具选择线，在工具箱填充描边中选择关闭描边，这样线的颜色就观察不到了，但是线仍然存在，如图4－120所示。

图4－120

接下来给其他背景物体进行勾线并进行实时上色，完成细节的刻画。最终完成效果，如图4－121所示。

图4－121

4.3.4　绘制人物实时上色

选择工具箱钢笔工具绘制人物大致形态，如图 4－122 所示。

图 4－122

选择工具箱选择工具，选择人物所有钢笔线条，然后选择菜单“命令”→“对象”→“实时上色”建立，设置为实时上色，如图 4－123 所示。

图 4－123

使用工具箱实时上色工具填充颜色，如图 4－124 所示。

图 4－124

在选择工具状态下双击人物进入到实时上色组中，使用工具箱钢笔工具绘制画框厚度，如图 4－125 左图所示（注意圆圈处路径与路径之间要有相交，这样能形成一个闭合路径，才能进行上色处理)。然后选择一个颜色,使用实时上色工具给画框的厚度填充上颜色,如图 4-125 右图所示。

图 4-125

接着刻画人物细节,选择工具箱钢笔工具,在实时上色的状态下绘制明暗交界线,使用工具箱实时上色工具填充颜色,最后将线条颜色设置为“无”,如图 4-126 所示。

图 4-126

接下来增强细节,使用钢笔工具补充其他线条,如图 4-127 所示。

图 4-127

(3)细节调整完成。

按照上面的方法先用钢笔勾线,再将线变为实时上色,填充颜色。最后在实时上色状态下使用钢笔工具绘制其他细节,并填充颜色。完成其他图形设计,如图 4-128 所示。

图 4－128

将所有图形放置在一起调整位置，最终完成效果如图 4－129 所示。

图 4－129

参考文献

[1][美]Adobe公司. Adobe Illustrator CS6中文版经典教程[M]. 武传海,译. 北京:人民邮电出版社,2014.

[2]亿瑞设计. Illustrator CS5从入门到精通[M]. 北京:清华大学出版社,2013.

[3]数码平方. Illustrator CS6完全自学宝典[M]. 北京:电子工业出版社,2013.

[4]李霜,阳虹,李霖. Adobe Illustrator图形设计与制作标准实训教程[M]. 北京:文化发展出版社(原印刷工业出版社),2014.

[5][美]斯得渥. The Adobe Illustrator WOW! Book[M]. 夏志玲,张钰,译. 北京:中国青年出版社,2015.

[6]张丕军,杨顺花,朱希伟. 新编中文版Illustrator CS6标准教程[M]. 北京:海洋出版社,2012.

[7]ACAA专家委员会. ADOBE ILLUSTRATOR CS6标准培训教材[M]. 北京:人民邮电出版社,2013.

艺术设计类专业"十三五"实践创新系列规划教材

> **基础类**

(1) 设计概论
(2) 设计简史
(3) 设计素描
(4) 设计色彩
(5) 设计速写
(6) 设计构成
(7) 摄影(摄像)基础
(8) 创意思维训练
(9) 设计市场营销

> **设计类**

(1) 展示设计
(2) 产品设计
(3) 家具设计
(4) 照明设计
(5) 陈设设计
(6) 室内设计
(7) 景观设计
(8) 动画设计
(9) 标志设计
(10) 图案设计
(11) 字体设计
(12) 包装设计
(13) 立体构成
(14) 广告设计
(15) 版式设计
(16) 招贴设计
(17) 书籍设计
(18) CI 设计
(19) 数字印前设计

> **技法类**

(1) 室内效果图手绘表现技法
(2) 设计制图
(3) 产品设计手绘表现技法
(4) 网页制作
(5) 多媒体技术与应用
(6) 广告设计创意表现
(7) 产品设计材料与工艺
(8) 服装设计材料与工艺
(9) POP 手绘表现技法
(10) 包装形态设计
(11) 商业插画表现技法

> **技能类**

(1) 计算机辅助平面设计
(2) AutoCAD 2012 中文版室内设计
(3) Photoshop CS5 案例教程
(4) Illustrator CS5 案例教程
(5) 服装设计 CAD
(6) 3D 效果图绘制
(7) 计算机辅助设计(Coreldraw)
(8) 室内设计工程概预算
(9) 模型制作
(10) Flash 动画设计制作
(11) 动画剪辑原画设计与制作
(12) 动画制作场景设计与制作
(13) 计算机辅助设计 illustrator
(14) 计算机辅助设计 indesign
(15) 网页设计

欢迎各位老师联系投稿!

联系人:李逢国
手机:15029259886　办公电话:029－82664840
电子邮件:lifeng198066@126.com　1905020073@qq.com
QQ:1905020073(加为好友时请注明"教材编写"等字样)

图书在版编目(CIP)数据

Illustrator CS5 案例教程/谭明铭,郭再政主编.
—西安:西安交通大学出版社,2015.10
ISBN 978-7-5605-8064-7

Ⅰ.①I… Ⅱ.①谭…②郭… Ⅲ.①图形软件-高等
学校-教材 Ⅳ.①TP391.41

中国版本图书馆 CIP 数据核字(2015)第 250473 号

书　　名 Illustrator CS5 案例教程
主　　编 谭明铭　郭再政
责任编辑 李逢国

出版发行 西安交通大学出版社
(西安市兴庆南路 10 号　邮政编码 710049)
网　　址 http://www.xjtupress.com
电　　话 (029)82668357　82667874(发行中心)
(029)82668315(总编办)
传　　真 (029)82668280
印　　刷 陕西丰源印务有限公司

开　　本 787mm×1092mm　1/16　**印张** 12.75　**字数** 307 千字
版次印次 2016 年 1 月第 1 版　2016 年 1 月第 1 次印刷
书　　号 ISBN 978-7-5605-8064-7/TP·703
定　　价 29.80 元

读者购书、书店添货,如发现印装质量问题,请与本社发行中心联系、调换。
订购热线:(029)82665248　(029)82665249
投稿热线:(029)82668133
读者信箱:xj_rwjg@126.com